普通高等教育"十一五"国家级规划教材

普通高等教育机械类特色专业系列教材

机械振动与噪声学

（第二版）

蒋伟康　吴海军　黄　煜

赵　玫　周海亭　朱蓓丽　编著

科学出版社

北京

内 容 简 介

本书着重介绍机械振动与噪声学的基本概念和解决机械振动噪声问题的基本方法,主要内容包括离散系统振动微分方程的建立,线性离散系统自由振动和受迫振动理论及应用,规则梁和板的自由振动,机械噪声控制的声学基础,以及机械噪声的测量、评价与控制。

本书可作为普通高等院校机械类专业学生或其他需要机械振动与噪声基础知识的工科学生相应课程的教材,也可作为从事工程设计、安装、运行和维修的工程技术人员解决振动噪声问题的参考书。

图书在版编目(CIP)数据

机械振动与噪声学 / 蒋伟康等编著. —北京:科学出版社,2020.12
(普通高等教育"十一五"国家级规划教材·普通高等教育机械类特色专业系列教材)
ISBN 978-7-03-067714-3

Ⅰ.①机… Ⅱ.①蒋… Ⅲ.①机械振动-高等学校-教材 ②机器噪声-高等学校-教材 Ⅳ.①TH113.1 ②TB533

中国版本图书馆 CIP 数据核字(2020)第 262194 号

责任编辑:邓 静 张丽花/责任校对:王 瑞
责任印制:张 伟/封面设计:迷底书装

科 学 出 版 社 出版
北京东黄城根北街 16 号
邮政编码:100717
http://www.sciencep.com
天津市新科印刷有限公司 印刷
科学出版社发行 各地新华书店经销

*

2008 年 2 月第 一 版   开本:787 × 1092 1/16
2020 年 12 月第 二 版   印张:14 1/2
2023 年 7 月第十六次印刷   字数:367 000
定价:59.00 元
(如有印装质量问题,我社负责调换)

第二版前言

本书第一版从初次印刷发行至今,已有 16 年了,得到了读者的广泛支持。

上海交通大学赵玫教授等编著的第一版教材,不同于其他同类教材常用的讲授体系。本次第二版传承了赵玫教授和我的授业恩师骆振黄教授 1989 年出版的《工程振动引导》中的知识结构逻辑,依次从"振动微分方程—自由振动—受迫振动—应用"展开振动理论的各章节内容,为学生系统理解机械振动提供了别具一格的视角。本书中的机械振动部分是本学科最基础的内容,具有通识性。因此,第二版对初版前 6 章中的机械振动基础理论部分只勘误,不做内容替换。噪声学部分,第二版也沿用了初版的体系,只对部分内容作了增补、修订,以顺应技术发展和更新的需求。具体的修订工作如下所述。

振动控制技术,尤其是主动控制、主被动复合控制,是近年发展迅速的领域,为此,本人在第二版中更新了 5.6 节"振动控制"的大部分内容,尽可能地反映该领域的新进展。

噪声学部分,为适应机械工程和相关学科对声学分析基础理论的要求,第 7 章增加了管道声学基础、房间中简正频率等内容,并增补了相应的习题。该章修订主要由吴海军副教授负责完成。

第一版的第 8 章"噪声的测量和评价"中所列的标准几乎已经被更新或替换,关于噪声主观评价的内容已显落伍之态。而声品质是近年非常活跃的研究领域,且工程应用日益广泛,声品质已经成为噪声评价和控制的常用技术。为此,第二版的第 8 章重点修订了 8.4 节,在 8.4.1 节中增补了 Moore 响度模型的概念,在 8.4.2 节中介绍了声品质及噪声烦恼度的基本概念,重写了 8.4.3 节中关于噪声危害的介绍,在 8.4.4 节中更新了噪声测量和评价相关的重要标准的最新版本。对第 8 章的一些习题,也作了补充修改,以适应噪声振动数字化测试的应用场景。该章修订由黄煜博士负责完成。

由于应用需求的强力推动,以及信号处理等相关技术的快速发展,噪声源识别成为近年来非常活跃的领域,也是本人的主要研究方向。在第二版中,本人重写了 9.1.1 节"噪声源识别",用尽量精简的笔墨介绍了该领域的最新面貌;9.1.2 节"机械噪声源控制"也作了相应修订,尽可能反映该领域的技术发展。

第二版全书由本人统稿、审核、定稿。

感谢初版四位作者的出色工作,以及对本次再版修订的大力支持。

由于编著者水平有限,不足之处在所难免,敬请读者批评指正。

蒋伟康

2020 年 9 月

第一版前言

随着人们对工作和生活环境质量要求的日益提高,工程师们不仅把解决机械或结构的振动与噪声问题作为实现工程或产品的功能、提高可靠性与延长寿命的重要途径,而且把减小振动与噪声作为增强产品市场竞争力的有力措施。因此,机械振动与噪声的基本理论已成为当代机械、动力、建筑等各类工程技术人员必不可少的基础知识。

本书是在部分作者和课程组的任课教师总结教学经验的成果,改进原教材的部分内容和讲述方式的基础上完成的。书中振动部分坚持了紧凑的振动微分方程—自由振动—受迫振动—应用结构体系,在某些章的第 1 节简述相关力学与数学基础知识的特色时,增加了振动控制的基本概念;噪声部分首先强调了机械噪声控制的声学基础,然后介绍了机械噪声的测量、评价与控制。总体上,全书突出了振动与噪声基本概念的阐述,注重对学生分析解决问题能力的培养,精简了练习题,以引导学生进行创新的思维。

全书分为 9 章:第 1 章绪论,第 2 章讲述离散系统的振动微分方程,第 3 章和第 4 章讲述线性离散系统的自由振动和受迫振动,第 5 章讲述线性离散系统振动理论的应用,第 6 章介绍规则连续系统——梁和板的自由振动,第 7 章着重讲述机械噪声控制的声学基础,第 8 章讲述机械噪声的测量与评价,第 9 章介绍机械噪声控制的基本方法。

蒋伟康教授在百忙之中为本书审稿,在此表示真诚的谢意。

本书由上海交通大学赵玫(第 1～3 章)、周海亭(第 4～6 章)、朱蓓丽和陈光冶(第 7～9章)编著。全书由赵玫统稿。

由于编者水平有限,书中疏漏之处在所难免,敬请读者批评指正。

编 者
2004 年 5 月

主要符号表

A	振幅,面积,吸声量	Z	声阻抗
B	滤波器带宽,空气绝热体积弹性模量	Z_s	声阻抗率
c	黏性阻尼系数,声速	α	剪切因子,吸声系数
$\boldsymbol{C}$	阻尼矩阵	β	剪切损耗因子
D	耗散函数	δ	对数衰减率
$\boldsymbol{D}$	柔度动力矩阵	Δ	弹簧静伸长,摩擦位移
E	材料杨氏模量	ε	声能密度
f	频率	γ	比热比
F	外力	η	损耗因子
$\boldsymbol{H}$	柔度矩阵	λ	特征值,波长
$\bar{H}(s)$	导纳	μ	振幅比,摩擦系数,质量比
I	冲量,声强	ν	泊松比
k	刚度,波数	ρ	密度
K	现场声学环境修正值	τ	周期,声透射系数
$\boldsymbol{K}$	刚度矩阵	ω	圆频率
L	级	$\bar{\omega}$	圆频率比
m	质量	ψ	隔振效率
$\boldsymbol{M}$	质量矩阵	ζ	阻尼比
$\mathcal{M}$	放大因子		
p	声压	下标:	
P	阻尼耗散能,声场绝对压力	A	声
R	房间常数	c	临界
S	传递率,吸声材料的面积,断面形状系数	d	阻尼
T	力矩,张力,绝对温度	e	等效
T_{60}	混响时间	f	摩擦力
u	声场质点振动速度	I	声强
$\boldsymbol{u}$	振型矩阵	m	质量
U	势能,声场体积速度	n	固有
V	动能,体积	p	声压
W	广义力的功,声功率	s	弹簧
$\boldsymbol{W}$	刚度动力矩阵	w	声功率
X	声抗		

目　　录

第1章 绪 论

1.1 机械振动概述

1.1.1 机械振动的基本概念及研究目的

机械或结构在平衡位置附近的往复运动称为机械振动。

日常生活中,每时每刻都有振动现象存在,如心脏的跳动、琴弦的拨动、车辆在不平路面上行驶时车厢的振动等。在动力机械中也存在着大量的振动问题,如柴油机在工作时,由汽缸内气体的压力和运动部件的惯性引起的轴系振动;汽轮发电机转子不平衡或不均匀电网负荷引起的轴系、机壳和基础的振动;燃气轮机叶片受不均衡燃气作用产生的叶栅振动等。

有许多振动现象对人类有益或能为人类所利用,如琴弦拨动产生的音乐和各种振动机械。但对于大多数机械和结构,振动往往是有害的,它不仅使机器的精度和其他性能降低,而且使构件中增加了附加动应力,缩短了构件的寿命,甚至酿成灾难性的事故。例如,振动使精密仪器无法正常工作,使军事器械无法瞄准目标;大地震使房屋倒塌、桥梁毁坏、公路瘫痪;舰船轴系振动引起推进轴断裂,使舰船丧失战斗能力;汽轮发电机组剧烈振动而断轴,引起机毁人亡事故等。

研究机械振动学的目的有两方面,一是掌握机械振动的规律,利用振动为人类造福;二是设法减少振动的危害。本书致力于研究产生机械振动的原因和规律,研究振动对机器和结构的影响,以寻求控制和消除振动的方法。

1.1.2 机械振动的分类

为了便于研究,可按不同方式对机械振动分类。

1. 按振动系统的自由度数分类

所谓自由度就是确定系统在振动过程中任何瞬时几何位置所需独立坐标的数目。按自由度分类,机械振动可以分为单自由度系统振动、多自由度系统振动和连续系统振动。

(1)单自由度系统振动:确定系统在振动过程中任何瞬时几何位置只需要一个独立坐标的振动。

(2)多自由度系统振动:确定系统在振动过程中任何瞬时几何位置需要多个独立坐标的振动。

(3)连续系统振动:确定系统在振动过程中任何瞬时几何位置需要无穷多个独立坐标的振动。

2. 按振动系统所受的激励类型分类

按振动系统所受的激励形式,机械振动可分为自由振动、受迫振动和自激振动。

(1)自由振动:系统受初始干扰或原有的外激励取消后产生的振动。

(2)受迫振动:系统在外激励力作用下产生的振动。

(3)自激振动:系统在输入和输出之间具有反馈特性并有能源补充而产生的振动。

3. 按系统的响应(振动规律)分类

按系统的振动规律,机械振动可分为简谐振动、周期振动、瞬态振动和随机振动。

(1)简谐振动:能用一项时间的正弦或余弦函数表示系统响应的振动。

(2)周期振动:能用时间的周期函数表示系统响应的振动。

(3)瞬态振动:只能用时间的非周期衰减函数表示系统响应的振动。

(4)随机振动:不能用简单函数或函数的组合表达运动规律,而只能用统计方法表示系统响应的振动。

4. 按描述系统的微分方程分类

按描述系统振动微分方程的特点,机械振动可分为线性振动和非线性振动。

(1)线性振动:能用常系数线性微分方程描述的振动。

(2)非线性振动:只能用非线性微分方程描述的振动。

本书只涉及线性系统的自由振动和受迫振动。非线性振动和随机振动已有专著论述,本书不作论述。

1.1.3　机械振动问题及解决方法

在振动研究中,通常把研究的对象(如一台机器或一个结构)称为系统(system),把外界对系统的作用称为激励(excitation)或输入(input),把机器或结构在外界作用下产生的动态行为称为响应(response)或输出(output)。振动问题所涉及的内容,可用图 1-1 所示的框图表示。

1. 响应分析

响应分析是在已知系统参数及外界激励的条件下求系统的响应,包括位移、速度、加速度和力的响应,由此可进一步分析机械或结构的强度、刚度和允许的振动能量水平。

图 1-1　振动系统框图

2. 系统设计和系统辨识

系统设计和系统辨识是已知系统的激励和响应求系统参数,其区别是:对于前者,系统尚不存在,需要设计合理的系统参数,使系统在已知激励下达到给定的响应水平;对于后者,系统已经存在,需要根据测量获得的激励和响应识别系统参数,以便更好地研究系统特性。

3. 环境预测

环境预测是在已知系统响应和系统参数的条件下,确定系统的激励或系统周围的环境。

解决机械振动问题可采用理论分析和试验研究两种方法。采用理论分析方法时,首先建立系统的力学模型和数学模型,然后采用数学公式推导获得解析解,或通过电子计算机获得数值解;采用试验研究方法时,模拟系统的工作条件施加已知激励,测试系统的响应,来验证理论分析结果,或研究系统的固有特性。由于测试和分析仪器的发展和完善,振动试验已发展成为一种独立的解决问题的方法。

理论分析和试验研究的方法相互补充、相互促进,为解决复杂的工程振动问题创造了极为有利的条件。为了减小振动,首先要设法减小激励;当激励无法减小时,可恰当地改变振动系统的参数,以达到减小系统振动响应的目的;若采用了前面两种措施后,还不能达到预期的要求时,可采用振动主动控制技术,外加能源迫使系统的振动减小。

1.2 振动运动学

1.2.1 简谐振动

周期振动关系式

$$x(t) = x(t + n\tau), \qquad n = 1, 2, 3, \cdots \tag{1-1}$$

表明经过相同的时间 τ 后,系统不断重复过去的运动。式中的 τ 称为运动的周期。

简谐振动是最简单的周期振动,它是指机械系统的某个运动量(位移、速度或加速度)按时间的正弦或余弦函数规律变化的振动,如图 1-2 所示,其数学表达式为

$$x = A\sin\left(\frac{2\pi}{\tau}t + \varphi\right) \tag{1-2}$$

式中,A 为振幅,表示物体离开平衡位置的最大位移;τ 为周期。若用 $t + n\tau (n = 1, 2, 3, \cdots)$ 代替式(1-2)中的 t,所得的 x 值不变,故每隔时间 τ,运动就完全重复一次,所以 τ 是振动的周期。

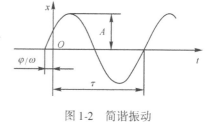

图 1-2 简谐振动

令 $\omega = 2\pi/\tau = 2\pi f$,则式(1-2)可写为

$$x = A\sin(\omega t + \varphi) \tag{1-3}$$

式中,ω 为角频率(圆频率);f 为频率;$\omega t + \varphi$ 为相位角,而 φ 为初相位,即 $t = 0$ 时的相位,表示振动物体的初始位置。

从式(1-2)或式(1-3)可以看出,简谐振动可由下面三个参数唯一确定:振幅、周期(角频率或频率)和初相位。

如果式(1-3)表示物体的位移,那么它的速度 v 和加速度 a 分别是位移 x 对时间的一阶导数 $\dot{x}$ 和二阶导数 $\ddot{x}$,即

$$v = \dot{x} = A\omega\cos(\omega t + \varphi) = A\omega\sin(\omega t + \varphi + \pi/2) \tag{1-4}$$

$$a = \ddot{x} = -A\omega^2\sin(\omega t + \varphi) = A\omega^2\sin(\omega t + \varphi + \pi) \tag{1-5}$$

比较式(1-3)、式(1-4)和式(1-5),可以看出:当物体的位移是简谐函数时,它的速度和加

速度也是简谐函数,它们与位移的频率相同;速度的相位超前位移为 $\pi/2$,而加速度的相位超前位移为 π。

把式(1-3)两边分别乘以 ω^2,然后与式(1-5)相加,可得

$$\ddot{x} + \omega^2 x = 0 \tag{1-6}$$

式(1-6)是简谐运动方程式。

简谐运动也可用其他方式表示,矢量表示和复数表示是分析研究振动问题时常用的两种方法。

如图 1-3 所示,简谐振动可以用模为 A 的旋转矢量在坐标轴 x 上的投影来表示。矢量的起始位置与水平轴的夹角为 φ,矢量以等角速度 ω 旋转时,在任一瞬时矢量与水平轴的夹角为 $\omega t + \varphi$,它在 x 轴上的投影即为式(1-3)。

简谐振动也可用复数表示,如图 1-4 所示,模为 A 的矢量 OP,起始位置与实轴的夹角为 φ,它以等角速度 ω 沿逆时针方向在复平面中绕 O 点旋转,矢量 OP 的复数表达为

$$Z = A\left[\cos(\omega t + \varphi) + i\sin(\omega t + \varphi)\right] \tag{1-7}$$

根据欧拉公式 $e^{i\theta} = \cos\theta + i\sin\theta$,则式(1-7)可改写成

$$Z = A e^{i(\omega t + \varphi)} \tag{1-8}$$

比较式(1-7)与式(1-8)可知简谐振动 x 是复数旋转矢量在虚轴上的投影,即

$$x = A\sin(\omega t + \varphi) = \text{Im } Z = \text{Im}\left[A e^{i(\omega t + \varphi)}\right] \tag{1-9}$$

以后的叙述中,对复数表达式不作特殊说明时,即表示取其虚部。

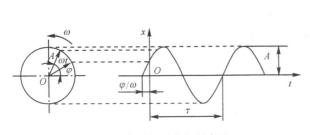
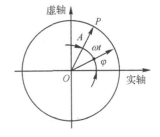

图 1-3　简谐振动的矢量表示　　　　　图 1-4　简谐振动的复数表示

1.2.2　简谐振动的叠加

同一物体在同一方向上同时发生两个简谐振动,那么这一物体最终表现的振动形式就是它们综合的结果。一般地,当这两个简谐振动频率相同时,可设这两个简谐振动为

$$x_1 = A_1 e^{i\omega t} \tag{1-10}$$

$$x_2 = A_2 e^{i(\omega t + \varphi)} \tag{1-11}$$

它们综合的结果可用复数相加或矢量叠加的方法得到,即

$$x = x_1 + x_2 = A e^{i(\omega t + \varphi')} \tag{1-12}$$

式中

$$A = \sqrt{A_1^2 + A_2^2 + 2A_1 A_2 \cos\varphi} \quad , \qquad \varphi' = \arctan\frac{A_2\sin\varphi}{A_1 + A_2\cos\varphi}$$

可以看到,两个同频率的简谐振动之和仍然是同频率的简谐振动。

当两个简谐振动的频率不相同时,它们之和不再是简谐振动。讨论下面的情况

$$x_1 = x_0\sin\omega_1 t \tag{1-13}$$
$$x_2 = x_0\sin\omega_2 t \tag{1-14}$$

那么

$$x = x_1 + x_2 = 2x_0\cos\frac{\omega_1 - \omega_2}{2}t\sin\frac{\omega_1 + \omega_2}{2}t$$

当 ω_1 与 ω_2 相差很小时,设 $\omega_1 - \omega_2 = \delta\omega$,$\omega_1 + \omega_2 = \omega$,则有

$$x = 2x_0\cos\frac{\delta\omega}{2}t\sin\frac{\omega}{2}t \tag{1-15}$$

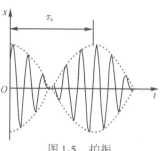

图 1-5 拍振

式(1-15)可看成是一正弦函数,其频率为 $\omega/2$($\approx\omega_1$),其可变振幅为 $2x_0\cos(\delta\omega/2)t$,如图 1-5 所示,这种振动称为拍振,拍频 $f_b = \delta\omega/(2\pi)$,一拍的周期为

$$\tau_b = \frac{2\pi}{\delta\omega} \tag{1-16}$$

更一般的情况为 x_1 和 x_2 的振幅和初相位都不同,留给读者作为练习。

1.2.3 任意周期振动的谐波分析

前面已经提到,简谐振动是最简单的周期振动。实际问题中遇到更多的是非简谐的周期振动,而任意周期振动都可以通过谐波分析分解成一系列简谐振动的叠加。

设一个周期振动函数 $F(t)$,它的周期为 τ,它满足下列条件:函数在一个周期内连续或者只有有限个间断点,而且间断点上函数左右极限都存在;在一个周期内函数只有有限个极大极小值,$F(t)$ 就可以表示成

$$F(t) = \frac{a_0}{2} + \sum_{n=1}^{\infty}(a_n\cos n\omega_1 t + b_n\sin n\omega_1 t) \tag{1-17}$$

式中

$$\omega_1 = \frac{2\pi}{\tau}(\text{称为基频}) \quad , \qquad a_0 = \frac{2}{\tau}\int_0^{\tau}F(t)\mathrm{d}t$$

$$a_n = \frac{2}{\tau}\int_0^{\tau}F(t)\cos n\omega_1 t\mathrm{d}t \quad , \qquad b_n = \frac{2}{\tau}\int_0^{\tau}F(t)\sin n\omega_1 t\mathrm{d}t$$

根据前面的讨论,同频率的简谐振动可以合成为一个简谐振动,式(1-17)也可以表示为

$$F(t) = \frac{a_0}{2} + \sum_{n=1}^{\infty}A_n\sin(n\omega_1 t + \varphi_n) \tag{1-18}$$

式中

$$A_n = \sqrt{a_n^2 + b_n^2} \quad , \qquad \varphi_n = \arctan\frac{a_n}{b_n}$$

把 A_n 和 φ_n 与 ω 之间的变化关系用图形表示如图 1-6 所示,这种图形称为频谱,它们是离散的垂线。

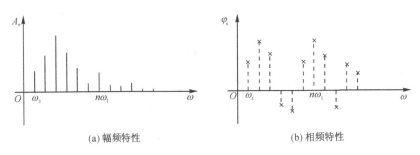

(a) 幅频特性　　　　　　　　　(b) 相频特性

图 1-6　任意周期振动函数的频谱

1.3　机械噪声概述

1.3.1　声音与声波

声音是人耳对物体振动的主观感觉。击鼓后鼓膜作自由振动时,邻近空气形成密部和疏部,并由近及远地传播(图 1-7),人耳接受空气压力的扰动,由听神经传至大脑,就听到了声音。所以,人耳感觉到声音有两个条件:一个是物体振动的传播,另一个是人的神经系统感觉耳鼓膜的振动。后者属于生理声学的研究范畴,不作重点讨论。本书着重讨论物体的振动在其周围弹性媒质中传播(称为声波)的特性。

图 1-7　击鼓后鼓膜振动产生的声波

广义的声波是指弹性媒质中质点机械振动由近及远的传播,弹性媒质包括固体、液体和气体。由于人耳的鼓膜只可能与流体直接接触,所以通常所指的声波是流体介质中传播的机械振动,主要考虑的介质是空气和水。关于声波的产生、传播、接收、效应及控制构成声学的研究领域。

引起媒质质点振动的物体称为声源,声源与弹性媒质是产生声波的必要条件。声波是由声源振动引起的,这是声波与振动的联系;声波与振动也有区别,振动量只是时间的函数,而声波的波动量则不仅是时间的函数,同时还是空间的函数,声波波动量存在的空间称为声场。

声波在不同的弹性媒质中传播的形式不尽相同。由于空气只有压缩弹性,不能承受剪力,因此空气中媒质质点的振动方向与声波传播的方向一致,这种波称为纵波或压缩波;在液体中其质点的运动方向与波的传播方向垂直,称为横波或切变波;固体媒质既有压缩弹性,又有剪切弹性,因此固体中不仅存在压缩波与切变波,还存在着由不同方向的弹性组合而成的弯曲波、扭转波等,情况比空气中复杂得多。声传播是弹性媒质能量的传递过程,媒质中各部分质点皆在各自的平衡位置附近移动,而质点的平衡位置并不迁移。

声波的强弱用声压度量,声压是由声波扰动引起的空气绝对压强与平衡状态压强之差,声压的单位就是压强的单位 Pa(帕,$1Pa = 1N/m^2$)。声压是一种逾量压强,可正可负,在空气的密部声压为正,在空气的疏部声压为负。

当振源作简谐振动时,相应的声波为单频声波,在时域中的周期 τ 和频率 f 与振源相同,声源每振动一次,声波在空间前进一个完整的简谐波,它的长度称为波长,用 λ 表示,单位为 m。因此,每秒钟声波传播的距离(声速 c_0)等于波长 λ 与频率 f 的乘积,声速的单位为 m/s。在一定的温度下,声速只取决于媒质的弹性模量与密度,与振源无关。20℃时在空气中声速为 343m/s,在水中为 1450m/s,在钢中(纵波)为 5000m/s。

人的听觉具有很大的动态范围,可听声的频率范围为 20Hz ~ 20kHz。低于 20Hz 的称为次声,人耳听不见次声,但仍会受到其影响。由于次声在传播过程中衰减很小,即使远离声源也会深受其害。当次声的强度足够大,如在 120dB 以上时,能使人平衡失调,目眩作呕,并产生恐慌等,人体还能直接吸收次声而形成振动的感觉。高于 20kHz 的声波称为超声,人们觉察不出超声的存在,超声也不会对人体造成伤害。由于超声可以在任何物体中传播,因此常用作探测金属结构损伤或人体内部病变的工具。人耳能够听见的最低声压称为听阈,能够承受的最高声压称为痛阈,对于 1000Hz 单频声,青年人的听阈为 20×10^{-6} Pa,痛阈约为 20Pa,相差约 100 万倍。

1.3.2　机械噪声及其分类

噪声是人们不想要的声音,它与受者的主观要求密切相关,同一种声音在不同的时间或地点,对于不同的人,会有不同的效应。比如,悦耳的音乐声对于夜晚想要入睡的人就是一种噪声。因此,噪声与声波本身的特性没有必然的关系。从物理学的观点,噪声是由许多不同频率与强度的声波无规律地组合而成,它的时域信号杂乱无章,频域信号包含一定的连续宽带频谱,这类声波容易给人以烦躁的感觉,同时,其强度往往超过受者所能承受的限度。

机械噪声可以从噪声源与噪声传递的媒质去分类。

按声源所属设备的种类分,可以分为机床噪声、汽轮机噪声、空压机噪声、通风机噪声、水泵噪声、齿轮噪声等。

从声源形成的机理出发,机械噪声主要分为两大类:一类是机械结构振动性噪声,是机械在运行过程中机械零部件相互间撞击、摩擦以及力的传递,使机械构件(尤其是板壳构件)产生强烈振动而辐射的噪声;另一类是流体动力性噪声,是由流体中存在的非稳定过程、湍流或其他压力脉动、流体与管壁或其他物体相互作用而产生的管内噪声或出入口处的辐射噪声。

按声波传递的媒质分类,噪声可以分为空气噪声和结构噪声。从噪声源经由空气途径(包括通过隔墙)传播到接受点的噪声,称为空气噪声;由噪声源通过固体结构传递到接受点附近的构件,再由构件声辐射到达接受处的噪声,称为结构噪声。

1.3.3　机械噪声的控制方法

从噪声的定义知道,可从声源、路径和受者三个环节控制机械噪声。声源和噪声传递的路径可能有多个,受者在大多数情况下是人,也可能是其他生物或者仪器设备和建筑物等。通过对这三个环节的分析,采取相应的措施以减小声源对受者的危害,称为噪声控制。

对机械噪声的控制,最根本的办法是对噪声源本身的控制。声源种类不同,其控制方法也不同。对机械结构噪声源主要是控制机械的振动,包括机械振动本身的控制和机械振动传播的控制(即固体声传播控制),前者是机械系统的设计问题,后者则是隔振措施的设计问题。对空气动力性噪声源要控制气体振动的产生,要防止气体中的压力突变和涡流等。

为了控制振源,在机械的技术设计阶段中,应该将噪声作为重要的设计指标,根据设计图纸对噪声做出预报,若不能达到预期的目标,则进行修改,以实现机械的低噪声设计。在低噪声结构设计中,要对那些可能出现交变力的工作方式、工作过程或零部件(包括构形、材料、加工等)给予足够重视。例如,用连续运动代替不连续运动,以减少运动部件之间的撞击;改变接触部件表面材料特性,在接触表面采用软材料以延长力的作用时间;改善运动部件的平衡,或避免高转速、高加速度工作,以减小旋转失衡引起的振动;用液压代替机械力的传递;管道的进出口要有足够的截面以保持较低的流速;流体管道内形状、光洁度要适合于流动并且无障碍,管道之间要光滑过渡,弯头半径尽量取大值;尽量应用比重大和内阻尼高的材料(如橡胶、塑料);提高相互滑动或滚动的表面加工精度等。

对于运行中的高噪声机械设备,必须通过测量分析,识别主要的噪声源,并根据其特性采取相应的措施。若现有相应的低噪声机械设备,则可立即更换,否则,可以将某些部件改进为上述低噪声结构的形式。当结构修改有困难时,可采用动力吸振器、将机器-基础系统的固有频率与外激励力的频率错开或增加结构中的阻尼等被动减振措施,或采用振动主动控制的措施以降低噪声源本身的振动。当振源为大面积板件时,可改为开孔板或金属网络等,以降低声源向外辐射的面积,达到降低噪声的目的。

控制噪声传播的途径是噪声控制的另一个环节。通过限制和改变噪声的传播途径,使噪声在传播的过程中衰减,以达到减少传递到受者能量的目的。控制声音在室内外、结构内和管道内的传播可以利用障壁、吸声材料、刚性结构的断面突变、阻塞孔洞、消声器、隔声罩、用封闭的隔声间使噪声局限在声源附近等方法。

当降低噪声的技术措施不能满足要求时,必须对受者采取防护措施。通常采用的方法有减少受者在噪声中逗留的时间,戴耳塞、耳罩或头盔,以及建造隔声控制室等。

以上提到的噪声控制方法中不需要使用额外的能源,称为噪声被动控制。当上述方法不能达到预期目的时,可利用声的波动性,根据声波干涉原理,由电子线路产生一个与噪声相位相反的声波,通过声波的干涉抵消噪声,达到降低噪声的目的,这是噪声主动控制的方法。近年来,随着计算机技术的发展,噪声主动控制的方法发展迅速。

需要着重指出的是,噪声控制的方法中最直接、最有效、最经济的措施就是降低声源噪声。因此,噪声控制的一切努力和措施首先必须在发声地考虑低噪声设计。

1.4　单　位　制

本教程采用国际单位制 SI(international system of units)。在 SI 国际单位制中,规定长度的单位为 m;质量的单位为 kg;时间的单位为 s。以这三个基本单位为基础可以导出其他单位。如力是导出单位,在 SI 国际单位制中规定力的单位是 N。根据牛顿第二定律,1N 的力能使 1kg 的质量产生 $1m/s^2$ 的加速度,因此,$1N = 1kg \cdot m/s^2$。

为了便于读者阅读其他参考书,表1-1 列出了振动和噪声分析中常用的几种单位的换算关系。

表1-1 振动和噪声分析中常用单位的换算

名称	SI 单位制	工程单位制	英制
长度	1m	= 1m	= 40.816in(英寸)
时间	1s	= 1s	= 1s
质量	1kg	= 0.102kgf·s^2/m	= 2.2046lbm(磅质量)
力	$1N = 1kg \cdot m/s^2$	= 0.102kgf	= 0.2248lbf(磅力)
功、能	$1J = 1N \cdot m$	= 0.102kgf·m	= 8.8507lbf·in
功率	$1W = 1J/s$	= 0.102kgf·m/s	= 0.00134hp(马力)
转动惯量	1kg·m^2	= 0.102kgf·s^2·m	= 3672.7lbm·in^2
应力、压强或声压	$1Pa = 1N/m^2$	= 0.102kgf/m^2	= 0.00145lbf/in^2
声强	$1W/m^2$	= 0.102kgf/(m·s)	——

习 题

1-1 阐明下列概念:

① 振动; ② 周期振动和周期; ③ 简谐振动、振幅、频率和初相位角。

1-2 一简谐运动,振幅为 0.20 cm,周期为 0.15 s,求最大的速度和加速度。

1-3 一加速度计指示结构谐振在 82 Hz 时具有最大加速度 50 g,求其振动的振幅。

1-4 一简谐振动频率为 10 Hz,最大速度为 4.57 m/s,求其振幅、周期和最大加速度。

1-5 证明两个同频率但不同相位角的简谐运动的合成仍是同频率的简谐运动,即

$$Acos \omega_n t + Bcos (\omega_n t + \phi) = Ccos (\omega_n t + \phi')$$

讨论 $\phi = 0$、$\pi/2$ 和 π 三种特例。

1-6 一台面以一定频率做垂直正弦运动,如要求台面上的物体保持与台面接触,则台面的最大振幅可有多大?

1-7 计算两简谐运动 $x_1 = X cos \omega t$ 和 $x_2 = X cos (\omega + \varepsilon) t$ 之和,其中 $\varepsilon \ll \omega$。如发生拍振的现象,求其振幅和拍频。

1-8 将下列复数写成指数 $Ae^{i\theta}$ 形式:

① $1 + i\sqrt{3}$; ② -2; ③ $3/(\sqrt{3} - i)$; ④ $5 i$; ⑤ $3/(\sqrt{3} - i)^2$;

⑥ $(\sqrt{3} + i)(3 + 4i)$; ⑦ $(\sqrt{3} - i)(3 - 4i)$; ⑧ $[(2i)^2 + 3i + 8]$。

1-9 阐述机械振动所研究的问题及其解决的方法,并举例说明。

1-10 阐述机械振动学的理论在工程中的应用,并给出简单实例。

1-11 阐明振动与声的关系与区别。

1-12 阐述机械噪声控制的方法,并举例说明。

第2章 离散系统的振动微分方程

2.1 实际系统离散化的力学模型

2.1.1 实际系统的离散化

在工程实际中,无论是动力机械或其他机器和结构,都是由各部分之间可作相对运动的质量组成的。从振动分析的观点看,即使是一台很简单的机器或结构,也是由无限多个质点组成的。这些质点之间既有弹性,也有阻尼。因而,任何实际系统的质量、弹性和阻尼都是连续分布的。用质点动力学的方法作系统分析时,必须用无穷多个微分方程来表示,这就很难获得解析解,更无法通过解析解讨论其物理意义。即使在电子计算机高度发展并得到广泛应用的今天,要采用数值解研究无穷多自由度系统的振动特性也是不可能的。所以,在分析机器或结构的振动特性时,必须抓住主要因素,略去一些次要因素,把实际系统简化和抽象成离散的力学模型,这是振动分析的第一步。当然,简化的程度取决于系统本身的复杂程度、外界对它的作用形式和分析结果的精度要求等。简化后力学模型的动力特性必须与原系统等效。简化后系统理论分析的结果还要经过试验验证。

把实际系统简化成离散化模型时,可以把系统的质量、弹性和阻尼恰当地集中。例如,机器中弹性较小而质量较大的构件可以简化成不计弹性的集中质量,质量较小而弹性较大的构件可以简化成不计质量的弹簧,构件之间阻尼较大的部分用不计质量和弹性的阻尼器表示。某些质量、弹性和阻尼没有明显差别的构件,也可以通过简化前后系统动能、势能和能量消耗不变的原则简化。更一般地,也可人为地把构件划分成若干单元,把单元的质量凝聚在某一位置作为集中质量,而把单元的总弹性和总阻尼作为无质量的弹性元件和阻尼元件与集中质量连接,从而把一个无穷多自由度的系统简化成有限个自由度的系统。

【例2-1】 图2-1(a)是通过弹性支承安装的柴油发电机组,只讨论机组对地面产生的动压力时,可以把整个机组的质量集中在机组的重心处,机组作为一个集中质量,弹性支承的质量与机组相比小得多,可以简化成并联的弹簧和阻尼器。这样,机组就能简化成如图2-1(b)所示的只作垂直方向振动的单自由度振动系统。

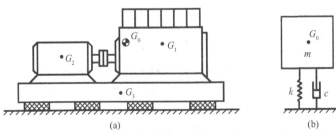

(a)　　　　　　　　　　　　　(b)

图2-1 弹性安装的柴油发电机组

【**例 2-2**】　图 2-2(a)中,一台柴油机弹性地安装在非刚性的基础上,分析系统在铅垂方向振动时,由于柴油机与弹性支承相比,前者的质量比后者大得多,而后者的弹性比前者大得多,因此把柴油机作为一个集中质量,把弹性支承作为并联的弹性元件和阻尼元件。非刚性基础既有质量又有弹性和阻尼,为了处理方便,工程上常常把基础的质量集中于质心处作为集中质量,它的弹性和阻尼作为并联的弹簧和阻尼器。这样,柴油机——非刚性基础系统就简化成如图 2-2(b)所示的二自由度系统。

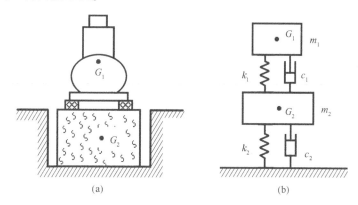

图 2-2　柴油机——非刚性基础系统

【**例 2-3**】　图 2-3(a)是柴油机推进轴系示意图。研究它的扭转振动时,就不能把整个柴油机简化成一个集中质量,而要把柴油机中每一组活塞、连杆和曲轴等效成一个集中惯量,飞轮和螺旋桨也等效成集中惯量,然后把轴的弹性用扭转弹簧表示。这样,六缸柴油机推进轴系的扭转振动力学模型就是图 2-3(b)所示的八自由度系统。

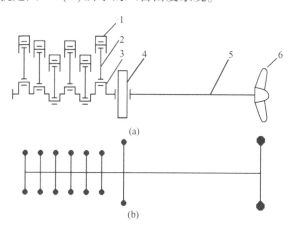

图 2-3　柴油机推进轴系

1. 活塞；2. 连杆；3. 曲轴；4. 飞轮；5. 中间轴；6. 螺旋桨

2.1.2　离散化的力学模型

振动系统离散化的力学模型由质量元件、弹性元件和阻尼元件组成,它们是理想化的元件。

1. 质量元件

质量元件在振动系统的力学模型中抽象成无弹性、不耗能的刚体,它是储存动能的元件,

如图 2-4 所示。若对质量元件施加一个作用力 F_m,它会获得与力 F_m 方向相同的加速度 $\ddot{x}$,根据牛顿第二定律,作用在质量元件上的力和加速度之间的关系为

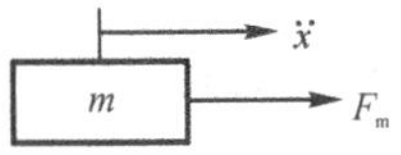

图 2-4　质量元件

$$F_m = m\ddot{x} \tag{2-1}$$

式中, m 是元件的质量,它是元件惯性的度量。式中力、质量和加速度的单位分别为 N、kg 和 m/s^2。

对于角振动系统,质量元件的惯性用它绕转动轴的转动惯量 J 来描述,作用在元件上的力矩 T_m 与元件的角加速度 $\ddot{\theta}$ 之间的关系与式(2-1)类似,即

$$T_m = J\ddot{\theta} \tag{2-2}$$

式中,力矩、转动惯量和角加速度的单位分别为 N·m、kg·m^2 和 rad/s^2。

2. 弹性元件

弹性元件在振动系统力学模型中抽象成无质量而具有线性弹性的元件,它是储存势能的元件,如图 2-5 所示。当弹性元件的一端固定,而另一端受到力 F_s 作用时,这一端点沿作用力的方向有位移 x,弹性元件受的力与位移之间有如下关系,即

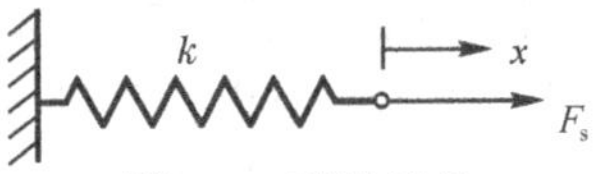

图 2-5　弹性元件

$$F_s = kx \tag{2-3}$$

式中, k 为弹性元件的刚度,单位 N/m。

对角振动系统,弹性元件的刚度为扭转刚度 k_t,单位 N·m/rad。

作用在弹性元件端点的扭矩 T_s 与转角 θ 之间的关系与式(2-3)相似,即

$$T_s = k_t\theta \tag{2-4}$$

3. 阻尼元件

实际系统的阻尼特性及阻尼模型是振动分析中最困难的问题之一,有待于进一步做深入研究。

图 2-6　阻尼元件

在振动系统中,有一类阻尼能抽象成无质量无弹性、具有线性阻尼系数的元件,它是耗能元件,如图2-6所示。当阻尼元件的一端固定,另一端作用一个力 F_d 时,这一端点沿作用力方向的速度为 $\dot{x}$,力与速度之间的关系为

$$F_d = c\dot{x} \tag{2-5}$$

式中, c 为黏性阻尼系数,单位 N·s/m。

若系统作角振动,作用在阻尼元件上的力矩 T_d 与角速度 $\dot{\theta}$ 之间的关系与式(2-5)类似,即

$$T_d = c_t\dot{\theta} \tag{2-6}$$

式中, c_t 为扭转黏性阻尼系数,单位 N·m·s/rad。

2.2　力　学　基　础

在绪论中已经提到,理论分析是解决振动问题的重要途径之一。采用理论分析方法时,必须建立系统的力学模型和数学模型。2.1 节介绍了振动系统力学模型的 3 种基本元件,给出了建立力学模型的方法。从力学模型到数学模型的建立必须应用力学原理。这一节将简单地回顾一下要用到的力学原理。

2.2.1　自由度和广义坐标

为了建立振动系统的数学模型,必须采用坐标来描述系统质量元件的位置。若用某一组独立坐标(参数)能完全确定系统在任何瞬时的位置,则这组坐标称为广义坐标。完全确定系统在任何瞬时位置所需的独立坐标数称为自由度。一般地,建立振动系统数学模型时广义坐标的数目与自由度相等。

一个质点在空间需要 3 个独立坐标才能确定它在任何瞬时的位置,因此它的自由度为 3,n 个不相干、无任何约束的质点组成的质系自由度为 $3n$。一个刚体在空间需要 6 个独立坐标才能确定其在任何瞬时的位置,因此它的自由度为 6,m 个无约束刚体组成的系统自由度为 $6m$。

在机器和结构中,为了实现某种功能,零件之间必须以某种方式连接或安装,这就对它们产生了约束,限制了它们的运动方式,也就是减少了它们的自由度。这样,一个振动系统力学模型中有 n 个质点,m 个刚体,那么它的自由度 DOF 必定满足下列方程,即

$$\text{DOF} = 3n + 6m - (\text{约束方程数}) \tag{2-7}$$

【例 2-4】 图 2-7 (a)中,质量 m 用一根弹簧悬挂。图 2-7(b)中质量 m 用一根长度为 l,变形可忽略的悬丝悬挂。分析系统的自由度。

解　对图 2-7(a)所示的系统,尽管质量 m 用弹簧悬挂,但弹簧能自由地伸长,因此它的约束方程为零,自由度为 3。

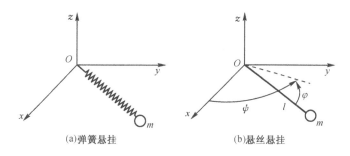

(a)弹簧悬挂　　　　(b)悬丝悬挂

图 2-7　悬挂的质量

对图 2-7(b)所示的系统,悬挂质量 m 的悬丝不可伸长,因此 m 在空间的位置必须满足质量 m 离悬挂点的距离保持不变的条件,即

$$x^2 + y^2 + z^2 = l^2 \tag{2-8}$$

式(2-8)称为约束方程。这样,坐标 x、y 和 z 就不再独立。若用球面坐标 r、ψ 和 φ 来表示,r 必须满足条件 $r = l$,只要用 ψ 和 φ 两个坐标就能完全确定质量 m 在任何瞬时的位置,即广

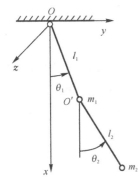

图 2-8　双摆

【例 2-5】　图 2-8 表示由刚性杆 l_1 和质量 m_1 及刚性杆 l_2 和质量 m_2 组成的两个单摆在 O' 处用铰链连接成双摆,并通过铰链与固定点 O 连接,使双摆只能在 xy 平面内摆动,则 $z_1 = 0$,$z_2 = 0$,而双摆的长度 l_1 和 l_2 不变,即

$$x_1^2 + y_1^2 = l_1^2 \quad , \quad (x_2 - x_1)^2 + (y_2 - y_1)^2 = l_2^2$$

利用式(2-7)可得到双摆的自由度 DOF 为

$$DOF = 3 \times 2 - 4 = 2$$

设刚性杆 l_1 与 x 轴的夹角为 θ_1,刚性杆 l_2 与 x 轴的夹角为 θ_2,方向如图 2-8 所示,那么用 θ_1 和 θ_2 可以完全确定双摆在任何瞬时的位置,θ_1 和 θ_2 可以作为双摆的广义坐标。

2.2.2　动力学的基本原理

1. 牛顿第二定律

牛顿第二定律描述力和加速度的关系:物体运动速度的变化率与它所受的力成正比,并且沿力的作用方向发生。这里的物体指力学中的质点,或振动系统中的质量元件,运动速度的变化率是质点运动的加速度,而力与加速度的比就是质点或质量元件的质量。牛顿第二定律可写成

$$F_x = m\ddot{x} \tag{2-9}$$

若质量元件上受到 n 个力的作用,那么牛顿第二定律又可表示为

$$\sum_{i=1}^{n} F_{x_i} = m\ddot{x} \tag{2-10}$$

式中,F 的下标 x 表示 x 方向的力;m 为质量;$\ddot{x}$ 表示 x 方向的加速度。

2. 质系动量矩定理

质系对固定轴的动量矩定理:质系绕固定轴的动量矩对时间的导数等于作用在质系上的外力对同一轴的主矩。用公式表示为

$$dK_z/dt = T_z \tag{2-11}$$

式中,K_z 是质系对 z 轴的动量矩;T_z 是外力对 z 轴的主矩。

图 2-9 所示刚体作定轴转动时对 z 轴的动量矩为

$$K_z = J_z \dot{\theta} \tag{2-12}$$

把式(2-12)代入式(2-11),得

$$T_z = J_z \ddot{\theta} \tag{2-13}$$

比较式(2-13)和式(2-9)可以看到,它们的形式类似。

3. 机械能守恒定律

1) 动能的定义

设质量为 m 的质点在某位置时的速度是 $\dot{x}$,则质点在此位置

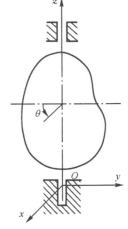

图 2-9　绕 z 轴转动的刚体

的动能 V 为

$$V = m\dot{x}^2/2 \tag{2-14}$$

由动能的定义可知,质点的动能是一个恒正的数量,它是标量,无方向性,单位是 N·m。

对于移动的刚体,由于刚体上每一点的速度都相等,因而它的动能为

$$V = m\dot{x}_c^2/2 \tag{2-15}$$

式中,m 为刚体质量;$\dot{x}_c$ 为质心的速度。

对于作定轴转动的刚体(图 2-9),它的动能表示为

$$V = J_z\dot{\theta}^2/2 \tag{2-16}$$

对于作平面运动的刚体,动能是它跟随质心 c 移动的动能及它相对于质心作定轴转动动能之和,即

$$V = \frac{1}{2}m\dot{x}_c^2 + \frac{1}{2}J_c\dot{\theta}^2 \tag{2-17}$$

式中,m 为刚体总质量;$\dot{x}_c$ 为质心的速度;J_c 为刚体相对于质心 c 的转动惯量;$\dot{\theta}$ 为刚体绕质心 c 的角速度。

2) 势力场和势能

质点从力场中某一位置运动到另一位置时,作用力的功与质点经历的路径无关,而只与其起点及终点位置有关,这就是所谓的势力场。重力场、万有引力场和弹性力场都是势力场。在势力场中质点所受的力称为势力。

所谓势能是把质点从当前位置移至势能零点的过程中势力所做的功。根据势能的定义,特别需要强调的是:势能大小与规定的势能零点位置有关。

【例 2-6】 试写出图 2-10 所示系统的势能。

解　设弹簧处于原长 l_0 时,质量 m 的位置 O_1 为势能的零点。那么,质量偏离平衡位置 x 时,系统中的重力势能为 $-mg(x+\Delta)$,其中,Δ 为弹簧静伸长,弹性势能为 $k(x+\Delta)^2/2$,因而总势能为

$$U_1 = \frac{1}{2}k(x+\Delta)^2 - mg(x+\Delta)$$

当系统处于静平衡状态时,弹性恢复力与重力大小相等,即 $k\Delta = mg$,因而总势能为

$$U_1 = \frac{1}{2}kx^2 - \frac{1}{2}k\Delta^2 \tag{2-18}$$

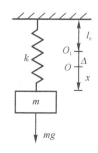

图 2-10　弹簧-质量系统

若设系统处于静平衡时质量 m 的位置 O 为势能零点,则系统的重力势能为 $-mgx$,弹性势能为 $k(x+\Delta)^2/2 - k\Delta^2/2$,系统的总势能为

$$U_2 = kx^2/2 \tag{2-19}$$

比较式(2-18)和式(2-19)可以知道,取不同的势能零点系统的总势能不同,两者相差一个常数。

3) 机械能守恒定律

质点在势力场中运动时,它的机械能(动能与势能之和)是守恒的,即

$$U + V = \text{const} \tag{2-20}$$

或用微分的形式表示为

$$d(U + V)/dt = 0 \qquad (2\text{-}21)$$

式(2-21)表示机械能对时间的一次导数为零。

4. d'Alembert 原理

1) 质点 d'Alembert 原理

把牛顿第二定律表达式(2-10)的右边项移到等式左边就得到质点 d'Alembert 原理的表达式,即

$$\sum_{i=1}^{n} F_{x_i} - m\ddot{x} = 0 \qquad (2\text{-}22)$$

式中, $-m\ddot{x}$ 为质点的惯性力。式(2-22)表示作用在质点 m 上 x 方向的所有外力与惯性力平衡。

2) 质系 d'Alembert 原理

作用在质系上的外力(主动力和约束反力)和惯性力构成平衡力系。

5. Lagrange 方程

Lagrange 方程的表达式为

$$\frac{d}{dt}\left(\frac{\partial L}{\partial \dot{q}_i}\right) - \frac{\partial L}{\partial q_i} + \frac{\partial D}{\partial \dot{q}_i} = Q_i, \quad (i = 1, 2, \cdots, n) \qquad (2\text{-}23)$$

式中, L 为 Lagrange 函数,它是系统动能 V 和势能 U 之差, $L = V - U$; q_i 、 $\dot{q}_i (i = 1, 2, \cdots, n)$ 是系统的广义坐标和广义速度;而

$$D = \frac{1}{2}\sum_{i=1}^{n}\sum_{j=1}^{n} c_{ij}\,\dot{q}_i\,\dot{q}_j$$

是耗散函数,其中 c_{ij} 为系统在广义坐标 q_j 方向有单位广义速度时,在广义坐标 q_i 方向产生的阻尼力; Q_i 是在广义坐标 q_i 方向的广义力, $Q_i = \partial W/\partial q_i$,其中 W 是除阻尼力外的其他非保守力所做的功。 $\partial/\partial q_i$ 和 $\partial/\partial \dot{q}_i$ 分别是对广义坐标 q_i 和对广义速度 $\dot{q}_i$ 求偏导数, d/dt 是对时间求一次导数。

应用 Lagrange 方程时,必须建立系统的广义坐标,确定系统的势能零点。

2.3 振动微分方程的建立

建立振动微分方程的过程是把实际系统理想化、离散化的力学模型转化为数学模型的过程,这对于利用数学工具从理论上研究振动问题是必不可少的步骤。

2.3.1 单自由度系统

单自由度系统振动微分方程的建立有两种方法:一种是力法,利用牛顿第二定律和质系动量矩定理;另一种是能量法,利用能量守恒定律。

1. 利用力法建立振动微分方程的步骤

(1)建立广义坐标。一般来说,对单质量元件的系统,只要沿它的自由度方向建立一个广

义坐标,而对多质量元件系统,可选取多个坐标,找到这些坐标之间的关系,然后选择其中之一作为广义坐标。建立广义坐标时,必须注意的是要说明坐标原点的位置和广义坐标的方向。尽管振动系统的固有特性只取决于系统本身的参数,而与广义坐标的选取无关,但是利用数学工具研究系统特性时,广义坐标原点和方向的改变,会改变振动微分方程的形式及初始条件的大小和正负号。

(2)作质量元件的隔离体受力分析图。牛顿第二定律和质系动量矩定理表示了质点(或质系)所受外力(或外力矩)与质点(或质系)的加速度(或角加速度)之间的关系。因此,只有进行正确的受力分析,才能获得正确的微分方程。

(3)建立振动微分方程并整理成标准的形式。有了质量元件的隔离体受力分析图,只要对每个元件的隔离体运用牛顿第二定律或质系动量矩定理,得到的式子经合并整理(或线性化)成一个二阶线性常系数微分方程。

下面举例说明这种方法的应用。

【例 2-7】　图 2-11 表示一个具有黏性阻尼的单自由度系统在激振力 $F(t)$ 作用下作受迫振动。系统的质量为 m,弹簧刚度为 k,黏性阻尼系数为 c,试建立系统在铅垂方向振动的微分方程。

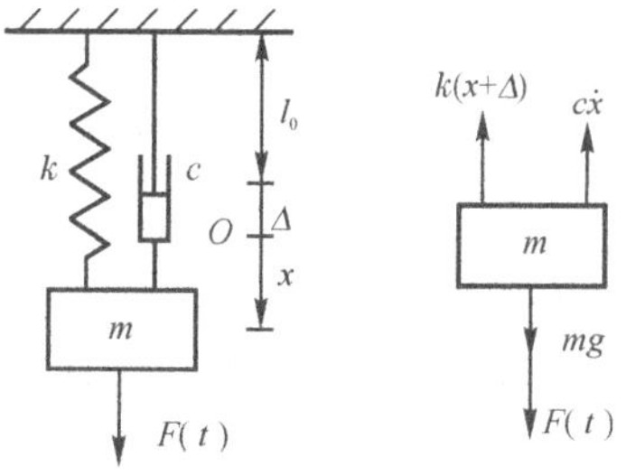

解　(1)建立广义坐标。根据题意,取质量元件 m 沿铅垂方向的位移作为广义坐标。坐标原点 O 设在系统的静平衡位置,方向与 $F(t)$ 相同为正。

图 2-11　有阻尼单自由度系统

(2)让质量元件 m 沿广义坐标的正向,运动到一般位置 x,并设速度和加速度都沿广义坐标正向。做出质量 m 的隔离体受力分析图。在上述假设下,弹簧的总伸长为 $x+\Delta$,其中 Δ 是弹簧上悬挂了质量元件后产生的静伸长($\Delta = mg/k$)。因此质量元件受到大小为 $k(x+\Delta)$、方向与广义坐标方向相反的弹性恢复力,大小为 $c\dot{x}$、方向与广义坐标方向相反的阻尼力,重力 mg 和激励力 $F(t)$。

(3)由牛顿第二定律得到

$$- k(x + \Delta) - c\dot{x} + mg + F(t) = m\ddot{x}$$

整理得

$$m\ddot{x} + c\dot{x} + kx = F(t) \tag{2-24}$$

【例 2-8】　试建立摆长为 l、质量为 m 的单摆在图 2-12 所示平面内作微振动的微分方程。

解　(1)建立广义坐标。单摆只能在平面中摆动,摆长 l 为常数,使质量 m 的运动必须满足 2 个约束方程。这样它的自由度只有一个。选择单摆的摆杆偏离平衡位置的转角 θ 为广义坐标,坐标零位在铅垂位置(即系统的静平衡位置),逆时针方向为正。

(2)沿广义坐标的正向使摆杆转过 θ 角,并设此时 $\dot{\theta}$ 和 $\ddot{\theta}$ 为正,则质量元件 m 受铅垂方向的重力 mg 和摆杆的拉力 R(沿摆杆方向)。

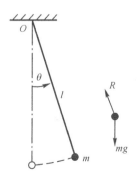

图 2-12　单摆

(3)利用质系动量矩定理并整理得

$$ml^2\ddot{\theta} + mgl\sin\theta = 0 \tag{2-25}$$

根据题意,单摆作微振动,因此 θ 很小,这时 $\sin\theta \approx \theta$,式(2-25)就能简化成下列形式,即

$$\ddot{\theta} + (g/l)\theta = 0 \tag{2-26}$$

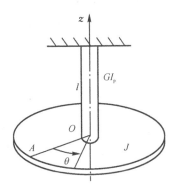

图 2-13　扭转振动系统

【例 2-9】 图 2-13 所示扭转振动系统中,轴截面的极惯性矩为 I_p,长度为 l,它的一端与圆盘相连,另一端固定。圆盘绕 z 轴的转动惯量为 J。试建立系统绕 z 轴作扭转振动时的微分方程。

解　(1)建立广义坐标。设轴未发生扭转时(即系统处于静平衡时),圆盘上有一半径 OA,把 OA 绕 z 轴转过的角度作为广义坐标 θ,系统静平衡时 OA 的位置为 θ 的零位,逆时针方向为正。

(2)沿坐标的正向,使圆盘转过 θ 角,并设 $\dot{\theta}$ 和 $\ddot{\theta}$ 也为正。这时圆盘受到弹性恢复力矩为 $k_t\theta = GI_p\theta/l$,方向与广义坐标相反。

(3)利用质系动量矩定理可得方程

$$\ddot{\theta} + (k_t/J)\theta = 0 \tag{2-27}$$

【例 2-10】 图 2-14 所示的弯管截面积为 a,管中液柱全长为 l(忽略液柱弯曲的曲率),液体密度为 ρ。试列出弯管中液柱振动的微分方程。

解　(1)建立广义坐标。设系统静平衡时液面的位置为广义坐标的零位,液柱沿直管上升的距离为广义坐标 y。

(2)受力分析。由题意知液柱的总质量 $m = \rho al$,当液面沿广义坐标正向升高 y 时,液柱两个表面间的高度差为 $2y$,因此液柱受到与广义坐标方向相反的恢复力 $F = 2\rho ayg$,液柱的惯性力方向也与 y 方向相反,大小为 $m\ddot{y}$。

(3)利用 d'Alembert 原理可得

$$\ddot{y} + (2g/l)y = 0 \tag{2-28}$$

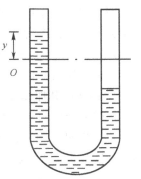

图 2-14　弯管中液柱的振动

【例 2-11】 图 2-15 所示系统中,AOB 是质量为 m_3 的均质、刚性细直角杆,它能绕 O 轴在水平面中作定轴转动,杆的 A 端和 B 端分别通过铰链和质量可忽略的刚性杆与质量元件 m_1 和 m_2 相连,系统的其他参数和几何尺寸如图。试写出系统作微振动的方程。

解　(1)建立广义坐标。正如前面已经提到的,对多质量系统先分析它的自由度:对于图示系统,质量元件 m_1、m_2 和 m_3 本身都只能有一个自由度,而它们之间都用刚性杆连接,刚性杆使三个质量的运动相互制约,因而整个系统只有一个自由度。

若设 m_1 的位移为 x_1,m_2 的位移为 x_2,m_3 绕 O 点作定轴转动时的转角为 θ,它们的坐标原点在系统处于静平衡时的位置,方向如图 2-15 所示。选 θ 为广义坐标,则 $x_1 = \theta a$,$x_2 = 2\theta a$。

(2)作 m_1、m_2 和 m_3 的受力分析图。当系统中质量为 m_3 的直角杆沿广义坐标的正向转过 θ 角时,质量元件 m_1 和 m_2 及直角杆 m_3 的受力分析如图 2-15 所示。

(3)对质量元件 m_1 和 m_2 及直角杆 m_3 分别用牛顿第二定律和质系动量矩定理,消去系统内力,整理成一个微分方程式。

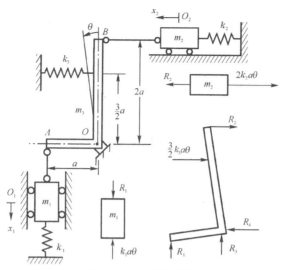

图 2-15   多质量系统

对质量元件 m_1 运用牛顿第二定律,整理得

$$R_1 = m_1 a\ddot{\theta} + k_1 a\theta \tag{2-29}$$

同样地,对 m_2 有

$$R_2 = 2m_2 a\ddot{\theta} + 2k_2 a\theta \tag{2-30}$$

对直角杆运用质系动量矩定理,则有

$$-R_1 a - 2R_2 a - k_3\left(\frac{3}{2}a\right)^2\theta = J_0\ddot{\theta} \tag{2-31}$$

式中,J_0 是直角杆对支点 O 的转动惯量。设杆 AO 对 O 的转动惯量为 J_1,杆 BO 对 O 的转动惯量为 J_2,则有

$$J_0 = J_1 + J_2 = \frac{1}{3}\left(\frac{1}{3}m_3\right)a^2 + \frac{1}{3}\left(\frac{2}{3}m_3\right)(2a)^2 = m_3 a^2 \tag{2-32}$$

把式(2-29)、式(2-30)和式(2-32)代入式(2-31)得

$$(m_1 a^2 + 4m_2 a^2 + m_3 a^2)\ddot{\theta} + \left(k_1 a^2 + 4k_2 a^2 + 2\frac{1}{4}k_3 a^2\right)\theta = 0 \tag{2-33}$$

或

$$J_e\ddot{\theta} + k_{te}\theta = 0 \tag{2-34}$$

从例 2-11 可以看出,当系统中质量较多时,必须对每一质量作隔离体分析图,并对每一个质量运用力学基本原理,整个过程比较复杂。遇到这种情况,可采用能量法。下面介绍的方法适用于作自由振动的系统。

2. 利用能量法建立振动微分方程的步骤

(1)建立广义坐标。广义坐标的建立方法与前面方法中介绍的相同。

(2)写出系统的动能、势能和耗散能。在写系统动能 V 时,要对系统中各质量元件作速度分析,在写系统势能 U 时,必须规定势能零点。当系统是非保守系统时,还必须写出由阻尼元件耗散的能量,它等于阻尼力所做的功,即

$$P = \sum_{i=1}^{n} \int_0^t c_i \dot{x}_i dx_i = \sum_{i=1}^{n} \int_0^t c_i \dot{x}_i^2 dt \tag{2-35}$$

式中，P 是阻尼耗散的能量；$c_i (i = 1, 2, \cdots, n)$ 为系统中第 i 个阻尼元件的黏性阻尼系数；$\dot{x}_i$ 和 x_i 分别为第 i 个阻尼元件一端固定时另一端的瞬时速度和瞬时位移。

（3）利用能量守恒原理

$$d(V + U + P)/dt = 0 \tag{2-36}$$

得到的方程经整理并线性化后就能得到系统的振动微分方程。

【例 2-12】 利用能量法建立例 2-11 中系统微振动的方程。

解 （1）建立广义坐标。与例 2-11 相同，选 θ 为广义坐标。

（2）写出系统的动能、势能与耗散能。首先分析各质量的速度，有了广义坐标和其他坐标与广义坐标之间的关系，就能很快得到质量 m_1、质量 m_2 和直角杆 m_3 的速度（或角速度）它们分别为 $\dot{x}_1 = a\dot{\theta}$，$\dot{x}_2 = 2a\dot{\theta}$ 和 $\dot{\theta}$。这样系统的动能为

$$V = \frac{1}{2} m_1 a^2 \dot{\theta}^2 + 2m_2 a^2 \dot{\theta}^2 + \frac{1}{2} m_3 a^2 \dot{\theta}^2$$

在写系统势能时，首先确定势能零点。整个系统在同一水平面中振动，因此在振动过程中，系统重力势能不变。对于弹性势能，设系统处于静平衡时弹簧的弹性势能为零，因此系统的势能为

$$U = \frac{1}{2} k_1 a^2 \theta^2 + \frac{1}{2} k_2 4a^2 \theta^2 + \frac{1}{2} k_3 \frac{9}{4} a^2 \theta^2$$

系统中没有阻尼元件，因此耗散能 $P = 0$。

（3）利用能量守恒原理 $d(U + V)/dt = 0$，即

$$\left[(m_1 a^2 + 4m_2 a^2 + m_3 a^2) \ddot{\theta} + (k_1 a^2 + 4k_2 a^2 + 2\frac{1}{4} k_3 a^2) \theta \right] \dot{\theta} = 0$$

在系统振动的过程中，广义速度不恒等于零，可以消去。得到的方程形式与式（2-33）完全相同。

【例 2-13】 图 2-16 中，半径为 r 的圆柱在半径为 R 的槽内作无滑滚动，试写出系统作微小振动时的微分方程。

解 （1）建立广义坐标。设槽圆心 O 与圆柱轴线 O_1 的连线偏离平衡位置的转角为广义坐标，逆时针方向为正。

（2）写出系统的动能和势能。圆柱的动能由两部分组成，即它跟随质心的移动动能和绕质心转动的动能，而质心的速度为 $(R - r)\dot{\theta}$，圆柱相对于质心的角速度 $\dot{\varphi} = (R - r)\dot{\theta}/r$，因此系统的动能为

$$V = \frac{1}{2} m(R - r)^2 \dot{\theta}^2 + \frac{1}{2} \frac{mr^2}{2} (R - r)^2 \dot{\theta}^2 / r^2$$

$$= \frac{3}{4} m(R - r)^2 \dot{\theta}^2$$

若取系统静平衡时的势能为零，则在一般位

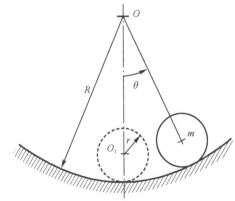

图 2-16 在半圆槽中纯滚动的圆柱

置系统的势能为

$$U = mg(R - r)(1 - \cos\theta)$$

（3）利用能量守恒原理得到

$$\left[\frac{3}{2}m(R - r)^2\ddot{\theta} + mg(R - r)\sin\theta\right]\dot{\theta} = 0$$

当系统作微振动时 θ 很小，$\sin\theta \approx \theta$，$\dot{\theta}$ 不恒等于零，方程就简化为

$$\ddot{\theta} + \frac{2}{3}\frac{g}{R - r}\theta = 0 \tag{2-37}$$

2.3.2　等效系统

从上一节可以看到，单自由度系统振动微分方程的一般形式为

$$m_e\ddot{x} + c_e\dot{x} + k_e x = F(t) \tag{2-38}$$

对于角振动有下列形式，即

$$J_e\ddot{\theta} + c_{t_e}\dot{\theta} + k_{t_e}\theta = T(t) \tag{2-39}$$

式（2-38）和式（2-39）中的下标 e 表示等效。这是由于单自由度系统不一定只有一个质量元件、一个弹性元件和一个阻尼元件组成。当系统中有多个质量元件、多个弹性元件和多个阻尼元件时，这些元件的综合效果，即等效质量、等效刚度和等效阻尼，出现在微分方程中。

另一种情况是实际系统简化过程中，为了分析方便，有些连续系统要简化成单自由度系统，即把它们分布的质量和弹性以一定的方式等效成一个质量元件和一个弹性元件。下面介绍等效的原则和方法。

1. 等效刚度

等效刚度的计算有两种方法，一种是从刚度的定义出发计算等效刚度；另一种是利用等效前后系统势能不变的原则计算等效刚度。

1）斜向布置的弹簧

如图 2-17（a）所示，质量 m 只能沿 x 方向运动，而由于结构上的某种原因，弹簧只能与 x 方向成 θ 角安装。若要把这样的系统等效成图2-17（b）所示的系统，那么，只要根据刚度的定义，就能得到等效弹簧刚度 k_{x_e} 的表达式，即

$$k_{x_e} = \frac{x \text{ 方向的力}}{x \text{ 方向的位移}} \tag{2-40}$$

设在质量 m 上施加一个沿 x 方向的力 F_x，而质量 m 的位移为 x。作用在弹簧上的力 F 可

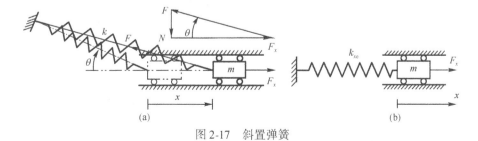

图 2-17　斜置弹簧

通过质量 m 的平衡求得

$$F = F_x/\cos\theta \tag{2-41}$$

这时弹簧的伸长 $\Delta = F/k = F_x/k\cos\theta$，当质量 m 的位移 x 与弹簧本身的长度相比较小时，$\Delta = x\cos\theta$，则

$$k_{x_e} = F_x/x = k\cos^2\theta \tag{2-42}$$

2）并联弹簧

在某些结构中，为了达到某种性能，质量元件与几个弹簧相连，而且这些弹簧的变形相同。如图 2-18 所示，有 n 个弹簧与质量 m 相连，若弹簧的刚度为 $k_i(i=1,2,\cdots,n)$，那么它们的效果能用一个刚度为 k_e 的弹簧来等效。

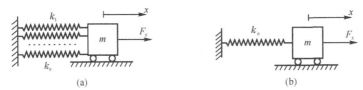

图 2-18　并联弹簧

设图 2-18(a) 中，在质量 m 上作用一个沿 x 方向的力 F_x，质量 m 的位移为 x，那么弹簧的弹性恢复力分别为：$F_i = k_i x$ $(i=1,2,\cdots,n)$，由质量 m 的平衡，可知

$$F_x = \Big(\sum_{i=1}^{n} k_i\Big)x$$

则

$$k_e = F_x/x = \sum_{i=1}^{n} k_i \tag{2-43}$$

3）串联弹簧

图 2-19 中，要把 n 个串联弹簧用一个刚度为 k_e 的弹簧来等效。设质量 m 上受到作用力 F_x，m 的位移为 x。对串联弹簧，所有弹簧上都作用相同的力 F_x，第 i 根弹簧的伸长 $x_i = F_x/k_i$ $(i=1,2,\cdots,n)$，因而质量 m 的位移 x 为

$$x = \sum_{i=1}^{n} x_i = F_x \sum_{i=1}^{n} (1/k_i)$$

因此等效刚度的倒数可表达为

$$\frac{1}{k_e} = \sum_{i=1}^{n} \frac{1}{k_i} \tag{2-44}$$

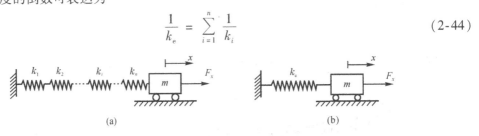

图 2-19　串联弹簧

【例 2-14】 求图 2-20 所示的弹簧系统在 x 方向和 y 方向的等效刚度。

解 由弹簧串联和并联时等效刚度的表达式 (2-44) 和式 (2-43) 可得到 k_1 和 k_2 及 k_3 和 k_4 的等效刚度 k_{e_1} 和 k_{e_2} 分别为

$$k_{e_1} = k_1 + k_2, \qquad k_{e_2} = \frac{k_3 k_4}{k_3 + k_4}$$

然后根据斜向布置弹簧等效刚度的表达式(2-42)即可得弹簧 x 方向和 y 方向的等效刚度为

$$k_{e_x} = k_{e_1}\sin^2\varphi_1 + k_{e_2}\sin^2\varphi_2 + k_5\sin^2\varphi_3$$

$$k_{e_y} = k_{e_1}\cos^2\varphi_1 + k_{e_2}\cos^2\varphi_2 + k_5\cos^2\varphi_3$$

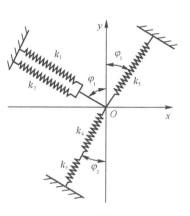

图 2-20　弹簧系统

4) 传动系统的等效刚度

图 2-21(a) 表示了速比为 i 的齿轮传动机构,轴 I 为主动轴,轴 II 为被动轴。在原系统中,轴 I 的扭转刚度为 k_{t_1},轴 II 的扭转刚度为 k_{t_2}。设转轴 I 的转角为 θ_1,转轴 II 的转角为 θ_2,按题意,速比为被动轴转速与主动轴转速之比,也等于轴 II 的转角与轴 I 的转角之比,$i = \theta_2/\theta_1$。因而,原系统的势能为 $U = k_{t_1}\theta_1^2/2 + k_{t_2}\theta_2^2/2$,或表示成 θ_2 的函数 $U = k_{t_1}\theta_2^2/(2i^2) + k_{t_2}\theta_2^2/2$。

把 I 轴向 II 轴等效,图 2-21(b) 中,轴 II 的扭转刚度不变,而轴 I 的扭转刚度为 $k_{t_{1_e}}$。在等效系统中,若把盘 1 和盘 2 夹住,在齿轮 1 和齿轮 2 的位置,即在两轴的交接面使轴 II 转动 θ_2 角,那么轴 I 也转动 θ_2 角,这样,等效系统的势能 $U_e = k_{t_{1_e}}\theta_2^2/2 + k_{t_2}\theta_2^2/2$。根据等效前后系统势能不变的原则,即 $U_e = U$,就可以得到轴 I 的等效刚度,即

$$k_{t_{1_e}} = k_{t_1}/i^2 \tag{2-45}$$

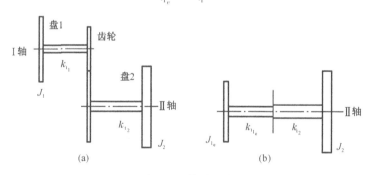

图 2-21　传动系统

2. 等效阻尼

等效阻尼与等效刚度类似的计算公式如下。

并联阻尼器的等效阻尼系数为

$$c_e = \sum_{i=1}^{n} c_i \tag{2-46}$$

串联阻尼器的等效阻尼系数为

$$\frac{1}{c_e} = \sum_{i=1}^{n} \frac{1}{c_i} \tag{2-47}$$

式中,c_i 是每一个阻尼器的阻尼系数。

对于传动系统,若传动比为 i,主动轴扭转阻尼系数为 c_{t_1},从动轴扭转阻尼系数为 c_{t_2},把主

动轴向从动轴等效时,主动轴的等效扭转阻尼系数为

$$c_{t_{1e}} = c_{t_1}/i^2 \tag{2-48}$$

3. 等效质量

将具有多个集中质量或分布质量的系统简化为具有一个等效质量(或惯量)的单质量(惯量)系统时,求等效质量(或惯量)的方法是使等效前后系统的动能相等。

【例2-15】 在图2-22所示的系统中,质量可忽略的刚性杆 AOB 能绕 O 点转动,A、B 两端的质量分别为 m_A 和 m_B,A 端有一刚度为 k 的弹簧支承。刚性杆 AO 和 BO 部分的长度分别为 l 和 $2l$。求系统对 A 点的等效质量。

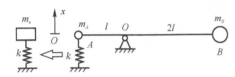

图2-22　弹簧-杠杆-质量系统

解　广义坐标为 A 点的位移,坐标原点在系统的静平衡位置,方向向上为正。等效前系统的动能 V 为

$$V = \frac{1}{2}m_A\dot{x}^2 + \frac{1}{2}m_B\left(\frac{\dot{x}}{l}2l\right)^2 = \frac{1}{2}(m_A + 4m_B)\dot{x}^2$$

等效后系统的动能为 $V_e = \frac{1}{2}m_e\dot{x}^2$。因为 $V_e = V$,所以 $m_e = m_A + 4m_B$。

【例2-16】 求图2-21所示传动系统中,把轴Ⅰ等效到轴Ⅱ时盘1的等效惯量 J_{1e}。

解　由已知条件,当轴Ⅰ的角速度和轴Ⅱ的角速度分别为 $\dot{\theta}_1$ 和 $\dot{\theta}_2$ 时,速比 $i = \dot{\theta}_2/\dot{\theta}_1$,等效前系统的动能为

$$V = \frac{1}{2}J_1\dot{\theta}_1^2 + \frac{1}{2}J_2\dot{\theta}_2^2 = \frac{1}{2}J_1\frac{\dot{\theta}_2^2}{i^2} + \frac{1}{2}J_2\dot{\theta}_2^2$$

等效后系统的动能为

$$V_e = \frac{1}{2}J_{1e}\dot{\theta}_2^2 + \frac{1}{2}J_2\dot{\theta}_2^2$$

等效前后系统的动能相等,即 $V = V_e$,则有

$$J_{1e} = J_1/i^2 \tag{2-49}$$

【例2-17】 在图2-23所示质量弹性杆系统中,弹性杆具有均布质量 m_s,集中质量为 m。求系统简化成单自由度弹簧质量系统时的等效刚度和等效质量。

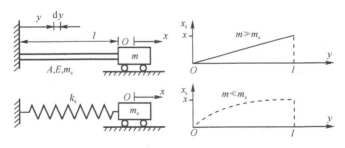

图2-23　质量弹性杆系统

解　根据前面的讨论,可以按等效前后系统的动能和势能相等的原则来计算,问题在于弹性杆在振动过程中杆上各点的位移或速度分布如何。当集中质量 m 和弹性杆质量 m_s 的比值

不同时,情况将不同。下面讨论两种极端的情况。

(1) 当 m 比 m_s 大得多时($m \gg m_s$),弹性杆各点位移呈线性分布,即

$$x_s = \frac{x}{l}y, \qquad 0 \leqslant y \leqslant l$$

弹性杆上各点的速度 $\dot{x}_s = \frac{\dot{x}}{l}y$,而系统的动能为

$$V = \frac{1}{2}m\dot{x}^2 + \int_0^l \frac{1}{2}\frac{m_s}{l}\mathrm{d}y\left(\frac{\dot{x}}{l}y\right)^2 = \frac{1}{2}\left(m + \frac{m_s}{3}\right)\dot{x}^2$$

等效后系统动能为 $V_e = \frac{1}{2}m_e\dot{x}^2$,$V = V_e$,因而 $m_e = m + m_s/3$。

弹性杆微段势能为 $\mathrm{d}U = \sigma\varepsilon\mathrm{d}V/2 = E\varepsilon^2\mathrm{d}V/2$,而 $\varepsilon = \partial x_s/\partial y$,$\mathrm{d}V = A\mathrm{d}y$($\sigma$ 和 ε 为弹性杆的应力和应变,$\mathrm{d}V$ 为弹性杆中任一微小段的体积,它是弹性杆截面积 A 和微小长度 $\mathrm{d}y$ 的积),这样,整个杆的弹性变形势能为

$$U = \int_0^l \frac{1}{2}EA\frac{x^2}{l^2}\mathrm{d}y = \frac{1}{2}\left(\frac{EA}{l}\right)x^2$$

式中,EA/l 正是把弹性杆整体作为一个弹簧时的刚度 k,这样系统的势能为 $U = kx^2/2$,等效后系统势能为 $U_e = k_e x^2/2$,因此 $k_e = k$。

这样,当系统中集中质量比弹性杆质量大得多时,只要把 1/3 的弹性杆质量加到集中质量上,就能得到一个模型化的弹簧质量系统。

从上述计算过程中可以看到,弹性杆质量越小,它在等效质量中所占的比例也越小;而弹性杆质量较大时,若把它忽略,就会产生较大的误差。

(2) 当 m 比 m_s 小得多时($m \ll m_s$),弹性杆上各点的位移不再按线性分布,假设位移有如下规律,即

$$x_s = x\sin\frac{\pi y}{2l}, \qquad 0 \leqslant y \leqslant l$$

弹性杆上各点的速度为

$$\dot{x}_s = \dot{x}\sin\frac{\pi y}{2l}$$

系统的动能为

$$V = \frac{1}{2}m\dot{x}^2 + \int_0^l \frac{1}{2}\frac{m_s}{l}\mathrm{d}y\left(\dot{x}\sin\frac{\pi y}{2l}\right)^2 = \frac{1}{2}\left(m + \frac{m_s}{2}\right)\dot{x}^2$$

等效后系统的动能为 $V_e = m_e\dot{x}^2/2$,$V = V_e$,因而系统的等效质量 $m_e = m + m_s/2$。弹性杆微段的势能为

$$\mathrm{d}U = \frac{1}{2}E\left(\frac{\partial x_s}{\partial y}\right)^2A\mathrm{d}y = \frac{1}{2}EA\frac{x^2\pi^2}{4l^2}\cos^2\frac{\pi y}{2l}\mathrm{d}y$$

弹性杆总势能为

$$U = \int_0^l \frac{1}{2}EA\frac{x^2\pi^2}{4l^2}\cos^2\frac{\pi y}{2l}\mathrm{d}y = \frac{1}{2}\frac{\pi^2}{8}\frac{EA}{l}x^2 = \frac{1}{2}\frac{\pi^2}{8}kx^2$$

等效后系统总势能为 $U_e = k_e x^2/2$,$U_e = U$,因而系统的等效刚度为 $k_e = (\pi^2/8)k$。

在上面的讨论中,假定在任何瞬时,弹性杆上各点的位移与其末端位移 x 同方向。对于弹

性杆上各点在振动过程中位移的方向究竟是不是一定与末端相同,这一问题将在 6.1 节连续系统的振动中讨论。

对于实际的螺旋弹簧-质量系统,例 2-17 的结论也适用,当弹簧质量与集中质量块的质量相比很小时,$k_e = k$,$m_e = m + m_s/3$,当弹簧质量比集中质量大得多时,$k_e = (\pi^2/8)k$,$m_e = m + m_s/2$。

2.3.3　多自由度系统

当系统的自由度大于 1 时,描述系统的振动微分方程将从一个增加到 n 个,这些方程可以通过前面提到的力学基本原理获得。建立方程的步骤与单自由度系统相同。另外,对某些系统也可以采用视察法、柔度法或刚度法来得到系统的振动微分方程,下面将举例说明各种方法及其应用范围。

1. 力法

原则上讲,利用力法,即应用牛顿第二定律和质系动量矩定理,建立系统的振动微分方程是普遍适用的方法。

【例 2-18】　在图 2-24 所示的系统中,n 个质量元件用 $n+1$ 个弹簧元件和 $n+1$ 个阻尼元件连接,每个质量元件上都作用有一个外力。试建立系统的振动微分方程。

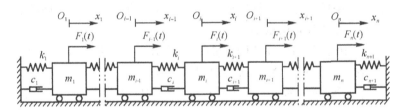

图 2-24　n 个自由度的系统

解　(1) 建立广义坐标。设质量 $m_i(i=1,2,\cdots,n)$ 的位移 $x_i(i=1,2,\cdots,n)$ 为广义坐标,系统静平衡时质量 $m_i(i=1,2,\cdots,n)$ 的位置为广义坐标的原点,方向与外力相同为正。

(2) 让每一个质量元件沿广义坐标的正向有一个位移 $x_i(i=1,2,\cdots,n)$,并设广义速度 $\dot{x}_i(i=1,2,\cdots,n)$ 和广义加速度 $\ddot{x}_i(i=1,2,\cdots,n)$ 也是正的。在这样的一般位置作每一个质量元件的隔离体受力分析图,如图 2-25 所示。

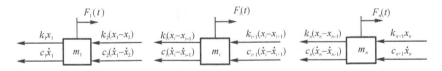

图 2-25　质量元件隔离体受力分析

多自由度系统的受力分析图比单自由度系统难一些,原因是第 i 个质量元件的受力不仅与它本身的位移和速度有关,而且还与第 $i-1$ 个质量元件和第 $i+1$ 个质量元件的位移和速度有关。为了正确地给出第 i 个质量元件上第 i 个弹性元件对它的作用力,可先假定第 $i-1$ 个质量固定不动,这样,当第 i 个质量沿广义坐标的方向移动 x_i 时,它受到的弹性恢复力的方向和大小就能确定,方向如图 2-25 所示,大小为 $k_i x_i$。然后让第 i 个质量元件停留在位移为 x_i 的位置,让第 $i-1$ 个质量沿它的广义坐标正向移动到 x_{i-1} 的位置,这时第 i 个弹性元件的变形就从原来的伸长 x_i 改变为伸长

$x_i - x_{i-1}$，这样保持原来弹性恢复力的方向不变，大小改为 $k_i(x_i - x_{i-1})$，同样地，可分析第 $i+1$ 个弹性元件及第 i 个和第 $i+1$ 个阻尼元件给第 i 个质量元件的弹簧力或阻尼力。

（3）对每一个质量元件应用牛顿第二定律，即

$$F_1(t) - c_1\dot{x}_1 - c_2(\dot{x}_1 - \dot{x}_2) - k_1 x_1 - k_2(x_1 - x_2) = m_1\ddot{x}_1$$

$$\vdots$$

$$F_i(t) - c_i(\dot{x}_i - \dot{x}_{i-1}) - c_{i+1}(\dot{x}_i - \dot{x}_{i+1}) - k_i(x_i - x_{i-1}) - k_{i+1}(x_i - x_{i+1}) = m_i\ddot{x}_i$$

$$(i = 2,3,\cdots,n-1)$$

$$\vdots$$

$$F_n(t) - c_n(\dot{x}_n - \dot{x}_{n-1}) - c_{n+1}\dot{x}_n - k_n(x_n - x_{n-1}) - k_{n+1}x_n = m_n\ddot{x}_n$$

整理后用矩阵形式表示为

$$\boldsymbol{M}\{\ddot{x}\} + \boldsymbol{C}\{\dot{x}\} + \boldsymbol{K}\{x\} = \{F(t)\} \tag{2-50}$$

式中，$\{x\}$、$\{\dot{x}\}$ 和 $\{\ddot{x}\}$ 分别是广义坐标、广义速度和广义加速度列阵，即

$$\{x\} = [x_1, x_2, \cdots, x_i, \cdots, x_n]^{\mathrm{T}}$$

$$\{\dot{x}\} = [\dot{x}_1, \dot{x}_2, \cdots, \dot{x}_i, \cdots, \dot{x}_n]^{\mathrm{T}}$$

$$\{\ddot{x}\} = [\ddot{x}_1, \ddot{x}_2, \cdots, \ddot{x}_i, \cdots, \ddot{x}_n]^{\mathrm{T}}$$

而 $\boldsymbol{M}$、$\boldsymbol{C}$ 和 $\boldsymbol{K}$ 是 $n \times n$ 阶矩阵，分别是质量矩阵、阻尼矩阵和刚度矩阵，即

$$\boldsymbol{M} = \begin{bmatrix} m_1 & 0 & \cdots & \cdots & \cdots & 0 \\ 0 & m_2 & \ddots & & & \vdots \\ \vdots & \ddots & \ddots & \ddots & & \vdots \\ \vdots & & \ddots & m_i & \ddots & \vdots \\ \vdots & & & \ddots & \ddots & 0 \\ 0 & \cdots & \cdots & \cdots & 0 & m_n \end{bmatrix}$$

$$\boldsymbol{C} = \begin{bmatrix} c_1 + c_2 & -c_2 & 0 & \cdots & \cdots & \cdots & 0 \\ -c_2 & c_2 + c_3 & -c_3 & \ddots & & & \vdots \\ 0 & \ddots & \ddots & \ddots & \ddots & & \vdots \\ \vdots & \ddots & -c_i & c_i + c_{i+1} & -c_{i+1} & \ddots & \vdots \\ \vdots & & \ddots & \ddots & \ddots & \ddots & 0 \\ \vdots & & & \ddots & -c_{n-1} & c_{n-1} + c_n & -c_n \\ 0 & \cdots & \cdots & \cdots & 0 & -c_n & c_n + c_{n+1} \end{bmatrix}$$

$$\boldsymbol{K} = \begin{bmatrix} k_1 + k_2 & -k_2 & 0 & \cdots & \cdots & \cdots & 0 \\ -k_2 & k_2 + k_3 & -k_3 & \ddots & & & \vdots \\ 0 & \ddots & \ddots & \ddots & \ddots & & \vdots \\ \vdots & \ddots & -k_i & k_i + k_{i+1} & -k_{i+1} & \ddots & \vdots \\ \vdots & & \ddots & \ddots & \ddots & \ddots & 0 \\ \vdots & & & \ddots & -k_{n-1} & k_{n-1} + k_n & -k_n \\ 0 & \cdots & \cdots & \cdots & 0 & -k_n & k_n + k_{n+1} \end{bmatrix}$$

式中,$\{F(t)\}$是外力列向量,$\{F(t)\} = [F_1(t), F_2(t), \cdots, F_i(t), \cdots, F_n(t)]^T$。

一般地,质量矩阵是对称矩阵也是正定矩阵;阻尼矩阵是对称矩阵;刚度矩阵是对称矩阵和半正定矩阵。

2. 视察法

从例 2-18 中可以看到,图 2-24 所示的链式系统振动微分方程中,质量矩阵、阻尼矩阵和刚度矩阵的元素有一定的规律。

(1) 质量矩阵是对角矩阵,对角元 $m_{ii} = m_i$,即第 i 个对角元素就是第 i 个质量元件的质量。

(2) 阻尼矩阵是对称矩阵,对角元 c_{ii} 为所有与第 i 个质量元件相连接的阻尼元件阻尼系数之和,非对角元 $c_{ij} = c_{ji}$,$-c_{ij}$ 是连接第 i 个质量元件和第 j 个质量元件的阻尼元件阻尼系数之和。

(3) 刚度矩阵是对称矩阵,对角元 k_{ii} 为所有与第 i 个质量元件相连接的弹性元件刚度之和,非对角元 $k_{ij} = k_{ji}$,$-k_{ij}$ 是连接第 i 个质量元件和第 j 个质量元件的弹性元件刚度之和。

【例 2-19】 图 2-26 是一个链式系统,试用视察法写出系统的振动微分方程。

解 (1) 建立广义坐标如图 2-26 所示,坐标原点在系统静平衡时各质量的位置。

(2) 根据视察法,系统的振动微分方程具有如下形式,即

$$\boldsymbol{M}\{\ddot{x}\} + \boldsymbol{C}\{\dot{x}\} + \boldsymbol{K}\{x\} = \{0\}$$

式中

$$\{\ddot{x}\} = [\ddot{x}_1, \ddot{x}_2, \ddot{x}_3, \ddot{x}_4]^T$$
$$\{\dot{x}\} = [\dot{x}_1, \dot{x}_2, \dot{x}_3, \dot{x}_4]^T$$
$$\{x\} = [x_1, x_2, x_3, x_4]^T$$

质量矩阵、阻尼矩阵和刚度矩阵分别为

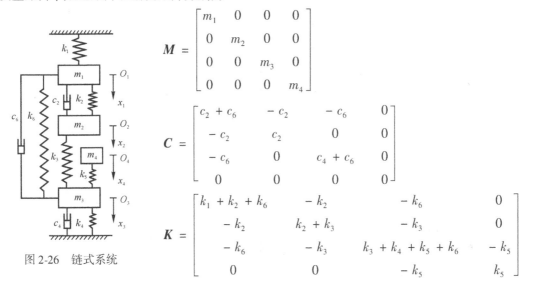

图 2-26　链式系统

$$\boldsymbol{M} = \begin{bmatrix} m_1 & 0 & 0 & 0 \\ 0 & m_2 & 0 & 0 \\ 0 & 0 & m_3 & 0 \\ 0 & 0 & 0 & m_4 \end{bmatrix}$$

$$\boldsymbol{C} = \begin{bmatrix} c_2 + c_6 & -c_2 & -c_6 & 0 \\ -c_2 & c_2 & 0 & 0 \\ -c_6 & 0 & c_4 + c_6 & 0 \\ 0 & 0 & 0 & 0 \end{bmatrix}$$

$$\boldsymbol{K} = \begin{bmatrix} k_1 + k_2 + k_6 & -k_2 & -k_6 & 0 \\ -k_2 & k_2 + k_3 & -k_3 & 0 \\ -k_6 & -k_3 & k_3 + k_4 + k_5 + k_6 & -k_5 \\ 0 & 0 & -k_5 & k_5 \end{bmatrix}$$

3. 刚度法和柔度法

忽略图 2-24 系统中的阻尼,系统就有图 2-27 的形式。

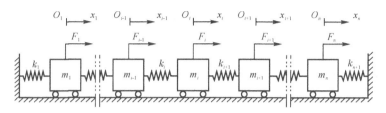

图 2-27　无阻尼 n 自由度系统

定义刚度系数为产生单位位移所需的力,即仅使系统中第 j 个质量元件在第 j 个广义坐标上产生单位位移(其他质量元件在其他广义坐标上的位移为零),需要在第 i 个质量元件上第 i 个广义坐标($i = 1, 2, \cdots, n$)方向所加的力 k_{ij} $(i, j = 1, 2, \cdots, n)$。

对图 2-27 所示的系统,根据刚度系数的定义,若要使每一个质量元件在相应的广义坐标处都有位移 x_j $(j = 1, 2, \cdots, n)$,则对第 i 个质量元件在广义坐标 x_i 方向所需施加力的总和为 $\sum_{j=1}^{n} k_{ij} x_j$,对第 i 个质量元件来说,在广义坐标 x_i 方向的力是由外力 $F_i(t)$ 和惯性力提供的,即

$$\sum_{j=1}^{n} k_{ij} x_j = F_i(t) - m_i \ddot{x}_i, \qquad (i = 1, \cdots, n)$$

整理后得

$$m_i \ddot{x}_i + \sum_{j=1}^{n} k_{ij} x_j = F_i(t), \qquad (i = 1, \cdots, n)$$

或表示成

$$\boldsymbol{M} \{\ddot{x}\} + \boldsymbol{K} \{x\} = \{F(t)\}$$

式中

$$\{\ddot{x}\} = [\ddot{x}_1, \ddot{x}_2, \cdots, \ddot{x}_n]^{\mathrm{T}}$$
$$\{x\} = [x_1, x_2, \cdots, x_n]^{\mathrm{T}}$$
$$\{F(t)\} = [F_1(t), F_2(t), \cdots, F_n(t)]^{\mathrm{T}}$$

$$\boldsymbol{M} = \begin{bmatrix} m_1 & 0 & \cdots & 0 \\ 0 & m_2 & \ddots & \vdots \\ \vdots & \ddots & \ddots & 0 \\ 0 & \cdots & 0 & m_n \end{bmatrix}$$

$$\boldsymbol{K} = \begin{bmatrix} k_{11} & k_{12} & \cdots & k_{1n} \\ k_{21} & k_{22} & \cdots & k_{2n} \\ \vdots & \vdots & \ddots & \vdots \\ k_{n1} & k_{n2} & \cdots & k_{nn} \end{bmatrix}$$

这样,若能按照刚度系数的定义,获得刚度矩阵的元素 k_{ij} $(i, j = 1, 2, \cdots, n)$,那么,就可以直接写出系统的振动微分方程。

【例2-20】 用刚度法列出图 2-28 所示系统的振动微分方程。

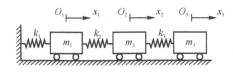

图 2-28　三自由度系统

解 （1）建立广义坐标如图 2-28 所示，坐标原点在系统静平衡时质量元件的位置。

（2）按刚度系数的定义，要使 $x_1 = 1$，$x_2 = x_3 = 0$，则在 m_1 上施加的力 $F_1 = 1 \times (k_1 + k_2)$，即 $k_{11} = k_1 + k_2$；在 m_2 上施加的力 $F_2 = -k_2 \times 1 = -k_2$，即 $k_{21} = -k_2$；在 m_3 上施加的力为零，即 $F_3 = 0$ 或 $k_{31} = 0$。

然后设 $x_1 = 0$，$x_2 = 1$，$x_3 = 0$，则在 m_2 上作用的力 $F'_2 = (k_2 + k_3) \times 1$，即 $k_{22} = k_2 + k_3$；而在 m_3 上作用的力 $F'_3 = -k_3$ 或 $k_{32} = -k_3$，由刚度矩阵的对称性得 $k_{12} = k_{21} = -k_2$。

再设 $x_1 = x_2 = 0$，$x_3 = 1$，则在 m_3 上作用的力为 $F_3 = k_3 \times 1$，即 $k_{33} = k_3$，由刚度矩阵的对称性得 $k_{13} = k_{31} = 0$，$k_{23} = k_{32} = -k_3$。

系统的振动微分方程为

$$
\begin{bmatrix} m_1 & 0 & 0 \\ 0 & m_2 & 0 \\ 0 & 0 & m_3 \end{bmatrix} \begin{Bmatrix} \ddot{x}_1 \\ \ddot{x}_2 \\ \ddot{x}_3 \end{Bmatrix} + \begin{bmatrix} k_1 + k_2 & -k_2 & 0 \\ -k_2 & k_2 + k_3 & -k_3 \\ 0 & -k_3 & k_3 \end{bmatrix} \begin{Bmatrix} x_1 \\ x_2 \\ x_3 \end{Bmatrix} = \begin{Bmatrix} 0 \\ 0 \\ 0 \end{Bmatrix} \tag{2-51}
$$

柔度是指单位外力所引起的系统位移，柔度用 h 表示，单位是 m/N。对图 2-27 所示系统，定义系统对第 j 个质量元件在第 j 个广义坐标方向作用的单位力使第 i 个质量元件在第 i 个广义坐标方向的位移为柔度系数 $h_{ij}(i,j = 1,2,\cdots,n)$。当系统中每一个质量上都作用外力和惯性力时，第 i 个质量元件在第 i 个广义坐标方向的位移为

$$
x_i = \sum_{j=1}^{n} h_{ij}(F_j(t) - m_j \ddot{x}_j), \qquad (i = 1,2,\cdots,n)
$$

或

$$
\sum_{j=1}^{n} h_{ij} m_j \ddot{x}_j + x_i = \sum_{j=1}^{n} h_{ij} F_j(t), \qquad (i = 1,2,\cdots,n)
$$

表示成矩阵形式为

$$
\boldsymbol{HM}\{\ddot{x}\} + \{x\} = \boldsymbol{H}\{F(t)\}
$$

式中，$\boldsymbol{H}$ 称为柔度矩阵，即

$$
\boldsymbol{H} = \begin{bmatrix} h_{11} & h_{12} & \cdots & h_{1n} \\ h_{21} & h_{22} & \cdots & h_{2n} \\ \vdots & \vdots & \ddots & \vdots \\ h_{n1} & h_{n2} & \cdots & h_{nn} \end{bmatrix}
$$

$$
\boldsymbol{M} = \begin{bmatrix} m_1 & 0 & \cdots & 0 \\ 0 & m_2 & \ddots & \vdots \\ \vdots & \ddots & \ddots & 0 \\ 0 & \cdots & 0 & m_n \end{bmatrix}
$$

$$\{x\} = [x_1, x_2, \cdots, x_n]^{\mathrm{T}}$$

$$\{\ddot{x}\} = [\ddot{x}_1, \ddot{x}_2, \cdots, \ddot{x}_n]^{\mathrm{T}}$$

$$\{F(t)\} = [F_1(t), F_2(t), \cdots, F_n(t)]^{\mathrm{T}}$$

若能按照柔度系数的定义，求得柔度矩阵的每一个元素 $h_{ij}(i,j=1,2,\cdots,n)$，那么，就可以直接写出系统的振动微分方程。

【例 2-21】 用柔度法列出图 2-28 所示系统的振动微分方程。

解 （1）建立广义坐标如例 2-20。

（2）按柔度系数的定义，先设在质量 m_1 上施加单位力，分析质量 m_1、m_2 和 m_3 的位移，$x_1 = 1/k_1$，$x_2 = 1/k_1$，$x_3 = 1/k_1$，即 $h_{11} = h_{21} = h_{31} = 1/k_1$；再设在质量 m_2 上施加单位力，分析质量 m_1、m_2 和 m_3 的位移，$x_1 = 1/k_1$，$x_2 = 1/k_1 + 1/k_2$，$x_3 = 1/k_1 + 1/k_2$，即柔度系数 $h_{12} = 1/k_1$，$h_{22} = 1/k_1 + 1/k_2$，$h_{32} = 1/k_1 + 1/k_2$；再设在质量 m_3 上施加单位力，分析质量 m_1、m_2 和 m_3 的位移，$x_1 = 1/k_1$，$x_2 = 1/k_1 + 1/k_2$，$x_3 = 1/k_1 + 1/k_2 + 1/k_3$。即可得柔度系数 $h_{13} = 1/k_1$，$h_{23} = 1/k_1 + 1/k_2$，$h_{33} = 1/k_1 + 1/k_2 + 1/k_3$。

这样，系统的振动微分方程就是

$$\begin{bmatrix} \dfrac{1}{k_1} & \dfrac{1}{k_1} & \dfrac{1}{k_1} \\[2mm] \dfrac{1}{k_1} & \dfrac{1}{k_1}+\dfrac{1}{k_2} & \dfrac{1}{k_1}+\dfrac{1}{k_2} \\[2mm] \dfrac{1}{k_1} & \dfrac{1}{k_1}+\dfrac{1}{k_2} & \dfrac{1}{k_1}+\dfrac{1}{k_2}+\dfrac{1}{k_3} \end{bmatrix} \begin{bmatrix} m_1 & 0 & 0 \\ 0 & m_2 & 0 \\ 0 & 0 & m_3 \end{bmatrix} \begin{Bmatrix} \ddot{x}_1 \\ \ddot{x}_2 \\ \ddot{x}_3 \end{Bmatrix} + \begin{Bmatrix} x_1 \\ x_2 \\ x_3 \end{Bmatrix} = \begin{Bmatrix} 0 \\ 0 \\ 0 \end{Bmatrix} \qquad (2\text{-}52)$$

比较图 2-28 所示系统振动微分方程式（2-51）和式（2-52）可以看出，若在式（2-52）两边同时左乘系统的刚度矩阵 $\boldsymbol{K}$，那么就能转换成式（2-51）的形式。因此这两个方程代表同一个振动系统，只是采用的形式不同。

从式（2-52）可以看出柔度矩阵 $\boldsymbol{H}$ 也是对称矩阵，而且刚度矩阵与柔度矩阵互逆，$\boldsymbol{KH} = \boldsymbol{I}$，或 $\boldsymbol{H} = \boldsymbol{K}^{-1}$，其中 $\boldsymbol{I}$ 是单位矩阵。

对于有些系统，柔度系数很容易获得，那么用柔度法建立方程就很方便。

【例 2-22】 图 2-29 表示 4 个质量 m_1、m_2、m_3 和 m_4 固定在一根张紧的弦上，各跨距相等，系统作微振动时弦的张力 T 不变。试用柔度法写出系统的振动微分方程。

解 （1）建立广义坐标。把质量 m_1、m_2、m_3 和 m_4 在垂直于弦方向的位移作为广义坐标，坐标原点在系统处于静平衡位置时各质量的位置，方向如图2-29（a）所示。

（2）给质量 m_1 加一单位力，系统中各质量将有位移如图 2-29(b) 所示，由质量 m_1 受力在 x_1 方向的平衡得

$$T\sin\theta_1 + T\sin\theta_2 = 1$$

作微振动时，$\sin\theta_1 \approx h_{11}/l$，$\sin\theta_2 \approx h_{11}/(4l)$，有

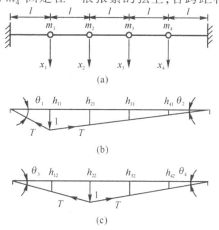

图 2-29　弦上四质量

$$\frac{T h_{11}}{l} + \frac{T h_{11}}{4l} = 1$$

因而 $h_{11} = 4l/(5T)$。

按图 2-29(b)的比例,可以求得

$$h_{21} = \frac{3l}{5T}, \qquad h_{31} = \frac{2l}{5T}, \qquad h_{41} = \frac{l}{5T}$$

然后,给质量 m_2 加一单位力,系统中各质量将有位移如图 2-29(c)所示,由质量 m_2 受力在 x_2 方向的平衡得到

$$T\sin\theta_3 + T\sin\theta_4 = 1$$

作微振动时 $\sin\theta_3 \approx h_{22}/(2l)$,$\sin\theta_4 \approx h_{22}/(3l)$,有

$$\frac{T h_{22}}{2l} + \frac{T h_{22}}{3l} = 1$$

因而 $h_{22} = 6l/5T$。由图 2-29(c)的比例,可以求得

$$h_{12} = \frac{3l}{5T}, \qquad h_{32} = \frac{4l}{5T}, \qquad h_{42} = \frac{2l}{5T}$$

由结构的对称性,可以得到其他柔度系数,即

$$h_{13} = \frac{2l}{5T}, \qquad h_{23} = \frac{4l}{5T}, \qquad h_{33} = \frac{6l}{5T}, \qquad h_{43} = \frac{3l}{5T}$$

$$h_{14} = \frac{l}{5T}, \qquad h_{24} = \frac{2l}{5T}, \qquad h_{34} = \frac{3l}{5T}, \qquad h_{44} = \frac{4l}{5T}$$

系统的振动微分方程为

$$\frac{l}{5T}\begin{bmatrix} 4 & 3 & 2 & 1 \\ 3 & 6 & 4 & 2 \\ 2 & 4 & 6 & 3 \\ 1 & 2 & 3 & 4 \end{bmatrix}\begin{bmatrix} m_1 & 0 & 0 & 0 \\ 0 & m_2 & 0 & 0 \\ 0 & 0 & m_3 & 0 \\ 0 & 0 & 0 & m_4 \end{bmatrix}\begin{Bmatrix} \ddot{x}_1 \\ \ddot{x}_2 \\ \ddot{x}_3 \\ \ddot{x}_4 \end{Bmatrix} + \begin{Bmatrix} x_1 \\ x_2 \\ x_3 \\ x_4 \end{Bmatrix} = \begin{Bmatrix} 0 \\ 0 \\ 0 \\ 0 \end{Bmatrix}$$

4. 利用 Lagrange 方程建立振动微分方程

前面介绍的方法一般来说对链式系统有效,而对于一些复杂的系统,采用 Lagrange 方程比较方便。

【例 2-23】 图 2-30 所示系统中质量 M 只能沿水平方向移动,一摆长为 l 质量为 m 的单摆在 O 点与质量 M 铰接,其他参数如图。试列出系统作微振动的方程。

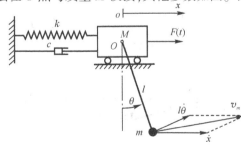

图 2-30 非链式系统

解 (1)建立广义坐标 x 和 θ,x 为质量 M 的位移,坐标原点在系统静平衡时 M 的位置,方向如图 2-30 所示;θ 为单摆的摆杆偏离铅垂位置的转角,逆时针为正。

(2)对系统作速度分析。质量 M 的速度为 $\dot{x}$,质量 m 的牵连速度为 $\dot{x}$,相对速度为 $l\dot{\theta}$,牵连速度与相对速度之间的夹角为 θ。因此质量 m 的绝对速度为

$$\sqrt{(\dot{x} + l\dot{\theta}\cos\theta)^2 + (l\dot{\theta}\sin\theta)^2}$$

系统的动能为

$$V = \frac{1}{2}M\dot{x}^2 + \frac{1}{2}m(\dot{x}^2 + l^2\dot{\theta}^2 + 2\dot{x}l\dot{\theta}\cos\theta)$$

设系统处于静平衡时势能为零,则系统势能为

$$U = mgl(1 - \cos\theta) + \frac{1}{2}kx^2$$

Lagrange 函数 $L = V - U$,耗散函数 $D = \frac{1}{2}c\dot{x}^2$。

除阻尼力外其他非保守力所做的功为 $W = F(t)x$。

(3) 对广义坐标 x 和 θ 分别运用 Lagrange 方程得

$$M\ddot{x} + m\ddot{x} + ml\ddot{\theta}\cos\theta + ml\dot{\theta}(-\sin\theta)\dot{\theta} + kx + c\dot{x} = F(t)$$

$$ml^2\ddot{\theta} + ml\ddot{x}\cos\theta + ml\dot{x}\dot{\theta}(-\sin\theta) - ml\dot{x}\dot{\theta}(-\sin\theta) + mgl\sin\theta = 0$$

当 θ 很小时,$\sin\theta \approx \theta$,$\cos\theta \approx 1$,对方程线性化,则

$$\begin{bmatrix} M + m & ml \\ ml & ml^2 \end{bmatrix} \begin{Bmatrix} \ddot{x} \\ \ddot{\theta} \end{Bmatrix} + \begin{bmatrix} c & 0 \\ 0 & 0 \end{bmatrix} \begin{Bmatrix} \dot{x} \\ \dot{\theta} \end{Bmatrix} + \begin{bmatrix} k & 0 \\ 0 & mgl \end{bmatrix} \begin{Bmatrix} x \\ \theta \end{Bmatrix} = \begin{Bmatrix} F(t) \\ 0 \end{Bmatrix}$$

2.4　振动微分方程的一般形式

离散系统振动微分方程的一般形式,即式(2-50),为

$$\boldsymbol{M}\{\ddot{x}\} + \boldsymbol{C}\{\dot{x}\} + \boldsymbol{K}\{x\} = \{F(t)\}$$

式中,$\{\ddot{x}\}$、$\{\dot{x}\}$、$\{x\}$ 和 $\{F(t)\}$ 列阵中的元素数 n 与系统的自由度数或广义坐标数相同,质量矩阵 $\boldsymbol{M}$、阻尼矩阵 $\boldsymbol{C}$ 和刚度矩阵 $\boldsymbol{K}$ 都是 $n \times n$ 方阵。

当系统的自由度降低为 1 时,式(2-50)表示的微分方程组就缩减成一个二阶线性常系数微分方程,即式(2-38),为

$$m_e\ddot{x} + c_e\dot{x} + k_e x = F(t)$$

这样,$n \times n$ 的矩阵缩减为一个元素,即等效质量、等效刚度和等效阻尼。其实,单自由度系统只不过是离散系统中最简单的特例。

如果式(2-50)和式(2-38)中外力 $\{F(t)\}$ 和 $F(t)$ 等于零,系统作自由振动,当式(2-50)和式(2-38)中的阻尼矩阵和阻尼也为零时,系统作无阻尼自由振动。

习　　题

2-1　钢结构桌子的周期 $\tau = 0.4\text{s}$,今在桌子上放 $W = 30\text{N}$ 的重物,如图 2-31 所示。已知周期的变化 $\Delta\tau = 0.1\text{s}$。求:① 放重物后桌子的周期;② 桌子的质量和刚度。

2-2　如图 2-32 所示,长度为 L、质量为 m 的均质刚性杆由两根刚度为 k 的弹簧系住,求杆绕 O 点微幅振动的微分方程。

2-3　如图 2-33 所示,质量为 m、半径为 r 的圆柱体,可沿水平面作纯滚动,它的圆心 O 用刚度为 k 的弹簧相连,求系统的振动微分方程。

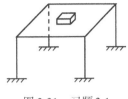

图 2-31 习题 2-1

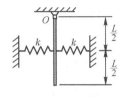

图 2-32 习题 2-2

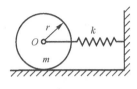

图 2-33 习题 2-3

2-4 如图 2-34 所示,质量为 m、半径为 R 的圆柱体,可沿水平面作纯滚动,与圆心 O 距离为 a 处用两根刚度为 k 的弹簧相连,求系统作微振动的微分方程。

2-5 求图 2-35 所示弹簧-质量-滑轮系统的振动微分方程(假设滑轮与绳索间无滑动)。

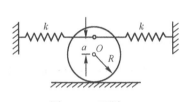

图 2-34 习题 2-4

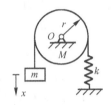

图 2-35 习题 2-5

2-6 质量可忽略的刚性杆-质量-弹簧-阻尼器系统参数如图 2-36 所示,L_2 杆处于铅垂位置时系统静平衡,求系统作微振动的微分方程。

2-7 系统参数如图 2-37 所示,刚性杆质量可忽略,求系统的振动微分方程。

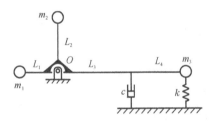

图 2-36 习题 2-6

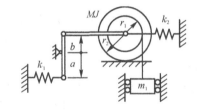

图 2-37 习题 2-7

2-8 试用能量法确定图 2-38 所示系统的振动微分方程。(假定 $m_2 > m_1$,图示位置是系统的静平衡位置)

2-9 试确定图 2-39 所示串并联弹簧系统的等效刚度。

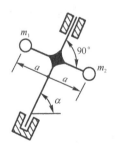

图 2-38 习题 2-8

图 2-39 习题 2-9

2-10 求跨度为 L 的均匀简支梁在离支承点 $L/3$ 处的等效刚度系数。

2-11 系统参数如图 2-40 所示,刚性杆质量可忽略,求系统对于广义坐标 x 的等效刚度。

2-12　一质量为 m、长度为 L 的均匀刚性杆,在距左端 O 为 nL 处设一支承点,如图 2-41 所示。求杆对 O 点的等效质量。

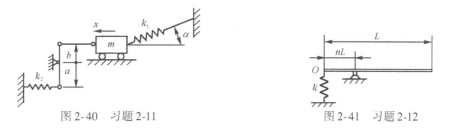

图 2-40　习题 2-11　　　　　　　　图 2-41　习题 2-12

2-13　如图 2-42 所示,悬臂梁长度为 L,弯曲刚度为 EI,质量不计。求系统的等效刚度和等效质量。

2-14　如图 2-43 所示,固定滑车力学模型中,起吊物品质量为 m,滑轮绕中心 O 的转动惯量为 J_0,假定绳索与滑轮间无滑动,求系统的振动微分方程。

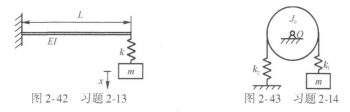

图 2-42　习题 2-13　　　　　　　图 2-43　习题 2-14

2-15　用观察法建立图 2-44 所示链式系统的振动微分方程。简要说明必须注意的问题。

2-16　绳索-质量系统的参数如图 2-45 所示,设质量 $m_1 = 2m_2$,各段绳索中的张力均为 T,试用柔度法建立系统作微振动的微分方程。

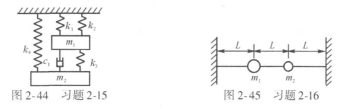

图 2-44　习题 2-15　　　　　　　图 2-45　习题 2-16

2-17　如图 2-46 所示系统中,$k_1 = k_2 = k_3 = k$,$m_1 = m_2 = m$,$r_1 = r_2 = r$,$J_1 = J_2 = J$。求系统的振动微分方程。

2-18　行车载重小车运动的力学模型如图 2-47 所示,小车质量为 m_1,受到两根刚度为 k 弹簧的约束,悬挂物品质量为 m_2,悬挂长度为 L,摆角 θ 很小,求系统的振动微分方程。

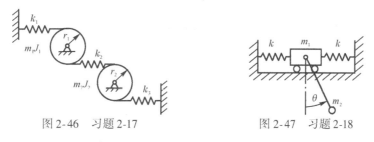

图 2-46　习题 2-17　　　　　　　图 2-47　习题 2-18

2-19　离散化振动系统力学模型由哪些元件组成?

2-20　实际系统离散化的依据是什么?用课外的实例举例说明。

第3章 线性离散系统的自由振动

3.1 数 学 基 础

第2章已经建立了离散系统的振动微分方程,得到了研究对象的数学模型。这样,就可以通过数学方法求解这些方程。在这一节里,简单复习一下有关的数学知识。

3.1.1 二阶齐次常系数线性微分方程的解

二阶齐次常系数线性微分方程的一般形式为

$$a_0 \frac{\mathrm{d}^2 y}{\mathrm{d}t^2} + a_1 \frac{\mathrm{d}y}{\mathrm{d}t} + a_2 y = 0, \qquad (a_0 \neq 0) \tag{3-1}$$

式中,a_0、a_1 和 a_2 为实数。设 $y = c\mathrm{e}^{st}$,代入式(3-1)得

$$(a_0 s^2 + a_1 s + a_2) c\mathrm{e}^{st} = 0$$

由于 $c\mathrm{e}^{st}$ 不等于零,因此必须使

$$a_0 s^2 + a_1 s + a_2 = 0 \tag{3-2}$$

成立,称一元两次方程式(3-2)为微分方程(3-1)的特征方程。式(3-2)的解为

$$s_{1,2} = \frac{-a_1 \pm \sqrt{a_1^2 - 4a_0 a_2}}{2a_0} \tag{3-3}$$

当 $a_1^2 - 4a_0 a_2 > 0$ 时,特征值 s_1 和 s_2 为不相等的实数,方程(3-1)的解为

$$y(t) = c_1 \mathrm{e}^{s_1 t} + c_2 \mathrm{e}^{s_2 t} \tag{3-4}$$

当 $a_1^2 - 4a_0 a_2 = 0$ 时,特征值 s_1 和 s_2 为相同的实数,方程(3-1)的解为

$$y(t) = (c_1 + c_2 t) \mathrm{e}^{-\frac{a_1}{2a_0} t} \tag{3-5}$$

当 $a_1^2 - 4a_0 a_2 < 0$ 时,特征值 s_1 和 s_2 为一对共轭复数,设 $s_1 = a + \mathrm{i}b$,$s_2 = a - \mathrm{i}b$,则方程(3-1)的解为

$$y(t) = \mathrm{e}^{at}(c_1 \cos bt + c_2 \sin bt) = R\mathrm{e}^{at} \cos(bt - \alpha) \tag{3-6}$$

式(3-4)~式(3-6)中的 c_1、c_2、R 和 α 由初始条件或边界条件确定。

3.1.2 二阶齐次常系数线性微分方程组的特征值

二元二阶齐次常系数线性微分方程组的一般形式为

$$\begin{cases} a_{11} \dfrac{\mathrm{d}^2 y_1}{\mathrm{d}t^2} + a_{12} \dfrac{\mathrm{d}^2 y_2}{\mathrm{d}t^2} + b_{11} \dfrac{\mathrm{d}y_1}{\mathrm{d}t} + b_{12} \dfrac{\mathrm{d}y_2}{\mathrm{d}t} + c_{11} y_1 + c_{12} y_2 = 0 \\[2mm] a_{21} \dfrac{\mathrm{d}^2 y_1}{\mathrm{d}t^2} + a_{22} \dfrac{\mathrm{d}^2 y_2}{\mathrm{d}t^2} + b_{21} \dfrac{\mathrm{d}y_1}{\mathrm{d}t} + b_{22} \dfrac{\mathrm{d}y_2}{\mathrm{d}t} + c_{21} y_1 + c_{22} y_2 = 0 \end{cases} \tag{3-7}$$

设方程组的解为 $y_1 = A_1 \mathrm{e}^{st}$,$y_2 = B_1 \mathrm{e}^{st}$,代入方程(3-7)得

$$\begin{cases} \left[(a_{11}s^2 + b_{11}s + c_{11})A_1 + (a_{12}s^2 + b_{12}s + c_{12})B_1 \right] e^{st} = 0 \\ \left[(a_{21}s^2 + b_{21}s + c_{21})A_1 + (a_{22}s^2 + b_{22}s + c_{22})B_1 \right] e^{st} = 0 \end{cases} \tag{3-8}$$

e^{st} 不等于零,方程组(3-8)就可以写为

$$\begin{cases} (a_{11}s^2 + b_{11}s + c_{11})A_1 + (a_{12}s^2 + b_{12}s + c_{12})B_1 = 0 \\ (a_{21}s^2 + b_{21}s + c_{21})A_1 + (a_{22}s^2 + b_{22}s + c_{22})B_1 = 0 \end{cases} \tag{3-9}$$

方程组(3-9)中 A_1、B_1 有非零解的条件为

$$\begin{vmatrix} a_{11}s^2 + b_{11}s + c_{11} & a_{12}s^2 + b_{12}s + c_{12} \\ a_{21}s^2 + b_{21}s + c_{21} & a_{22}s^2 + b_{22}s + c_{22} \end{vmatrix} = 0 \tag{3-10}$$

式(3-10)为特征方程,它是 s 的四次代数方程,一般可写成

$$s^4 + As^3 + Bs^2 + Cs + D = 0 \tag{3-11}$$

对方程(3-11),可以先解出

$$y^3 - By^2 + (AC - 4D)y - A^2D + 4BD - C^2 = 0 \tag{3-12}$$

式(3-11)的一般形式为

$$y^3 + A'y^2 + B'y + C' = 0 \tag{3-13}$$

令 $y = x - A'/3$,代入式(3-13)得

$$x^3 + px + q = 0 \tag{3-14}$$

方程(3-14)的解为

$$x_{1,2,3} = 2S_1 \cos \frac{\varphi + 2k\pi}{3}, \qquad (k = 0,1,2) \tag{3-15}$$

式中

$$r = \sqrt{-p^3/27}, \qquad \cos\varphi = -q/2r, \qquad S_1 = \sqrt[3]{r}$$

从方程(3-14)的一个实数解 x,可得到方程(3-13)的实数解 y。这样,只要解下面两个方程就能得到特征方程(3-11)的解,即

$$s^2 + \frac{1}{2}(A \pm \sqrt{A^2 - 4B + 4y})s + \frac{1}{2}(y \pm \sqrt{y^2 - 4D}) = 0 \tag{3-16}$$

3.1.3　矩阵基础

1. 定义

(1) 矩阵。$m \times n$ 个数(实数或复数)有次序地排列成 m 行 n 列,即

$$\begin{bmatrix} a_{11} & a_{12} & \cdots & a_{1n} \\ a_{21} & a_{22} & \cdots & a_{2n} \\ \vdots & \vdots & & \vdots \\ a_{m1} & a_{m2} & \cdots & a_{mn} \end{bmatrix} \tag{3-17}$$

叫做矩阵,它可记作矩阵 $\boldsymbol{A}$ 或 $[a_{ij}]_{m \times n}$,矩阵中任一个数 a_{ij} 称为该矩阵的元素。

(2) 矩阵相等。两个矩阵相等是指它们对应的元素全相等,即矩阵 $\boldsymbol{A} = [a_{ij}]_{m \times n}$ 和矩阵 $\boldsymbol{B} = [b_{ij}]_{m \times n}$,只有当 $a_{ij} = b_{ij}(i = 1,2,\cdots,m,j = 1,2,\cdots,n)$ 时,$\boldsymbol{A}$ 和 $\boldsymbol{B}$ 才相等。

(3) 方阵。当矩阵 $\boldsymbol{A} = [a_{ij}]_{m \times n}$ 的行数与列数相等,即 $m = n$ 时,矩阵 $\boldsymbol{A}$ 称为方阵。

（4）矩阵的行列式。当一个行列式中各元素的数值及排列次序都和矩阵 A 相同,那么行列式 $|A|$ 称为矩阵 A 的行列式。

（5）对称矩阵。当矩阵的元素 $a_{ij} = a_{ji}$ 时,称矩阵 A 为对称矩阵。

（6）对角矩阵和单位矩阵。当一个方阵除对角线元素外,其他各元素都为零,则该矩阵为对角矩阵;对角线上各元素均为 1 的对角矩阵称为单位矩阵,记作 I。

（7）行矩阵和列矩阵。只有一行的矩阵称为行矩阵。只有一列的矩阵称为列矩阵。

（8）矩阵的迹。方阵对角线元素的和称为迹,即

$$\text{Trace}A = \sum_{i=1}^{n} a_{ii} \tag{3-18}$$

（9）转置矩阵。若矩阵的行顺次为矩阵 A 的列,则这个矩阵是矩阵 A 的转置,记为 A^{T}。

【例3-1】 已知矩阵 A 和 B, $A = \begin{bmatrix} 1 & 3 \\ 3 & 2 \end{bmatrix}$, $B = \begin{bmatrix} 1 & 2 & 3 \\ 4 & 5 & 6 \end{bmatrix}$, 求矩阵 A 和矩阵 B 的转置以及矩阵 A 的迹。

解 $A^{\text{T}} = \begin{bmatrix} 1 & 3 \\ 3 & 2 \end{bmatrix} = A$, $B^{\text{T}} = \begin{bmatrix} 1 & 4 \\ 2 & 5 \\ 3 & 6 \end{bmatrix}$, $\text{Trace}A = 1 + 2 = 3$。

2. 矩阵的运算

（1）加和减。行数和列数都相等的两个矩阵可作加、减运算,矩阵相加减时,将其对应元素分别相加减。即当 $A = [a_{ij}]_{m \times n}$, $B = [b_{ij}]_{m \times n}$, $C = A + B$, $D = A - B$,则

$$c_{ij} = a_{ij} + b_{ij}, \qquad d_{ij} = a_{ij} - b_{ij} \tag{3-19}$$

（2）数乘矩阵。当一个数值 k 与矩阵 A 相乘,应将该矩阵的每个元素都乘以 k,即

$$kA = C, \qquad c_{ij} = ka_{ij} \tag{3-20}$$

（3）矩阵相乘。矩阵 $[a_{ij}]_{m \times n}$ 与 $[b_{ij}]_{s \times t}$ 只有在 $n = s$ 时才能相乘,其积为矩阵 $[c_{ij}]_{m \times t}$,其中的每一个元素 c_{ij} 用下式确定,即

$$c_{ij} = \sum_{k=1}^{n} a_{ik} b_{kj} \tag{3-21}$$

一般地,矩阵相乘不服从交换律,即 $AB \neq BA$。若 $C = AB$,则

$$C^{\text{T}} = B^{\text{T}} A^{\text{T}} \tag{3-22}$$

（4）矩阵的代数余子式和伴随矩阵。矩阵 $[a_{ij}]$ 的代数余子式矩阵 $[c_{ij}]$ 中每一个元素 c_{ij} 应为 $(-1)^{i+j}$ 乘上矩阵 $[a_{ij}]$ 划去第 i 行和第 j 列后剩下元素组成行列式的值。矩阵的伴随矩阵 $\text{adj}A$ 为矩阵代数余子式矩阵的转置,即

$$\text{adj}A = [c_{ij}]^{\text{T}} = [c_{ji}] \tag{3-23}$$

（5）矩阵的逆。当方阵 A 与另一个矩阵相乘得到一个单位矩阵时,称它为矩阵 A 的逆矩阵 A^{-1},即

$$AA^{-1} = I \tag{3-24}$$

逆矩阵的计算方法为

$$A^{-1} = \text{adj}A / |A| \tag{3-25}$$

【例 3-2】　求矩阵 A 的代数余子式矩阵 $[c_{ij}]$，伴随矩阵 adj$A$ 和逆矩阵 A^{-1}。

$$A = \begin{bmatrix} 1 & 2 & 3 \\ 4 & 5 & 6 \\ 7 & 8 & 10 \end{bmatrix}$$

解

$$c_{11} = \begin{vmatrix} 5 & 6 \\ 8 & 10 \end{vmatrix} = 2, \qquad c_{12} = - \begin{vmatrix} 4 & 6 \\ 7 & 10 \end{vmatrix} = 2, \qquad c_{13} = \begin{vmatrix} 4 & 5 \\ 7 & 8 \end{vmatrix} = -3$$

$$c_{21} = - \begin{vmatrix} 2 & 3 \\ 8 & 10 \end{vmatrix} = 4, \qquad c_{22} = \begin{vmatrix} 1 & 3 \\ 7 & 10 \end{vmatrix} = -11, \qquad c_{23} = - \begin{vmatrix} 1 & 2 \\ 7 & 8 \end{vmatrix} = 6$$

$$c_{31} = \begin{vmatrix} 2 & 3 \\ 5 & 6 \end{vmatrix} = -3, \qquad c_{32} = - \begin{vmatrix} 1 & 3 \\ 4 & 6 \end{vmatrix} = 6, \qquad c_{33} = \begin{vmatrix} 1 & 2 \\ 4 & 5 \end{vmatrix} = -3$$

$$C = \begin{bmatrix} 2 & 2 & -3 \\ 4 & -11 & 6 \\ -3 & 6 & -3 \end{bmatrix}, \qquad \text{adj}A = \begin{bmatrix} 2 & 4 & -3 \\ 2 & -11 & 6 \\ -3 & 6 & -3 \end{bmatrix}, \qquad |A| = -3$$

因而

$$A^{-1} = -\frac{1}{3} \begin{bmatrix} 2 & 4 & -3 \\ 2 & -11 & 6 \\ -3 & 6 & -3 \end{bmatrix}$$

读者可利用定义式(3-24)，验证一下计算结果。

对于 2×2 的方阵，若 $A = \begin{bmatrix} a & b \\ c & d \end{bmatrix}$，则 A^{-1} 可用下式直接写出

$$A^{-1} = \frac{1}{ad - bc} \begin{bmatrix} d & -b \\ -c & a \end{bmatrix} \tag{3-26}$$

3. 矩阵的特征值和特征向量

（1）定义：设有一矩阵 $A = [a_{ij}]_{n \times n}$ 为 n 阶方阵，若存在一非零的列向量 $\{X\} = [x_1, x_2, \cdots, x_n]^{\mathrm{T}}$ 和一个常数 λ，使得

$$A\{X\} = \lambda\{X\} \tag{3-27}$$

成立，则称 λ 为矩阵 A 的特征值，称 $\{X\}$ 为矩阵 A 的特征向量。

（2）特征值和特征向量的求解。把式(3-27)写成 n 个 n 元线性方程组的形式，即

$$\begin{cases} a_{11}x_1 + a_{12}x_2 + \cdots + a_{1n}x_n = \lambda x_1 \\ a_{21}x_1 + a_{22}x_2 + \cdots + a_{2n}x_n = \lambda x_2 \\ \qquad\qquad\qquad \vdots \\ a_{n1}x_1 + a_{n2}x_2 + \cdots + a_{nn}x_n = \lambda x_n \end{cases} \tag{3-28}$$

线性代数方程组(3-28)的右端项移到方程的左边，并与相应的项归并得下列方程组，即

$$\begin{cases} (a_{11} - \lambda)x_1 + a_{12}x_2 + \cdots + a_{1n}x_n = 0 \\ a_{21}x_1 + (a_{22} - \lambda)x_2 + \cdots + a_{2n}x_n = 0 \\ \qquad\qquad\qquad \vdots \\ a_{n1}x_1 + a_{n2}x_2 + \cdots + (a_{nn} - \lambda)x_n = 0 \end{cases} \tag{3-29}$$

对线性代数方程组(3-29),要使 $x_1, x_2, \cdots, x_n$ 有非零解的条件是

$$\begin{vmatrix} a_{11} - \lambda & a_{12} & \cdots & a_{1n} \\ a_{11} & a_{22} - \lambda & \cdots & a_{2n} \\ \vdots & \vdots & & \vdots \\ a_{n1} & a_{n2} & \cdots & a_{nn} - \lambda \end{vmatrix} = 0 \tag{3-30}$$

式(3-30)是关于 λ 的 n 次代数方程,称为代数方程组(3-27)的特征方程。从方程(3-30)可以得到 n 个解 $\lambda_1, \lambda_2, \cdots, \lambda_n$。$\lambda_1, \lambda_2, \cdots, \lambda_n$ 就是矩阵 A 的特征值,把 λ_i 代入方程组(3-29)就能得到一组 $x_1, x_2, \cdots, x_n$ 的比值,也就是与 λ_i 对应的特征向量 $\{X\}_i$。特征向量也能通过计算矩阵 $A - \lambda I$ 伴随矩阵中的任何一列而获得。

3.2　单自由度系统

在第 2 章中已经得到单自由度系统振动微分方程的一般形式,如公式(2-38)。对于自由振动的系统,$F(t) = 0$。为了书写方便,在以下的讨论中略去下标 e,则单自由度系统自由振动的微分方程为

$$m\ddot{x} + c\dot{x} + kx = 0 \tag{3-31}$$

下面将从方程(3-31)出发,讨论系统作自由振动的特性及对初始扰动的响应。

3.2.1　无阻尼系统的振动特性

1. 振动微分方程的解

当单自由度系统中没有阻尼元件时,振动微分方程为

$$m\ddot{x} + kx = 0 \tag{3-32}$$

方程(3-32)是最简单的二阶齐次常系数线性微分方程,根据 3.1 节中复习过的数学知识,可以设方程(3-32)的解为 $x(t) = ce^{st}$,代入方程(3-32)得特征方程,即

$$ms^2 + k = 0 \tag{3-33}$$

记 $k/m = \omega_n^2$,由特征方程(3-33)可得特征值 $s_{1,2} = \pm i\omega_n$,方程(3-32)的解可写成

$$x(t) = c_1\cos\omega_n t + c_2\sin\omega_n t = R\cos(\omega_n t - \varphi) \tag{3-34}$$

当系统的初始条件为 $x(0) = x_0$, $\dot{x}(0) = \dot{x}_0$ 时,待定常数 c_1、c_2、R 和 φ 分别为

$$c_1 = x_0, \qquad c_2 = \dot{x}_0/\omega_n, \qquad R = \sqrt{x_0^2 + (\dot{x}_0/\omega_n)^2}$$

$$\varphi = \begin{cases} \arctan\dfrac{\dot{x}_0}{x_0\omega_n}, & (x_0 \geqslant 0) \\[4mm] \pi + \arctan\dfrac{\dot{x}_0}{x_0\omega_n}, & (x_0 < 0) \end{cases} \tag{3-35}$$

位移 $x(t)$ 随时间变化的规律如图 3-1 所示。

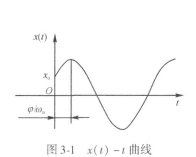

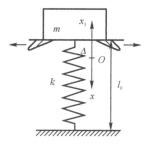

图 3-1　$x(t)-t$ 曲线　　　　　　图 3-2　弹簧质量系统

【例 3-3】　如图 3-2 所示的弹簧质量系统在时间 $t<0$ 时,弹簧为原长,当 $t=0$ 时,突然把质量 m 的支撑块撤去,求质量 m 的位移随时间变化的规律。

解　建立广义坐标 x,坐标原点设在无支撑块时质量元件的静平衡位置,方向向下为正。系统振动微分方程为 $m\ddot{x}+kx=0$。由于时间为零时弹簧为原长,故它在广义坐标上的位置为 $-\Delta$(Δ 为弹簧的静变形),质量 m 的速度为零。即系统的初始条件为 $x(0)=-\Delta=-mg/k$,$\dot{x}(0)=0$。由式(3-34)和式(3-35)可写出系统的响应,即位移随时间变化的规律为

$$x(t) = \frac{mg}{k}\cos\left(\sqrt{\frac{k}{m}}\,t - \pi\right)$$

如果设 x_1 为系统的广义坐标,方向与 x 相反,坐标原点与 x 相同。这样,系统的振动微分方程不变,即

$$m\ddot{x}_1 + kx_1 = 0$$

而初始条件为 $x_1(0)=\Delta=mg/k$,$\dot{x}_1(0)=0$,系统的响应为

$$x_1(t) = \frac{mg}{k}\cos\sqrt{\frac{k}{m}}\,t$$

这里再一次强调,由于振动分析中运用了数学工具,因此建立广义坐标时,坐标原点和方向是重要的,尤其对于系统响应的求解,不同的广义坐标下响应的表达式不同。

2. 振动特性

考察式(3-34)和式(3-35)的物理意义,可以把单自由度系统无阻尼自由振动的特性归纳为:

(1) 简谐振动。无阻尼单自由度系统受到初始扰动后作简谐振动。

(2) 固有频率。系统固有角频率的表达式为

$$\omega_{n} = \sqrt{k/m} \tag{3-36}$$

系统固有频率为

$$f_{n} = \frac{1}{2\pi}\sqrt{\frac{k}{m}} \tag{3-37}$$

系统振动的周期为

$$\tau_{n} = 2\pi\sqrt{m/k} \tag{3-38}$$

式中,ω_n、f_n 和 τ_n 的单位分别是 rad/s、Hz 和 s。

从式(3-36)~式(3-38)中可以看出无阻尼单自由度系统作自由振动时,固有频率只与系

统本身元件的参数有关,即系统固有频率的平方与系统的等效刚度成正比,与系统的等效质量成反比。系统振动周期的平方与系统的等效质量成正比,与系统的等效刚度成反比。因为系统的等效质量越大,在同样弹性恢复力下加速度越小,回到平衡位置所需的时间也越长;若系统的等效质量相同,系统等效刚度越小,在同样位移下弹性恢复力越小,加速度也越小,回到平衡位置所需的时间越长。

对于图 2-12 所示的单摆系统,作微振动的微分方程为 $\ddot{\theta} + (g/l)\theta = 0$,系统的固有角频率为 $\omega_n = \sqrt{g/l}$。

对例 3-3,系统的固有角频率可用另一种方式表示。由公式(3-36),$\omega_n = \sqrt{k/m}$,弹簧刚度 k 与静变形 Δ 的关系为

$$\Delta = mg/k \qquad 或 \qquad k = mg/\Delta \qquad\qquad (3-39)$$

把式(3-39)代入固有角频率的表达式(3-36)得

$$\omega_n = \sqrt{g/\Delta} \qquad\qquad (3-40)$$

式(3-40)表明只要系统中弹簧的静变形已知,就可以直接写出系统的固有角频率。系统的固有角频率也可以用能量法直接获得。

【例 3-4】 用能量法直接求出图 3-2 所示系统的固有角频率。

解 设系统质量的位移为 $x = A\cos(\omega_n t - \varphi)$,速度为 $\dot{x} = -A\omega_n \sin(\omega_n t - \varphi)$,系统的势能为

$$U = \frac{1}{2}kx^2 = \frac{1}{2}kA^2\cos^2(\omega_n t - \varphi)$$

系统势能的最大值为 $U_{max} = kA^2/2$;系统的动能为

$$V = \frac{1}{2}m\dot{x}^2 = \frac{1}{2}mA^2\omega_n^2\sin^2(\omega_n t - \varphi)$$

系统动能的最大值为 $V_{max} = mA^2\omega_n^2/2$。

单自由度系统作无阻尼自由振动时,系统是保守系统,系统的最大动能和最大势能相等,即 $U_{max} = V_{max}$,$kA^2/2 = mA^2\omega_n^2/2$。则 $\omega_n^2 = k/m$ 或 $\omega_n = \sqrt{k/m}$。结果与公式(3-36)一致。

(3) 振幅与初相位。从公式(3-35)可以看出,单自由度系统在初始扰动下作简谐振动的振幅与初相位不仅与系统的初始条件有关,而且与系统本身的参数有关。

【例 3-5】 图 3-3 所示 3 个弹簧-质量系统,$m_1 = 1\text{kg}$,$k_1 = 100\text{N/m}$,$m_2 = 4\text{kg}$,$k_2 = 100\text{N/m}$,$m_3 = 1\text{kg}$,$k_3 = 400\text{N/m}$。广义坐标都设在系统静平衡位置,方向如图。求初始位移为 10^{-3}m,初始速度为 10^{-2}m/s 时系统的响应。

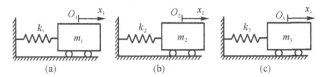

图 3-3　弹簧-质量系统

解 由式(3-35)～式(3-37)可得系统的响应为

$$x_i(t) = R_i\cos(\omega_{ni} t - \varphi_i), \qquad (i = 1, 2, 3)$$

式中

$$\omega_{n1} = \sqrt{k_1/m_1} = 10(\text{rad/s})$$

$$\omega_{n2} = \sqrt{k_2/m_2} = 5(\text{rad/s})$$

$$\omega_{n3} = \sqrt{k_3/m_3} = 20(\text{rad/s})$$

$$R_1 = \sqrt{x_0^2 + \left(\frac{\dot{x}_0}{\omega_{n1}}\right)^2} = \sqrt{(10^{-3})^2 + \left(\frac{10^{-2}}{10}\right)^2} = 1.41 \times 10^{-3}(\text{m})$$

$$R_2 = \sqrt{x_0^2 + \left(\frac{\dot{x}_0}{\omega_{n2}}\right)^2} = \sqrt{(10^{-3})^2 + \left(\frac{10^{-2}}{5}\right)^2} = 2.24 \times 10^{-3}(\text{m})$$

$$R_3 = \sqrt{x_0^2 + \left(\frac{\dot{x}_0}{\omega_{n3}}\right)^2} = \sqrt{(10^{-3})^2 + \left(\frac{10^{-2}}{20}\right)^2} = 1.12 \times 10^{-3}(\text{m})$$

$$\varphi_1 = \arctan \frac{10^{-2}}{10^{-3} \times 10} = 0.785(\text{rad})$$

$$\varphi_2 = \arctan \frac{10^{-2}}{10^{-3} \times 5} = 1.107(\text{rad})$$

$$\varphi_3 = \arctan \frac{10^{-2}}{10^{-3} \times 20} = 0.464(\text{rad})$$

3 个系统的响应分别为

$$x_1(t) = 1.41\cos(10t - 0.785)(\text{mm})$$

$$x_2(t) = 2.24\cos(5t - 1.107)(\text{mm})$$

$$x_3(t) = 1.12\cos(20t - 0.464)(\text{mm})$$

（4）常力不影响系统的固有频率。比较图 3-2 和图 3-3，尽管图 3-2 所示的系统在振动过程中始终受到重力 mg 的作用，当广义坐标的原点设在系统静平衡位置时，系统的振动微分方程和固有频率与图 3-3 所示的系统相同（假设系统参数相同）。由此可见常力对系统的固有频率没有影响。

3.2.2　具有黏性阻尼系统的振动特性

1. 振动微分方程的解

具有黏性阻尼的单自由度系统作自由振动时，微分方程式同式(3-31)，即 $m\ddot{x} + c\dot{x} + kx = 0$。根据微分方程解的理论，可设方程(3-31)的解为

$$x(t) = Ae^{st} \tag{3-41}$$

把式(3-41)代入方程(3-31)，得到特征方程，即

$$ms^2 + cs + k = 0 \tag{3-42}$$

特征值为

$$s_{1,2} = -\frac{c}{2m} \pm \sqrt{\frac{c^2}{4m^2} - \frac{k}{m}} \tag{3-43}$$

定义 1　临界阻尼系数 c_c 为使系统特征方程(3-42)具有两个相等实根(即式(3-43)中根式值为零)时的阻尼系数,即

$$c_c = 2\sqrt{mk} \tag{3-44}$$

定义 2　系统无量纲的阻尼比或阻尼因子 ζ 为阻尼系数与临界阻尼系数之比,即

$$\zeta = \frac{c}{c_c} = \frac{c}{2\sqrt{mk}} \tag{3-45}$$

把式(3-45)代入式(3-43)得到用无量纲的阻尼比表示的特征值为

$$s_{1,2} = -\zeta\omega_n + \omega_n\sqrt{\zeta^2 - 1} \tag{3-46}$$

从式(3-45)可以看出阻尼比 ζ 与系统的阻尼系数、刚度和质量都有关,是系统的一个特征参数。因此,从式(3-46)出发,讨论系统的阻尼比 $\zeta > 1$、$\zeta = 1$ 和 $\zeta < 1$ 三种情况。

(1) $\zeta > 1$(过阻尼)。方程的解为

$$x(t) = A_1 e^{s_1 t} + A_2 e^{s_2 t} \tag{3-47}$$

当系统的初始条件为 $t = 0$ 时, $x(0) = x_0$ 和 $\dot{x}(0) = \dot{x}_0$,则

$$A_1 = \frac{\dot{x}_0 - x_0 s_2}{s_1 - s_2}, \qquad A_2 = \frac{\dot{x}_0 - x_0 s_1}{s_2 - s_1}$$

$$x(t) = \frac{1}{s_1 - s_2}\left[(\dot{x}_0 - x_0 s_2)e^{s_1 t} + (x_0 s_1 - \dot{x}_0)e^{s_2 t}\right] \tag{3-48}$$

方程的解即式(3-48),如图 3-4 所示。

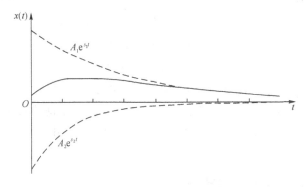

图 3-4　过阻尼系统 x-t 曲线

(2) $\zeta = 1$(临界阻尼)。当阻尼比 $\zeta = 1$ 时, $s_1 = s_2 = -\omega_n = s$,方程的解为

$$x(t) = (A_1 + A_2 t)e^{st} \tag{3-49}$$

当初始条件为 $t = 0$, $x(0) = x_0$, $\dot{x}(0) = \dot{x}_0$ 时, $A_1 = x_0$, $A_2 = \dot{x}_0 - x_0 s$, $x(t)$ 可写成

$$x(t) = e^{st}\left[x_0 + (\dot{x}_0 - x_0 s)t\right] \tag{3-50}$$

初速度分别为 $\dot{x}_0 > 0$, $\dot{x}_0 = 0$ 和 $\dot{x}_0 < 0$ 时,方程的解即式(3-50),如图 3-5 所示。

(3) $\zeta < 1$(弱阻尼)。弱阻尼时式(3-46)根式中的值小于零, s_1 和 s_2 是一对共轭复数,即

$$s_{1,2} = -\zeta\omega_n \pm i\omega_n\sqrt{1 - \zeta^2} \tag{3-51}$$

记为

$$\omega_n\sqrt{1 - \zeta^2} = \omega_d \tag{3-52}$$

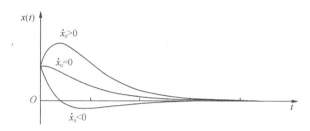

图 3-5 临界阻尼系统 x-t 曲线

式中，ω_d 为系统有阻尼固有角频率，单位为 rad/s。系统的响应为

$$x(t) = e^{-\zeta\omega_n t}(A_1 e^{i\omega_d t} + A_2 e^{-i\omega_d t})$$

或

$$x(t) = e^{-\zeta\omega_n t}(B_1\cos\omega_d t + B_2\sin\omega_d t) \tag{3-53}$$

当初始条件为 $t = 0$ 时，$x(0) = x_0$，$\dot{x}(0) = \dot{x}_0$，$B_1 = x_0$，$B_2 = \dfrac{\dot{x}_0 + \zeta\omega_n x_0}{\omega_d}$。系统的响应也可表为

$$x(t) = Re^{-\zeta\omega_n t}\cos(\omega_d t - \varphi) \tag{3-54}$$

式中

$$R = \sqrt{x_0^2 + \left(\frac{\dot{x}_0 + \zeta\omega_n x_0}{\omega_d}\right)^2}$$

$$\varphi = \begin{cases} \arctan\left(\dfrac{\dot{x}_0 + \zeta\omega_n x_0}{\omega_d x_0}\right), & (x_0 \geq 0) \\[4mm] \pi + \arctan\left(\dfrac{\dot{x}_0 + \zeta\omega_n x_0}{\omega_d x_0}\right), & (x_0 < 0) \end{cases}$$

方程的解即式(3-54)，如图 3-6 所示。

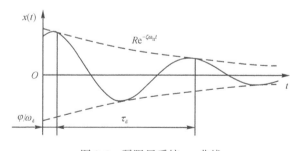

图 3-6 弱阻尼系统 x-t 曲线

2. 振动特性

从具有黏性阻尼系统振动微分方程的解，可以归纳出系统的如下振动特性：

(1) 当系统具有过阻尼($\zeta > 1$)时，系统作如图 3-4 所示的衰减运动而不是振动，因而不作更多的讨论。

(2) 系统具有临界阻尼($\zeta = 1$)时，系统作如图 3-5 所示的衰减运动，它也不是振动，但临界阻尼值对仪器表头系统的设计具有重要意义。当表头等效单自由度系统的阻尼系数等于临界阻尼时,表头的指针在初始扰动下回零时间最短。

（3）当系统具有弱阻尼（$\zeta < 1$）时,如图3-6所示,系统作振幅按指数衰减的准周期振动。准周期为 $\tau_d = 2\pi/\omega_d$,衰减振动曲线的包络线为 $\pm Re^{-\zeta\omega_n t}$。

从关系式（3-52）可以看出 $\omega_d < \omega_n$,因而 $\tau_d > \tau_n$。当阻尼较小时,ω_d 与 ω_n 的误差相当小,即使当阻尼比 $\zeta = 0.5$ 时,ω_d 与 ω_n 之比也有 0.866。因此,工程中讨论系统的固有频率或周期时,往往忽略系统的阻尼。

【例3-6】 已知系统振动微分方程为 $m\ddot{x} + c\dot{x} + kx = 0$,其中 $m = 1\,\text{kg}$, $k = 100\,\text{N/m}$,初始条件为 $x(0) = 0.01\,\text{m}$, $\dot{x}(0) = 0.4\,\text{m/s}$,求系统的阻尼系数为 $c_1 = 25\,\text{N·s/m}$, $c_2 = 20\,\text{N·s/m}$ 和 $c_3 = 5\,\text{N·s/m}$ 三种不同情况时系统的响应,并用简图表示响应随时间变化的规律。

解 由已知条件及式（3-36）、式（3-44）和式（3-45）得

$$\omega_n = \sqrt{k/m} = 10\,(\text{rad/s})$$

$$c_c = 2\sqrt{mk} = 20\,(\text{N·s/m})$$

$$\zeta_1 = c_1/c_c = 1.25, \quad \zeta_2 = c_2/c_c = 1.0, \quad \zeta_3 = c_3/c_c = 0.25$$

由式（3-46）、式（3-48）、式（3-50）、式（3-52）和式（3-54）可得系统的响应为

$$x_1(t) = 0.04e^{-5t} - 0.03e^{-20t} \quad (\text{m})$$

$$x_2(t) = (0.01 + 0.5t)e^{-10t} \quad (\text{m})$$

$$x_3(t) = 0.045e^{-2.5t}\cos(9.68t - 1.35) \quad (\text{m})$$

响应随时间变化的曲线如图3-7所示。可以看出 $x_2(t)$ 回零最快。

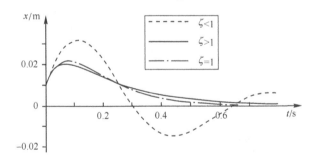

图 3-7 阻尼比不同的系统在相同初始条件下的响应

3.2.3 带摩擦（库仑）阻尼的系统

1. 运动微分方程及其解

当弹簧质量系统的质量块 m 放在一粗糙表面上,那么当系统振动时,质量块 m 始终受到一个与它的运动速度 $\dot{x}$ 方向相反的阻力,即

$$F_f = -\text{sgn}(\dot{x})\mu N \tag{3-55}$$

式中,$\text{sgn}(\dot{x}) = \dot{x}/|\dot{x}|$;$N$ 是正压力;μ 是滑动摩擦系数。

若系统的广义坐标和质量块的受力分析如图3-8所示,由牛顿第二定律可得系统的振动微分方程为

$$m\ddot{x} - F_f + kx = 0 \tag{3-56}$$

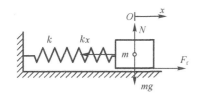

图 3-8　带摩擦阻尼的系统

定义一个摩擦位移 $\Delta = |F_f|/k$，则方程(3-56)可以写成

$$m\ddot{x} + k(x \pm \Delta) = 0, \qquad \begin{cases} \dot{x} > 0 \\ \dot{x} < 0 \end{cases} \qquad (3\text{-}57)$$

式(3-57)中，当质量块的运动速度大于零时，微分方程中的摩擦位移 Δ 前面符号取"＋"号；当运动速度小于零时取"－"号。这表明对于带摩擦阻尼的系统，振动微分方程是分段适用的。

对于一个确定的系统，它的参数：质量、刚度及摩擦系数都是常数，因而摩擦位移也是一个常数，这使

$$\ddot{x} = \ddot{x} \pm \ddot{\Delta} = (x \pm \Delta)^{\cdot\cdot} \qquad (3\text{-}58)$$

成立，把式(3-58)代入方程(3-57)得到另一种表达形式，即

$$m(x \pm \Delta)^{\cdot\cdot} + k(x \pm \Delta) = 0, \qquad \begin{cases} \dot{x} > 0 \\ \dot{x} < 0 \end{cases} \qquad (3\text{-}59)$$

把方程(3-59)与方程(3-32)比较，可以看出两方程的形式完全相同，只是把方程(3-32)中的 x 换成 $(x \pm \Delta)$；把方程(3-32)的解，即式(3-34)中的 x 换成 $(x \pm \Delta)$，可以直接写出方程(3-59)的解，即

$$x \pm \Delta = A\cos\omega_n t + B\sin\omega_n t, \qquad \begin{cases} \dot{x} > 0 \\ \dot{x} < 0 \end{cases} \qquad (3\text{-}60)$$

式中，$\omega_n = \sqrt{k/m}$。

若系统的初始条件为 $x(0) = x_0$，$\dot{x}(0) = \dot{x}_0$，则有

$$A = x_0 \pm \Delta, \qquad B = \dot{x}_0/\omega_n$$

即

$$x = (x_0 \pm \Delta)\cos\omega_n t + \frac{\dot{x}_0}{\omega_n}\sin\omega_n t \mp \Delta, \qquad \begin{cases} \dot{x} > 0 \\ \dot{x} < 0 \end{cases} \qquad (3\text{-}61)$$

若初始条件为 $\dot{x}(0) = 0$，$x(0) = x_0 > 0$，由式(3-61)可以得到系统的位移响应为

$$x = (x_0 \pm \Delta)\cos\omega_n t \mp \Delta, \qquad \begin{cases} \dot{x} > 0 \\ \dot{x} < 0 \end{cases} \qquad (3\text{-}62)$$

式(3-62)两边对时间求一次导数得

$$\dot{x} = -(x_0 \pm \Delta)\omega_n\sin\omega_n t, \qquad \begin{cases} \dot{x} > 0 \\ \dot{x} < 0 \end{cases} \qquad (3\text{-}63)$$

对具有摩擦阻尼的系统，所有公式都是分段适用，因此方程的解也必须分段讨论。

当系统具有阻尼时，不管是什么阻尼，它们都消耗能量，使系统振动的幅值逐渐减小。因此，即使系统响应的表达式中含有简谐函数，它们也不作简谐振动，不具有周期，只有准周期。从式(3-62)可以看出系统的准周期 $\tau_f = 2\pi/\omega_n$。

从式(3-63)可以得到系统振动速度取正值和负值的区间，当 $0 < t < \tau_f/2$ 时，$\sin\omega_n t > 0$，$x_0 > 0$，$\omega_n > 0$。只要系统在振动，$(x_0 - \Delta)$ 一定也大于零，因而 $\dot{x} < 0$，位移响应的表达式就是

式(3-62)取"±"和"∓"号中下方的符号,即

$$x = (x_0 - \Delta)\cos\omega_n t + \Delta, \qquad \left(0 < t < \frac{1}{2}\tau_f\right)$$

对一些典型的时间点,位移为

$$t = 0, \quad x = x_0; \quad t = \tau_f/4, \quad x = \Delta; \quad t \to \tau_f/2, \quad x \to -(x_0 - 2\Delta)$$

根据上面的分析,当 $\tau_f/2 < t < \tau_f$ 时, $\dot{x} > 0$,系统的位移响应式(3-62)中"±"和"∓"必须取上方的符号,即

$$x = (x_0 + \Delta)\cos\omega_n t - \Delta, \qquad (\tau_f/2 < t < \tau_f)$$

在这一段时间适用的响应表达式中, x_0 应为时间 $t = \tau_f/2$ 时系统的位移,为了区别原来的初始位移,应该把上式改写为

$$x = (x_0' + \Delta)\cos\omega_n t' - \Delta, \qquad (0 < t' < \tau_f/2)$$

式中, $t' = t - \tau_f/2$ 。

当 $t' = 0$, $t = \tau_f/2$ 时

$$x = x_0' = -(x_0 - 2\Delta)$$

当 $t' = \tau_f/4$, $t = 3\tau_f/4$ 时

$$x = -\Delta$$

当 $t' \to \tau_f/2$, $t \to \tau_f$ 时

$$x \to -x_0' - 2\Delta = x_0 - 4\Delta$$

由此递推,在振动过程中,每隔半个准周期,振幅减小 2Δ 。用公式表示为

$$\begin{cases} x_{n-\frac{1}{2}} = -(x_{n-1} - 2\Delta) \\ x_n = x_{n-1} - 4\Delta \end{cases} \tag{3-64}$$

式中, n 为循环次数, $n = 1, 2, \cdots$ 。

2. 振动特性

从上面的讨论可以归纳出具有摩擦阻尼系统自由振动的特性:

(1) 准周期。系统的准周期 $\tau_f = 2\pi/\omega_n$,与系统作无阻尼自由振动时的周期相同,与系统质量块和接触面之间的摩擦系数无关。

(2) 振幅的衰减。系统在振动过程中,每经过一个准周期,系统的振幅衰减 4Δ 。 $x_n \leqslant \Delta$ 或 $\left| x_{n-\frac{1}{2}} \right| \leqslant \Delta$ 时,振动将趋于停息。

(3) 位移随时间变化曲线的包络线。把系统的响应绘制成曲线,可以看出振幅是线性衰减的,位移随时间变化曲线的包络线是直线,如图3-9所示。

【例3-7】 测得某单自由度系统在自由振动时3个相邻的极大值 x_0 、 x_1 、 x_2 分别为 10.31mm、10.03 mm、9.75 mm,相邻极值发生的时间差均为0.1s,试求系统作无阻尼自由振动的固有角频率和质量块与接触面之间的摩擦系数。

解 由已知条件可知 $x_0 - x_1 = x_1 - x_2$,因此系统中具有摩擦阻尼。摩擦位移为

$$\Delta = (x_0 - x_1)/4 = 0.07 \times 10^{-3} \,(\text{m})$$

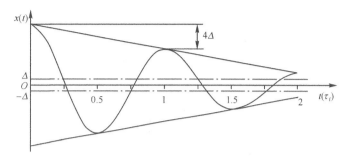

图 3-9　位移 x 随时间变化曲线

按前面的结论,具有摩擦阻尼的单自由度系统作自由振动的准周期与系统无阻尼自由振动周期相同,因而

$$\tau_n = \tau_f = 0.1s, \qquad \omega_n = 2\pi/\tau_n = 62.8rad/s$$

从摩擦位移的定义有

$$\Delta = |F_f|/k = \mu N/k = \mu mg/k = \mu g/\omega_n^2$$

因此,摩擦系数为

$$\mu = \omega_n^2 \Delta/g = \frac{0.07 \times 10^{-3} \times 62.8^2}{9.8} = 0.028$$

3.3　二自由度系统

工程中大量的实际系统常常需要用多个自由度才能合理地反映其物理本质。与单自由度系统比较,多自由度系统振动将出现一些新的现象,必须引入新的概念。由于二自由度系统是最简单的多自由度系统,二自由度系统的振动问题在数学上求解较简单,因而讨论二自由度系统振动问题对理解和掌握多自由度系统问题的解题思路和物理概念是有益的。不仅如此,二自由度系统本身也有其工程应用背景。

3.3.1　无阻尼系统振动微分方程组的解

第 2 章建立了 n 个自由度系统振动微分方程组如式(2-50),二自由度系统无阻尼自由振动的微分方程组为

$$\begin{bmatrix} m_{11} & m_{12} \\ m_{21} & m_{22} \end{bmatrix} \begin{Bmatrix} \ddot{x}_1 \\ \ddot{x}_2 \end{Bmatrix} + \begin{bmatrix} k_{11} & k_{12} \\ k_{21} & k_{22} \end{bmatrix} \begin{Bmatrix} x_1 \\ x_2 \end{Bmatrix} = \begin{Bmatrix} 0 \\ 0 \end{Bmatrix} \tag{3-65}$$

设方程的一组解为

$$\begin{Bmatrix} x_1 \\ x_2 \end{Bmatrix} = \begin{Bmatrix} A\cos(\omega t - \varphi) \\ B\cos(\omega t - \varphi) \end{Bmatrix} \tag{3-66}$$

把式(3-66)代入式(3-65)并消去不恒等于零的项 $\cos(\omega t - \varphi)$,得到下列线性代数方程组,即

$$\begin{bmatrix} k_{11} - m_{11}\omega^2 & k_{12} - m_{12}\omega^2 \\ k_{21} - m_{21}\omega^2 & k_{22} - m_{22}\omega^2 \end{bmatrix} \begin{Bmatrix} A \\ B \end{Bmatrix} = \begin{Bmatrix} 0 \\ 0 \end{Bmatrix} \tag{3-67}$$

方程组(3-67)有非零解的充要条件是使系数行列式的值为零,即

$$\begin{vmatrix} k_{11} - m_{11}\omega^2 & k_{12} - m_{12}\omega^2 \\ k_{21} - m_{21}\omega^2 & k_{22} - m_{22}\omega^2 \end{vmatrix} = 0 \tag{3-68}$$

式(3-68)为方程(3-65)的频率方程或特征方程,展开后是 ω^2 的一元二次方程,解方程(3-68)得到 ω^2 的两个根为

$$\omega_{1,2}^2 = \frac{\beta}{2\alpha} \mp \frac{1}{2}\sqrt{\left(\frac{\beta}{\alpha}\right)^2 - 4\frac{\gamma}{\alpha}} \tag{3-69}$$

式中,$\alpha = m_{11}m_{22} - m_{12}m_{21}$;$\beta = k_{11}m_{22} + m_{11}k_{22} - k_{12}m_{21} - k_{21}m_{12}$;$\gamma = k_{11}k_{22} - k_{21}k_{12}$。

从数学上讲 ω^2 可以是正的,也可以是负的,但从振动问题的物理本质来看,ω_1^2 和 ω_2^2 必定是正值,而且 ω_1 和 ω_2 也只取正值,这里得到了两个特征根 ω_1 和 ω_2,说明系统可能按两种不同频率振动。一般情况下,系统的运动是两种不同频率简谐振动的叠加,即

$$\begin{Bmatrix} x_1 \\ x_2 \end{Bmatrix} = \begin{Bmatrix} A_1\cos(\omega_1 t - \varphi_1) + A_2\cos(\omega_2 t - \varphi_2) \\ B_1\cos(\omega_1 t - \varphi_1) + B_2\cos(\omega_2 t - \varphi_2) \end{Bmatrix} \tag{3-70}$$

式中,A_i、B_i、$\varphi_i(i=1,2)$ 由系统初始条件确定。对于二自由度系统,只有 4 个初始条件,而式(3-70)中却有 6 个未知数,因而必须找到其中某些参数之间的关系。

回到线性代数方程组(3-67),把公式(3-69)表示的 ω_1 和 ω_2 分别代入方程组(3-67)中的任何一个方程都应该使方程成立。取其中之一,就可以得到两个质量在按同一频率振动时的振幅比,即

$$\begin{cases} 当 \omega = \omega_1 \text{ 时,} \quad \dfrac{B_1}{A_1} = \dfrac{k_{11} - m_{11}\omega_1^2}{m_{12}\omega_1^2 - k_{12}} = \dfrac{k_{21} - m_{21}\omega_1^2}{m_{22}\omega_1^2 - k_{22}} = \mu_1 \\[3mm] 当 \omega = \omega_2 \text{ 时,} \quad \dfrac{B_2}{A_2} = \dfrac{k_{11} - m_{11}\omega_2^2}{m_{12}\omega_2^2 - k_{12}} = \dfrac{k_{21} - m_{21}\omega_2^2}{m_{22}\omega_2^2 - k_{22}} = \mu_2 \end{cases} \tag{3-71}$$

式(3-71)意味着当系统按第一频率 ω_1 振动时,质量 m_2 和质量 m_1 的振幅比为 $\mu_1:1$;当系统按第二频率 ω_2 振动时,质量 m_2 和质量 m_1 的振幅比为 $\mu_2:1$。也就是说

$$B_1 = A_1\mu_1, \qquad B_2 = A_2\mu_2 \tag{3-72}$$

把式(3-72)代入式(3-70),得到用振型矩阵表示的响应为

$$\begin{Bmatrix} x_1 \\ x_2 \end{Bmatrix} = \begin{bmatrix} 1 & 1 \\ \mu_1 & \mu_2 \end{bmatrix} \begin{Bmatrix} A_1\cos(\omega_1 t - \varphi_1) \\ A_2\cos(\omega_2 t - \varphi_2) \end{Bmatrix} \tag{3-73}$$

若系统的初始位移和初始速度分别为 $x_1(0) = x_{10}$,$x_2(0) = x_{20}$,$\dot{x}_1(0) = \dot{x}_{10}$,$\dot{x}_2(0) = \dot{x}_{20}$,代入式(3-73)得

$$\begin{bmatrix} 1 & 1 \\ \mu_1 & \mu_2 \end{bmatrix} \begin{Bmatrix} A_1\cos\varphi_1 \\ A_2\cos\varphi_2 \end{Bmatrix} = \begin{Bmatrix} x_{10} \\ x_{20} \end{Bmatrix} \tag{3-74}$$

$$\begin{bmatrix} 1 & 1 \\ \mu_1 & \mu_2 \end{bmatrix} \begin{Bmatrix} A_1\omega_1\sin\varphi_1 \\ A_2\omega_2\sin\varphi_2 \end{Bmatrix} = \begin{Bmatrix} \dot{x}_{10} \\ \dot{x}_{20} \end{Bmatrix} \tag{3-75}$$

由方程组(3-74)和方程组(3-75)解出 $A_1\cos\varphi_1$、$A_2\cos\varphi_2$、$A_1\sin\varphi_1$ 和 $A_2\sin\varphi_2$,再解出 A_1、A_2、φ_1 和 φ_2,即

$$
\left\{
\begin{array}{l}
A_1 = \dfrac{1}{|\mu_2 - \mu_1|} \sqrt{(x_{20} - \mu_2 x_{10})^2 + \dfrac{(\mu_2 \dot{x}_{10} - \dot{x}_{20})^2}{\omega_1^2}} \\[4mm]
A_2 = \dfrac{1}{|\mu_2 - \mu_1|} \sqrt{(x_{20} - \mu_1 x_{10})^2 + \dfrac{(\dot{x}_{20} - \mu_1 \dot{x}_{10})^2}{\omega_2^2}} \\[4mm]
\varphi_1 = \left\{
\begin{array}{ll}
\arctan \dfrac{(\mu_2 \dot{x}_{10} - \dot{x}_{20})}{\omega_1(\mu_2 x_{10} - x_{20})}, & \left(\dfrac{\mu_2 x_{10} - x_{20}}{\mu_2 - \mu_1} \geqslant 0\right) \\[4mm]
\pi + \arctan \dfrac{(\mu_2 \dot{x}_{10} - \dot{x}_{20})}{\omega_1(\mu_2 x_{10} - x_{20})}, & \left(\dfrac{\mu_2 x_{10} - x_{20}}{\mu_2 - \mu_1} < 0\right)
\end{array}
\right. \\[10mm]
\varphi_2 = \left\{
\begin{array}{ll}
\arctan \dfrac{(\mu_1 \dot{x}_{10} - \dot{x}_{20})}{\omega_2(\mu_1 x_{10} - x_{20})}, & \left(\dfrac{x_{20} - \mu_1 x_{10}}{\mu_2 - \mu_1} \geqslant 0\right) \\[4mm]
\pi + \arctan \dfrac{(\mu_1 \dot{x}_{10} - \dot{x}_{20})}{\omega_2(\mu_1 x_{10} - x_{20})}, & \left(\dfrac{x_{20} - \mu_1 x_{10}}{\mu_2 - \mu_1} < 0\right)
\end{array}
\right.
\end{array}
\right.
\tag{3-76}
$$

这样,就能按式(3-73)和式(3-76)写出系统在初始扰动下的响应。实际上,式(3-76)不必死记,只要按导出的过程进行运算,就能得到正确的结果。

3.3.2　无阻尼系统振动特性

从上面对无阻尼二自由度系统振动微分方程的解,可以讨论系统的振动特性。

1. 固有角频率

从式(3-69)可以看出,对二自由度系统,它的特征值一般是两个,因此系统有两个固有角频率,通常把频率较低的一个称为基频或第一频率,记作 ω_1,频率较高的一个称为第二频率,记作 ω_2。

2. 主振型

二自由度系统在某种特殊的初始条件下,只按其某一固有频率作谐振时,两质量的振幅比 $B_1 : A_1 = \mu_1 : 1$,$B_2 : A_2 = \mu_2 : 1$。把它写成矩阵形式为 $[A_1, B_1]^T = [1, \mu_1]^T$,$[A_2, B_2]^T = [1, \mu_2]^T$,称 $[1, \mu_1]^T$ 为第一主振型,它与基频相对应;$[1, \mu_2]^T$ 称为第二主振型,它与第二频率相对应。图 3-10 表示系统的第一主振型和第二主振型。图 3-10 中 O_1 和 O_2 为质量 m_1 和 m_2 的静平衡位置,$O_1 O_2$ 组成基线,与基线垂直的线段为振幅。从图中可以看出,当系统按第一频率振动时,两个质量在任何时刻运动的方向都是相同的(图 3-10(a))。当系统按第二频率振动时,两个质量的运动方向相反(图 3-10(b)),而在质量 m_1 和 m_2 之间存在一个点,它在整个振动过程中始终静止不动,这点称为节点。节点对扭转振动的系统特别重要,因为节点处往往所受的动应力最大。

把两个主振型列向量依次排列,组成一个方阵,即

$$
\boldsymbol{u} = \begin{bmatrix} 1 & 1 \\ \mu_1 & \mu_2 \end{bmatrix}
\tag{3-77}
$$

矩阵 $\boldsymbol{u}$ 称为振型矩阵,它对于质量矩阵和刚度矩阵具有正交性,即

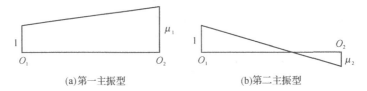

(a)第一主振型　　　　　　　　(b)第二主振型

图 3-10　主振型

$$\begin{cases} u^{\mathrm{T}}Mu = \begin{bmatrix} M_1 & 0 \\ 0 & M_2 \end{bmatrix} = \overline{M} \\[2mm] u^{\mathrm{T}}Ku = \begin{bmatrix} K_1 & 0 \\ 0 & K_2 \end{bmatrix} = \overline{K} \end{cases} \tag{3-78}$$

式中，M_1 和 M_2 为主质量；K_1 和 K_2 为主刚度；对角矩阵 $\overline{M}$ 和 $\overline{K}$ 称为主质量矩阵和主刚度矩阵。

矩阵

$$\overline{u} = \begin{bmatrix} \dfrac{1}{\sqrt{M_1}} & \dfrac{1}{\sqrt{M_2}} \\[4mm] \dfrac{\mu_1}{\sqrt{M_1}} & \dfrac{\mu_2}{\sqrt{M_2}} \end{bmatrix} \tag{3-79}$$

称为正则化的振型矩阵，那么正则化的振型矩阵对质量矩阵和刚度矩阵也具有正交性，即

$$\begin{cases} \overline{u}^{\mathrm{T}}M\overline{u} = \widetilde{M} = I \\[2mm] \overline{u}^{\mathrm{T}}K\overline{u} = \widetilde{K} = \Lambda \end{cases} \tag{3-80}$$

式中，矩阵 $\widetilde{M}$ 称为正则质量矩阵，是一个单位矩阵；矩阵 $\widetilde{K}$ 称为正则刚度矩阵，它的对角线元素分别是各阶固有角频率平方。

3. 对初始扰动的响应

从式(3-73)和式(3-76)可以看出，一般情况下，二自由度系统中任一质量在初始扰动下的响应不能用一个简谐函数来表示，而要用两个不同频率简谐函数的和来表示，因此，它不再作简谐振动。

【例 3-8】 图 3-11 是一端固定、惯量可忽略的等直径圆轴，轴上有两个惯量为 J_1 和 J_2 的圆盘，两圆盘之间轴的扭转刚度为 k_{t_1}，圆盘 2 与固定端之间轴的长度是圆盘之间轴长度的 2/3。若已知 $J_1 = J_2 = J = 1\mathrm{kg}\cdot\mathrm{m}^2$，$k_{t_1} = 200\mathrm{N}\cdot\mathrm{m/rad}$，求系统在下列初始条件下的响应：①$\dot{\theta}_1(0) = \dot{\theta}_2(0) = 0$，$\theta_1(0) = 1°$，$\theta_2(0) = 0.5°$；②$\dot{\theta}_1(0) = \dot{\theta}_2(0) = 0$，$\theta_1(0) = -0.5°$，$\theta_2(0) = 1°$；③$\theta_1(0) = \theta_2(0) = 0$，$\dot{\theta}_1(0) = 10°/\mathrm{s}$，$\dot{\theta}_2(0) = 0$。然后验证振型矩阵的正交性。

解　对于圆轴，扭转刚度为

$$k_{t_1} = \frac{\pi d^4 G}{32 l_1}, \qquad k_{t_2} = \frac{\pi d^4 G}{32 l_2}$$

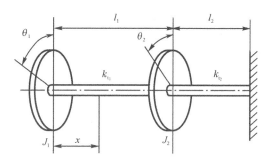

图 3-11　双盘转子的扭振

式中，G 是剪切模量；d 是轴直径；l 为轴长度。由已知条件 $l_2 = 2l_1/3$，可得

$$k_{t_2} = \frac{\pi d^4 G}{32 l_2} = \frac{\pi d^4 G}{32 \cdot \frac{2}{3} l_1} = \frac{3}{2} \frac{\pi d^4 G}{32 l_1} = \frac{3}{2} k_{t_1}$$

这一扭转振动系统是链式系统，它的振动微分方程可直接用视察法写出

$$\begin{bmatrix} J_1 & 0 \\ 0 & J_2 \end{bmatrix} \begin{Bmatrix} \ddot{\theta}_1 \\ \ddot{\theta}_2 \end{Bmatrix} + \begin{bmatrix} k_{t_1} & -k_{t_1} \\ -k_{t_1} & k_{t_1} + k_{t_2} \end{bmatrix} \begin{Bmatrix} \theta_1 \\ \theta_2 \end{Bmatrix} = \begin{Bmatrix} 0 \\ 0 \end{Bmatrix}$$

设 $k_{t_1} = 2k_t$，则 $k_{t_2} = 3k_t$，而 $J_1 = J_2 = J$，因此方程可简写为

$$\begin{bmatrix} J & 0 \\ 0 & J \end{bmatrix} \begin{Bmatrix} \ddot{\theta}_1 \\ \ddot{\theta}_2 \end{Bmatrix} + \begin{bmatrix} 2k_t & -2k_t \\ -2k_t & 5k_t \end{bmatrix} \begin{Bmatrix} \theta_1 \\ \theta_2 \end{Bmatrix} = \begin{Bmatrix} 0 \\ 0 \end{Bmatrix}$$

设

$$\begin{Bmatrix} \theta_1 \\ \theta_2 \end{Bmatrix} = \begin{Bmatrix} A \\ B \end{Bmatrix} \cos(\omega t - \varphi)$$

代入方程并整理后得

$$\begin{bmatrix} 2k_t - J\omega^2 & -2k_t \\ -2k_t & 5k_t - J\omega^2 \end{bmatrix} \begin{Bmatrix} A \\ B \end{Bmatrix} = \begin{Bmatrix} 0 \\ 0 \end{Bmatrix}$$

频率方程或特征方程为

$$\begin{vmatrix} 2k_t - J\omega^2 & -2k_t \\ -2k_t & 5k_t - J\omega^2 \end{vmatrix} = 0$$

频率为 $\omega_1^2 = k_t/J$，$\omega_2^2 = 6k_t/J$，$\omega_1 = 10\text{rad/s}$，$\omega_2 = 24.5\text{rad/s}$，振幅比为

$$\mu_1 = \frac{B_1}{A_1} = \frac{2k_t - J\omega_1^2}{2k_t} = \frac{1}{2}, \qquad \mu_2 = \frac{B_2}{A_2} = \frac{2k_t - J\omega_2^2}{2k_t} = -2$$

振型矩阵为

$$\boldsymbol{u} = \begin{bmatrix} 1 & 1 \\ \frac{1}{2} & -2 \end{bmatrix}$$

因而系统的响应可表示为

$$\begin{Bmatrix} \theta_1 \\ \theta_2 \end{Bmatrix} = \begin{bmatrix} 1 & 1 \\ \dfrac{1}{2} & -2 \end{bmatrix} \begin{Bmatrix} A_1\cos(\omega_1 t - \varphi_1) \\ A_2\cos(\omega_2 t - \varphi_2) \end{Bmatrix}$$

下面分别讨论 3 种不同初始条件下系统的响应。

(1) $\dot\theta_1(0) = \dot\theta_2(0) = 0$, $\theta_1(0) = 1°$, $\theta_2(0) = 0.5°$。由初始条件可得 $A_1 = 1°$, $A_2 = 0$, $\varphi_1 = 0$, φ_2 任意,系统的响应为

$$\begin{Bmatrix} \theta_1 \\ \theta_2 \end{Bmatrix} = \begin{bmatrix} 1 & 1 \\ 0.5 & -2 \end{bmatrix} \begin{Bmatrix} \cos\omega_1 t \\ 0 \end{Bmatrix} = \begin{Bmatrix} \cos 10t \\ 0.5\cos 10t \end{Bmatrix} \quad (°)$$

在特定的初始条件下,系统按第一频率作简谐振动,在任何时刻两个圆盘转动的方向都相同,转角振幅比是 1:1/2。这就是主振型的物理内涵。

(2) $\dot\theta_1(0) = \dot\theta_2(0) = 0$, $\theta_1(0) = -0.5°$, $\theta_2(0) = 1°$。与第 1 种情况类似,由初始条件得到 $A_1 = 0$, $A_2 = 0.5°$, φ_1 任意, $\varphi_2 = \pi$。系统的响应为

$$\begin{Bmatrix} \theta_1 \\ \theta_2 \end{Bmatrix} = \begin{bmatrix} 1 & 1 \\ 0.5 & -2 \end{bmatrix} \begin{Bmatrix} 0 \\ 0.5\cos(\omega_2 t - \pi) \end{Bmatrix} = \begin{Bmatrix} 0.5\cos(24.5t - \pi) \\ -\cos(24.5t - \pi) \end{Bmatrix} \quad (°)$$

这是另一个特殊情况,整个系统都按第二频率作简谐振动。在任何时刻,两个圆盘的转动方向都相反,转角之比始终为 1:−2。

由于两个圆盘的转动方向相反,而且转角之比为常数,因此在两圆盘之间的轴上总存在一个截面,它在系统振动过程中保持不动,这是节点的物理内涵。把节点截面固定,系统分成两个单自由度系统,它们的固有角频率都等于原系统的第二频率,由此能找到节点截面的位置距圆盘 1 为 $l_1/3$。

(3) $\theta_1(0) = \theta_2(0) = 0$, $\dot\theta_1(0) = 10°/s$, $\dot\theta_2(0) = 0$。由初始条件得到 $A_1 = 0.8°$, $A_2 = 0.08°$, $\varphi_1 = \varphi_2 = 90°$,系统的响应为

$$\begin{Bmatrix} \theta_1 \\ \theta_2 \end{Bmatrix} = \begin{Bmatrix} 0.8\sin 10t + 0.08\sin 24.5t \\ 0.4\sin 10t - 0.16\sin 24.5t \end{Bmatrix} \quad (°)$$

从计算结果可以看出,一般地,系统在初始扰动下的响应不再是简谐振动,而是两个不同频率简谐运动的叠加。

振型矩阵 $\boldsymbol{u}$ 对质量矩阵和刚度矩阵正交性的验证可以通过计算 $\boldsymbol{u}^{\mathrm{T}}\boldsymbol{M}\boldsymbol{u}$ 和 $\boldsymbol{u}^{\mathrm{T}}\boldsymbol{K}\boldsymbol{u}$ 来进行,即

$$\boldsymbol{u}^{\mathrm{T}}\boldsymbol{M}\boldsymbol{u} = \begin{bmatrix} 1 & \dfrac{1}{2} \\ 1 & -2 \end{bmatrix} \begin{bmatrix} J & 0 \\ 0 & J \end{bmatrix} \begin{bmatrix} 1 & 1 \\ \dfrac{1}{2} & -2 \end{bmatrix} = \begin{bmatrix} \dfrac{5}{4}J & 0 \\ 0 & 5J \end{bmatrix}$$

$$\boldsymbol{u}^{\mathrm{T}}\boldsymbol{K}\boldsymbol{u} = \begin{bmatrix} 1 & \dfrac{1}{2} \\ 1 & -2 \end{bmatrix} \begin{bmatrix} 2k_t & -2k_t \\ -2k_t & 5k_t \end{bmatrix} \begin{bmatrix} 1 & 1 \\ \dfrac{1}{2} & -2 \end{bmatrix} = \begin{bmatrix} \dfrac{5}{4}k_t & 0 \\ 0 & 30k_t \end{bmatrix}$$

计算结果表明正交性成立,计算过程正确。

3.3.3 坐标的耦合和主坐标

1. 动力耦合和静力耦合

从前面的讨论可以看出,二自由度系统振动微分方程的解比单自由度系统要复杂得多,原

因是一般情况下两个振动微分方程互相不独立。在矩阵形式表示的方程组(3-65)中,如果质量矩阵和刚度矩阵不全是对角矩阵,这时称振动微分方程组(3-65)中的坐标有耦合。若质量矩阵是非对角矩阵,称为动力耦合或惯性耦合,而刚度矩阵是非对角矩阵,称为静力耦合或弹性耦合。振动微分方程组中是否出现耦合以及出现哪一种耦合现象与坐标的选取有关。

对于汽车系统,作初步分析时,若认为它的左右是对称的,又忽略汽车中零部件的局部振动,只讨论车体的振动,就能把它简化成图 3-12 所示的二自由度系统,即一根刚性杆(车体的简化模型)支承在两个弹簧(悬架弹簧和轮胎的模型)上,刚性杆作跟随其质心的上下垂直振动和绕刚性杆质心轴的俯仰运动。

设刚性杆质量为 m,前后支承弹簧的刚度分别为 k_1 和 k_2,质心 c 和支承弹簧之间的距离分别为 l_1 和 l_2,刚性杆绕质心的转动惯量为 J_c。

为了说明广义坐标的选择对振动微分方程耦合形式的影响,设刚性杆上离质心 c 距离为 e 的任意一点 c_1 上下垂直移动的位移作为广义坐标 x,坐标原点设在系统静平衡时 c_1 的位置,向下为正。刚性杆绕 c_1 点转动的角度 θ

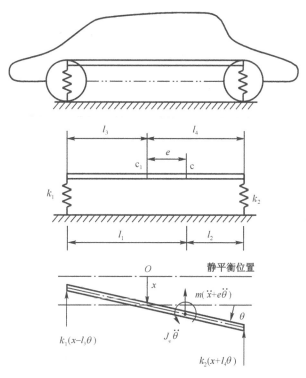

图 3-12　汽车简化模型

为另一个广义坐标,系统静平衡时刚性杆的位置 θ 为零,顺时针方向为正。

刚性杆在一般位置时的受力分析如图 3-12 所示,其中包括两个弹性恢复力,杆的惯性力和惯性力矩。重力和弹簧的静变形力在这样的广义坐标下都不出现在方程中,因此图中未画出。

利用 d'Alembert 原理,得到力和力矩平衡方程为

$$m(\ddot{x} + e\ddot{\theta}) + k_1(x - l_3\theta) + k_2(x + l_4\theta) = 0$$

$$J_c\ddot{\theta} + k_2(x + l_4\theta)l_4 - k_1(x - l_3\theta)l_3 + m(\ddot{x} + e\ddot{\theta})e = 0$$

整理得到矩阵形式表示的系统振动微分方程为

$$\begin{bmatrix} m & me \\ me & J_{c_1} \end{bmatrix} \begin{Bmatrix} \ddot{x} \\ \ddot{\theta} \end{Bmatrix} + \begin{bmatrix} k_1 + k_2 & k_2l_4 - k_1l_3 \\ k_2l_4 - k_1l_3 & k_2l_4^2 + k_1l_3^2 \end{bmatrix} \begin{Bmatrix} x \\ \theta \end{Bmatrix} = \begin{Bmatrix} 0 \\ 0 \end{Bmatrix} \tag{3-81}$$

方程(3-81)既有动力耦合,又有静力耦合。

若把广义坐标 x_1 取为刚性杆质心 c 偏离其静平衡位置的位移,那么 $e = 0$,方程(3-81)就转变成如下的形式,即

$$\begin{bmatrix} m & 0 \\ 0 & J_c \end{bmatrix} \begin{Bmatrix} \ddot{x}_1 \\ \ddot{\theta}_1 \end{Bmatrix} + \begin{bmatrix} k_1 + k_2 & k_2l_2 - k_1l_1 \\ k_2l_2 - k_1l_1 & k_2l_2^2 + k_1l_1^2 \end{bmatrix} \begin{Bmatrix} x_1 \\ \theta_1 \end{Bmatrix} = \begin{Bmatrix} 0 \\ 0 \end{Bmatrix} \tag{3-82}$$

方程(3-82)只有静力耦合。

若恰当地取 c_1 的位置,使 $k_2 l_4 = k_1 l_3$,那么方程(3-81)中的刚度矩阵就变成对角矩阵,方程就只有动力耦合。

由此可见耦合与坐标的选择有关。如果坐标的选择恰好使微分方程组的耦合项都为零,即振动微分方程组既无动力耦合又无静力耦合,那么,就相当于两个独立的单自由度系统振动微分方程,这时的坐标就称为主坐标。若在建立振动微分方程组时就采用主坐标,那么二自由度系统的问题就简化成两个单自由度系统的问题。但实际问题中,往往难以直接找到主坐标。

2. 解耦和主坐标

所谓解耦是指通过坐标变换使系统振动微分方程组的质量矩阵和刚度矩阵都转变为对角矩阵。使振动微分方程组解耦的坐标称为主坐标。前面曾提到,振型矩阵对质量矩阵和刚度矩阵具有正交性,从中获得启发,通过振型矩阵对坐标作线性变换来解耦。

系统的振动微分方程式(即式(3-65))为

$$M\{\ddot{x}\} + K\{x\} = \{0\}$$

式中

$$M = \begin{bmatrix} m_{11} & m_{12} \\ m_{21} & m_{22} \end{bmatrix}, \qquad K = \begin{bmatrix} k_{11} & k_{12} \\ k_{21} & k_{22} \end{bmatrix}$$

$$\{x\} = [x_1, x_2]^T, \qquad \{0\} = [0, 0]^T$$

设

$$\{x\} = u\{y\} \tag{3-83}$$

式中,u 是方程(3-65)的振型矩阵;$\{y\} = [y_1, y_2]^T$。式(3-83)两边对时间求二次导数得

$$\{\ddot{x}\} = u\{\ddot{y}\} \tag{3-84}$$

把式(3-83)和式(3-84)代入式(3-65),有

$$Mu\{\ddot{y}\} + Ku\{y\} = \{0\} \tag{3-85}$$

方程(3-85)两边分别左乘 u^T 得

$$u^T Mu\{\ddot{y}\} + u^T Ku\{y\} = \{0\} \tag{3-86}$$

根据振型矩阵正交性的表达式(3-78),方程(3-86)可以改写成下列形式,即

$$\begin{bmatrix} M_1 & 0 \\ 0 & M_2 \end{bmatrix} \begin{Bmatrix} \ddot{y}_1 \\ \ddot{y}_2 \end{Bmatrix} + \begin{bmatrix} K_1 & 0 \\ 0 & K_2 \end{bmatrix} \begin{Bmatrix} y_1 \\ y_2 \end{Bmatrix} = \begin{Bmatrix} 0 \\ 0 \end{Bmatrix} \tag{3-87}$$

式(3-87)实际上是两个独立的方程,原来既有动力耦合又有静力耦合的振动微分方程组(3-65)已解耦。$\{y\} = [y_1, y_2]^T$ 就是主坐标,主坐标与原广义坐标的关系为

$$\{y\} = u^{-1}\{x\} \tag{3-88}$$

【例3-9】　已知系统的振动微分方程组为

$$\begin{bmatrix} 7 & -1 \\ -1 & 7 \end{bmatrix} \begin{Bmatrix} \ddot{x}_1 \\ \ddot{x}_2 \end{Bmatrix} + \begin{bmatrix} 12 & -4 \\ -4 & 12 \end{bmatrix} \begin{Bmatrix} x_1 \\ x_2 \end{Bmatrix} = \begin{Bmatrix} 0 \\ 0 \end{Bmatrix}$$

试把振动微分组解耦,并求其主坐标。

解　设 $\begin{Bmatrix} x_1 \\ x_2 \end{Bmatrix} = \begin{Bmatrix} A\cos(\omega t - \varphi) \\ B\cos(\omega t - \varphi) \end{Bmatrix}$ 为方程的解,代入方程并整理得

$$\begin{bmatrix} 12-7\omega^2 & -4+\omega^2 \\ -4+\omega^2 & 12-7\omega^2 \end{bmatrix} \begin{Bmatrix} A \\ B \end{Bmatrix} = \begin{Bmatrix} 0 \\ 0 \end{Bmatrix}$$

频率方程为

$$\begin{vmatrix} 12-7\omega^2 & -4+\omega^2 \\ -4+\omega^2 & 12-7\omega^2 \end{vmatrix} = 0$$

展开并因式分解得 $(6\omega^2-8)(8\omega^2-16)=0$，则

$$\omega_1^2 = \frac{4}{3}, \qquad \omega_2^2 = 2$$

代入式 (3-71) 得 $\mu_1 = 1$，$\mu_2 = -1$，振型矩阵 $\boldsymbol{u} = \begin{bmatrix} 1 & 1 \\ 1 & -1 \end{bmatrix}$。

设 $\{x\} = \boldsymbol{u}\{y\}$ 代入方程，并左乘 $\boldsymbol{u}^{\mathrm{T}}$，则

$$\begin{bmatrix} 1 & 1 \\ 1 & -1 \end{bmatrix}\begin{bmatrix} 7 & -1 \\ -1 & 7 \end{bmatrix}\begin{bmatrix} 1 & 1 \\ 1 & -1 \end{bmatrix}\begin{Bmatrix} \ddot{y}_1 \\ \ddot{y}_2 \end{Bmatrix} + \begin{bmatrix} 1 & 1 \\ 1 & -1 \end{bmatrix}\begin{bmatrix} 12 & -4 \\ -4 & 12 \end{bmatrix}\begin{bmatrix} 1 & 1 \\ 1 & -1 \end{bmatrix}\begin{Bmatrix} y_1 \\ y_2 \end{Bmatrix} = \begin{Bmatrix} 0 \\ 0 \end{Bmatrix}$$

计算矩阵的积，可得到解耦的振动微分方程组为

$$\begin{bmatrix} 12 & 0 \\ 0 & 16 \end{bmatrix}\begin{Bmatrix} \ddot{y}_1 \\ \ddot{y}_2 \end{Bmatrix} + \begin{bmatrix} 16 & 0 \\ 0 & 32 \end{bmatrix}\begin{Bmatrix} y_1 \\ y_2 \end{Bmatrix} = \begin{Bmatrix} 0 \\ 0 \end{Bmatrix}$$

主坐标与原坐标的关系为

$$\begin{Bmatrix} y_1 \\ y_2 \end{Bmatrix} = \frac{1}{2}\begin{bmatrix} 1 & 1 \\ 1 & -1 \end{bmatrix}\begin{Bmatrix} x_1 \\ x_2 \end{Bmatrix} = \begin{Bmatrix} 0.5(x_1+x_2) \\ 0.5(x_1-x_2) \end{Bmatrix}$$

3.3.4　特殊系统

前面介绍了二自由度系统无阻尼自由振动的一般特性，下面通过几个例子讨论几种特殊情况。

1. 刚体模态

【例 3-10】　在图 3-13 所示的两质量-弹簧系统中两质量块的质量为 $m_1 = m_2 = m$，弹簧刚度分别为 k_1、k_2 和 k_3，$k_1 = 0$，$k_3 = 0$。试确定系统的固有角频率和主振型。

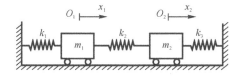

图 3-13　两质量-弹簧系统

解　先建立广义坐标如图 3-13 所示，系统的振动微分方程由视察法直接表示为

$$\begin{bmatrix} m & 0 \\ 0 & m \end{bmatrix}\begin{Bmatrix} \ddot{x}_1 \\ \ddot{x}_2 \end{Bmatrix} + \begin{bmatrix} k_2 & -k_2 \\ -k_2 & k_2 \end{bmatrix}\begin{Bmatrix} x_1 \\ x_2 \end{Bmatrix} = \begin{Bmatrix} 0 \\ 0 \end{Bmatrix}$$

再设 $\begin{Bmatrix} x_1 \\ x_2 \end{Bmatrix} = \begin{Bmatrix} A\cos(\omega t - \varphi) \\ B\cos(\omega t - \varphi) \end{Bmatrix}$ 是方程组的解,代入方程并整理得

$$\begin{bmatrix} k_2 - m\omega^2 & -k_2 \\ -k_2 & k_2 - m\omega^2 \end{bmatrix} \begin{Bmatrix} A \\ B \end{Bmatrix} = \begin{Bmatrix} 0 \\ 0 \end{Bmatrix}$$

系统的频率方程为

$$\begin{vmatrix} k_2 - m\omega^2 & -k_2 \\ -k_2 & k_2 - m\omega^2 \end{vmatrix} = 0$$

展开得

$$(m\omega^2 - k_2)^2 - k_2^2 = 0, \qquad m\omega^2(m\omega^2 - 2k_2) = 0$$

$$\omega_1 = 0, \qquad \omega_2 = \sqrt{2k_2/m}, \qquad \mu_1 = 1, \qquad \mu_2 = -1$$

实际上,当 $\omega_1 = 0$ 时,表明系统没有振动,这时质量 m_1 和质量 m_2 位移之比为1:1,表明系统像一个刚体一样运动,因而,与零频率对应的振型又称为刚体模态或零模态。

2. 拍

当二自由度系统两个固有频率很接近时,会出现振幅以很低频率作周期变化的现象,这种现象称为拍。

【例 3-11】 图 3-13 所示系统,若 $m_1 = m_2 = m$, $k_1 = k_3 = k$, $k_2 = \Delta k \ll k$, $t = 0$ 时 $x_1(0) = x_0$, $x_2(0) = 0$, $\dot{x}_1(0) = \dot{x}_2(0) = 0$,求系统在初始扰动下的响应。

解 建立广义坐标同上例,系统的振动微分方程为

$$\begin{bmatrix} m & 0 \\ 0 & m \end{bmatrix} \begin{Bmatrix} \ddot{x}_1 \\ \ddot{x}_2 \end{Bmatrix} + \begin{bmatrix} k + \Delta k & -\Delta k \\ -\Delta k & k + \Delta k \end{bmatrix} \begin{Bmatrix} x_1 \\ x_2 \end{Bmatrix} = \begin{Bmatrix} 0 \\ 0 \end{Bmatrix}$$

设系统振动微分方程组的解为

$$\begin{Bmatrix} x_1 \\ x_2 \end{Bmatrix} = \begin{Bmatrix} A\cos(\omega t - \varphi) \\ B\cos(\omega t - \varphi) \end{Bmatrix}$$

代入方程并整理得

$$\begin{bmatrix} k + \Delta k - m\omega^2 & -\Delta k \\ -\Delta k & k + \Delta k - m\omega^2 \end{bmatrix} \begin{Bmatrix} A \\ B \end{Bmatrix} = \begin{Bmatrix} 0 \\ 0 \end{Bmatrix}$$

频率方程为

$$\begin{vmatrix} k + \Delta k - m\omega^2 & -\Delta k \\ -\Delta k & k + \Delta k - m\omega^2 \end{vmatrix} = 0$$

展开并解得

$$\omega_1^2 = \frac{k}{m}, \qquad \omega_2^2 = \frac{k + 2\Delta k}{m}$$

$$\mu_1 = \frac{B_1}{A_1} = 1, \qquad \mu_2 = \frac{B_2}{A_2} = -1$$

系统的响应为

$$\begin{Bmatrix} x_1 \\ x_2 \end{Bmatrix} = \begin{bmatrix} 1 & 1 \\ 1 & -1 \end{bmatrix} \begin{Bmatrix} A_1 \cos(\omega_1 t - \varphi_1) \\ A_2 \cos(\omega_2 t - \varphi_2) \end{Bmatrix}$$

从系统初始条件 $\dot{x}_1(0) = \dot{x}_2(0) = 0$，$x_1(0) = x_0$，$x_2(0) = 0$，求得 $A_1 = A_2 = x_0/2$，$\varphi_1 = \varphi_2 = 0$，响应为

$$\begin{Bmatrix} x_1 \\ x_2 \end{Bmatrix} = \begin{bmatrix} 1 & 1 \\ 1 & -1 \end{bmatrix} \begin{Bmatrix} \dfrac{1}{2} x_0 \cos\omega_1 t \\ \dfrac{1}{2} x_0 \cos\omega_2 t \end{Bmatrix} = \begin{Bmatrix} x_0 \cos\dfrac{\omega_2 - \omega_1}{2} t \cos\dfrac{\omega_2 + \omega_1}{2} t \\ x_0 \sin\dfrac{\omega_2 - \omega_1}{2} t \sin\dfrac{\omega_2 + \omega_1}{2} t \end{Bmatrix}$$

设 $(\omega_2 + \omega_1)/2 = \omega$，$\omega_2 - \omega_1 = \delta\omega$，则

$$x_1 = x_0 \cos\frac{\delta\omega}{2} t \cos\omega t, \qquad x_2 = x_0 \sin\frac{\delta\omega}{2} t \sin\omega t$$

如图 3-14 所示，质量 m_1 和质量 m_2 的运动可以看作频率为 ω 的简谐振动，但是其振幅是缓慢变化的简谐函数。两个质量振动时所形成拍之间的相位角相差 $\pi/2$。当 $t = 0$ 时，质量 m_1 从位移最大值 x_0 开始振动，质量 m_2 不动；然后质量 m_1 振幅逐渐减小而质量 m_2 的振幅逐渐增加，到时间 $t = \pi/(\delta\omega)$ 时，质量 m_1 停止振动而质量 m_2 的振幅达到 x_0，接着质量 m_2 的振幅逐渐减小而质量 m_1 的振幅逐渐增加，到时间 $t = 2\pi/(\delta\omega)$ 时，质量 m_1 的振幅又达到 x_0 而质量 m_2 停止振动。就这样，每隔 $2\pi/(\delta\omega)$ 重复一次，系统的能量从一个质量传递到另一个质量，使两个质量交替振动。

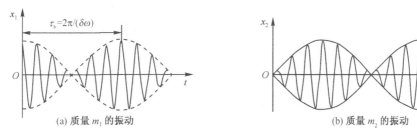

图 3-14　两质量弹簧系统的拍振

3. 固有频率相等

当一个二自由度系统中固有频率相等时，ω 是特征方程的二重根。

【例 3-12】　图 3-15 所示两相同的弹簧质量系统之间连接一根质量可忽略不计的刚性杆，试求其振动微分方程、固有角频率和主振型。

解　设质量偏离其平衡位置的位移 x_1 和 x_2 为广义坐标，向上为正；静平衡时系统的势能为零。则在一般位置系统的 Lagrange 函数为

$$L = V - U = \frac{1}{2} m\dot{x}_1^2 + \frac{1}{2} m\dot{x}_2^2 - \frac{1}{2} kx_1^2 - \frac{1}{2} kx_2^2$$

由 Lagrange 方程

$$\frac{\mathrm{d}}{\mathrm{d}t}\left(\frac{\partial L}{\partial \dot{x}_i}\right) - \frac{\partial L}{\partial x_i} = 0, \qquad (i = 1, 2)$$

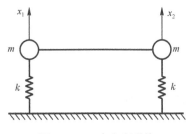

图 3-15 二自由度系统

可得系统的振动微分方程为

$$\begin{bmatrix} m & 0 \\ 0 & m \end{bmatrix} \begin{Bmatrix} \ddot{x}_1 \\ \ddot{x}_2 \end{Bmatrix} + \begin{bmatrix} k & 0 \\ 0 & k \end{bmatrix} \begin{Bmatrix} x_1 \\ x_2 \end{Bmatrix} = \begin{Bmatrix} 0 \\ 0 \end{Bmatrix}$$

设方程组的解为

$$\begin{Bmatrix} x_1 \\ x_2 \end{Bmatrix} = \begin{Bmatrix} A\cos(\omega t - \varphi) \\ B\cos(\omega t - \varphi) \end{Bmatrix}$$

代入方程

$$\begin{bmatrix} k - m\omega^2 & 0 \\ 0 & k - m\omega^2 \end{bmatrix} \begin{Bmatrix} A \\ B \end{Bmatrix} = \begin{Bmatrix} 0 \\ 0 \end{Bmatrix} \tag{3-89}$$

频率方程为

$$\begin{vmatrix} k - m\omega^2 & 0 \\ 0 & k - m\omega^2 \end{vmatrix} = 0$$

展开频率方程,得到系统固有角频率为 $\omega_1 = \omega_2 = \omega = \sqrt{k/m}$。事实上,$x_1$ 和 x_2 就是系统的主坐标,系统的两个固有角频率可分别从两个已解耦的振动微分方程求得。

把系统的固有角频率代入式(3-89)得

$$\begin{bmatrix} 0 & 0 \\ 0 & 0 \end{bmatrix} \begin{Bmatrix} A \\ B \end{Bmatrix} = \begin{Bmatrix} 0 \\ 0 \end{Bmatrix} \tag{3-90}$$

即 A、B 取任何值都能满足式(3-90)。根据矩阵理论,两个质量的振幅比,即特征向量是在二维空间的两个向量,它们可以用一组正交基 $\{X\}_1 = \begin{Bmatrix} 1 \\ 0 \end{Bmatrix}$ 和 $\{X\}_2 = \begin{Bmatrix} 0 \\ 1 \end{Bmatrix}$ 的线性组合来表示。但是,任选的两个向量一般不满足正交性,为了使这两个向量,即系统的两个主振型满足对质量矩阵和刚度矩阵的正交性,可设 $\{X\}_1$ 是系统的一个主振型,而另一个主振型为 $\{X\}_2 + \alpha\{X\}_1$,根据振型的正交性,则有 $\{X\}_1^{\mathrm{T}} \boldsymbol{M}(\{X\}_2 + \alpha\{X\}_1) = 0$,从中可解出 α,即

$$\alpha = \frac{-\{X\}_1^{\mathrm{T}} \boldsymbol{M} \{X\}_2}{\{X\}_1^{\mathrm{T}} \boldsymbol{M} \{X\}_1} = \frac{-\begin{bmatrix} 1 & 0 \end{bmatrix} \begin{bmatrix} m & 0 \\ 0 & m \end{bmatrix} \begin{Bmatrix} 0 \\ 1 \end{Bmatrix}}{\begin{bmatrix} 1 & 0 \end{bmatrix} \begin{bmatrix} m & 0 \\ 0 & m \end{bmatrix} \begin{Bmatrix} 1 \\ 0 \end{Bmatrix}} = \frac{0}{m} = 0$$

则系统的主振型为 $\begin{Bmatrix} 1 \\ 0 \end{Bmatrix}$ 和 $\begin{Bmatrix} 0 \\ 1 \end{Bmatrix}$,振型矩阵为 $\boldsymbol{u} = \begin{bmatrix} 1 & 0 \\ 0 & 1 \end{bmatrix}$。

3.3.5 有阻尼系统

1. 振动微分方程及其解

当系统有阻尼时,振动微分方程的一般形式为

$$\begin{bmatrix} m_{11} & m_{12} \\ m_{21} & m_{22} \end{bmatrix} \begin{Bmatrix} \ddot{x}_1 \\ \ddot{x}_2 \end{Bmatrix} + \begin{bmatrix} c_{11} & c_{12} \\ c_{21} & c_{22} \end{bmatrix} \begin{Bmatrix} \dot{x}_1 \\ \dot{x}_2 \end{Bmatrix} + \begin{bmatrix} k_{11} & k_{12} \\ k_{21} & k_{22} \end{bmatrix} \begin{Bmatrix} x_1 \\ x_2 \end{Bmatrix} = \begin{Bmatrix} 0 \\ 0 \end{Bmatrix} \tag{3-91}$$

设方程组(3-91)的解为

$$\begin{Bmatrix} x_1 \\ x_2 \end{Bmatrix} = \begin{Bmatrix} A \\ B \end{Bmatrix} \mathrm{e}^{st} \qquad (3-92)$$

把式(3-92)代入方程组(3-91),并消去不等于零的项 e^{st},可得到下列线性代数方程,即

$$\begin{bmatrix} m_{11}s^2 + c_{11}s + k_{11} & m_{12}s^2 + c_{12}s + k_{12} \\ m_{21}s^2 + c_{21}s + k_{21} & m_{22}s^2 + c_{22}s + k_{22} \end{bmatrix} \begin{Bmatrix} A \\ B \end{Bmatrix} = \begin{Bmatrix} 0 \\ 0 \end{Bmatrix} \qquad (3-93)$$

为了使线性代数方程组(3-93)的系数 A 和 B 有非零解,必须使它的系数行列式值为零,即

$$\begin{vmatrix} m_{11}s^2 + c_{11}s + k_{11} & m_{12}s^2 + c_{12}s + k_{12} \\ m_{21}s^2 + c_{21}s + k_{21} & m_{22}s^2 + c_{22}s + k_{22} \end{vmatrix} = 0 \qquad (3-94)$$

式(3-94)称为频率方程,它是一个一元四次代数方程,用3.1.2节中给出的方法可以得到 4 个根,对于振动问题,4 个根一般有如下形式,即

$$s_{1,2} = \alpha_1 \pm \mathrm{i}\beta_1, \qquad s_{3,4} = \alpha_2 \pm \mathrm{i}\beta_2 \qquad (3-95)$$

当 $\alpha_1 = \alpha_2 = 0$ 时,系统作无阻尼振动,当 $\beta_1 = \beta_2 = 0$ 时,系统不振动;当 α_i 和 $\beta_i(i=1,2)$ 均不为零时,$\alpha_i > 0$,系统的响应随时间按指数函数规律增加,系统处于不稳定状态,$\alpha_i < 0$,系统的响应随时间按指数函数规律衰减,系统处于稳定状态,即系统在其平衡位置附近受到初始扰动后,它的运动仍然在静平衡位置附近。

【例 3-13】 图 3-16 所示的系统中,质量 $m_1 = m_2 = m$,弹簧刚度 $k_1 = k_3 = 2k$, $k_2 = 1.5k$,阻尼器的黏性阻尼系数 $c_1 = c_3 = 2c$,试求系统的特征值。

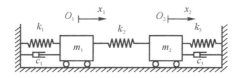

图 3-16　有阻尼两自由度系统

解　设质量 m_1 和质量 m_2 偏离其静平衡位置的位移 x_1 和 x_2 为广义坐标,方向如图。由视察法直接写出系统的振动微分方程

$$\begin{bmatrix} m & 0 \\ 0 & m \end{bmatrix} \begin{Bmatrix} \ddot{x}_1 \\ \ddot{x}_2 \end{Bmatrix} + \begin{bmatrix} 2c & 0 \\ 0 & 2c \end{bmatrix} \begin{Bmatrix} \dot{x}_1 \\ \dot{x}_2 \end{Bmatrix} + \begin{bmatrix} 3.5k & -1.5k \\ -1.5k & 3.5k \end{bmatrix} \begin{Bmatrix} x_1 \\ x_2 \end{Bmatrix} = \begin{Bmatrix} 0 \\ 0 \end{Bmatrix}$$

设方程组的解为 $\begin{Bmatrix} x_1 \\ x_2 \end{Bmatrix} = \begin{Bmatrix} A \\ B \end{Bmatrix} \mathrm{e}^{st}$,代入方程得

$$\begin{bmatrix} ms^2 + 2cs + 3.5k & -1.5k \\ -1.5k & ms^2 + 2cs + 3.5k \end{bmatrix} \begin{Bmatrix} A \\ B \end{Bmatrix} = \begin{Bmatrix} 0 \\ 0 \end{Bmatrix}$$

系统的特征方程为

$$\begin{vmatrix} ms^2 + 2cs + 3.5k & -1.5k \\ -1.5k & ms^2 + 2cs + 3.5k \end{vmatrix} = 0$$

展开得

$$(ms^2 + 2cs + 3.5k)^2 - (1.5k)^2 = 0$$

$$(ms^2 + 2cs + 2k)(ms^2 + 2cs + 5k) = 0$$

$$s_{1,2} = \frac{1}{2m}(-2c \pm \sqrt{4c^2 - 8mk})$$

$$s_{3,4} = \frac{1}{2m}(-2c \pm \sqrt{4c^2 - 20mk})$$

一般来说,对振动系统 $4c^2 < 8mk$, s 可写成

$$s_{1,2} = -\frac{c}{m} \pm i\sqrt{\frac{2k}{m} - \left(\frac{c}{m}\right)^2}, \qquad s_{3,4} = -\frac{c}{m} \pm i\sqrt{\frac{5k}{m} - \left(\frac{c}{m}\right)^2}$$

2. 比例阻尼

当系统的阻尼矩阵具有特殊的规律时,它的自由振动微分方程可采用特殊方法来解。在方程组(3-91)中,如果它的阻尼矩阵 C 有如下形式,即

$$C = \alpha M + \beta K \tag{3-96}$$

式中, α 和 β 为常数。这样的阻尼称为比例阻尼。方程(3-91)就能写成如下的形式,即

$$M\{\ddot{x}\} + (\alpha M + \beta K)\{\dot{x}\} + K\{x\} = \{0\} \tag{3-97}$$

对方程(3-97)进行坐标变换,设

$$\{x\} = \bar{u}\{y\} \tag{3-98}$$

式中, $\bar{u}$ 为系统无阻尼时系统正则化的振型矩阵。

把式(3-98)代入方程组(3-97),然后方程两边同时左乘 $\bar{u}^T$,得到解耦的振动微分方程组,即

$$\begin{Bmatrix} \ddot{y}_1 \\ \ddot{y}_2 \end{Bmatrix} + \left(\alpha \begin{bmatrix} 1 & 0 \\ 0 & 1 \end{bmatrix} + \beta \begin{bmatrix} \omega_1^2 & 0 \\ 0 & \omega_2^2 \end{bmatrix} \right) \begin{Bmatrix} \dot{y}_1 \\ \dot{y}_2 \end{Bmatrix} + \begin{bmatrix} \omega_1^2 & 0 \\ 0 & \omega_2^2 \end{bmatrix} \begin{Bmatrix} y_1 \\ y_2 \end{Bmatrix} = \begin{Bmatrix} 0 \\ 0 \end{Bmatrix} \tag{3-99}$$

这就可以解两个相互独立的方程,即

$$\ddot{y}_i + (\alpha + \beta\omega_i^2)\dot{y}_i + \omega_i^2 y_i = 0, \qquad (i = 1, 2) \tag{3-100}$$

设 $y_i = Y_i e^{s_i t}$,代入方程(3-100),得到特征方程,即

$$s_i^2 + (\alpha + \beta\omega_i^2)s + \omega_i^2 = 0, \qquad (i = 1, 2)$$

解特征方程,得到特征值 s_1 和 s_2 ,即

$$s_1 = -a_1 \pm ib_1, \qquad s_2 = -a_2 \pm ib_2$$

式中

$$a_1 = \frac{\alpha + \beta\omega_1^2}{2}, \qquad b_1 = \sqrt{\omega_1^2 - a_1^2}$$

$$a_2 = \frac{\alpha + \beta\omega_2^2}{2}, \qquad b_2 = \sqrt{\omega_2^2 - a_2^2}$$

$$\begin{Bmatrix} y_1 \\ y_2 \end{Bmatrix} = \begin{Bmatrix} e^{-a_1 t}(C_1 \cos b_1 t + D_1 \sin b_1 t) \\ e^{-a_2 t}(C_2 \cos b_2 t + D_2 \sin b_2 t) \end{Bmatrix}$$

$$\begin{Bmatrix} x_1 \\ x_2 \end{Bmatrix} = \bar{u} \begin{Bmatrix} y_1 \\ y_2 \end{Bmatrix}$$

$$\left\{ \begin{matrix} x_1 \\ x_2 \end{matrix} \right\} = \left\{ \begin{matrix} \sum_{j=1}^{2} e^{-a_j t}(E_{1_j}\cos b_j t + F_{1_j}\sin b_j t) \\ \sum_{j=1}^{2} e^{-a_j t}(E_{2_j}\cos b_j t + F_{2_j}\sin b_j t) \end{matrix} \right\} \tag{3-101}$$

式中, E_{1_j}、F_{1_j} 和 E_{2_j}、F_{2_j}($j=1$，2) 由初始条件得到。

3.4　多自由度系统

动力机械和其他工程结构中,有些可以简化成单自由度和二自由度振动系统。但是,当系统较复杂、要求的分析精度较高时,二自由度系统的模型就不能满足要求,必须通过某种简化方式或有限单元法建立 n 个自由度的系统。这样,系统振动微分方程组中的方程数就从 2 增加到 n。一般地,由于难于直接采用系统的主坐标建立系统的振动微分方程组,因此,n 个自由度系统的振动微分方程之间必定有坐标的耦合,振动微分方程求解的过程比单自由度系统和二自由度系统要复杂得多。

为了便于书写,振动微分方程组及其求解过程都用矩阵形式表达。这一节除了运用矩阵理论来求解系统的振动微分方程组,进一步讨论系统的固有特性外,还将介绍工程中常用的估算系统基频的方法。

3.4.1　无阻尼系统振动微分方程组的解

第 2 章已经导出了多自由度系统振动微分方程组的一般形式,在讨论系统固有特性时,若忽略系统中的阻尼,那么系统的振动微分方程组可以表达成如下的形式,即

$$M\{\ddot{x}\} + K\{x\} = \{0\} \tag{3-102}$$

式中,M 为质量矩阵,是 $n \times n$ 的方阵,它对称正定;K 为刚度矩阵,也是 $n \times n$ 的方阵,它也对称,但不一定正定;$\{\ddot{x}\}$ 和 $\{x\}$ 分别为加速度和位移列阵,是 $n \times 1$ 的列阵;$\{0\}$ 表示 $n \times 1$ 的列阵,其中的所有的元素都是 0。

因为质量矩阵 M 是正定阵,它的逆矩阵 M^{-1} 存在。在方程(3-102)两边同时左乘 M^{-1} 得

$$M^{-1}M\{\ddot{x}\} + M^{-1}K\{x\} = \{0\}$$

由逆矩阵的定义可知 $M^{-1}M$ 为 $n \times n$ 的单位矩阵 I,用 W 表示 $M^{-1}K$,并称它为刚度动力矩阵,则方程组(3-102)可表示成

$$I\{\ddot{x}\} + W\{x\} = \{0\} \tag{3-103}$$

振动系统无阻尼自由振动的主振型振动为简谐振动,可设为

$$\{x\} = X\cos(\omega t - \varphi) \tag{3-104}$$

式中,$X = [X_1, X_2, \cdots, X_n]^{\mathrm{T}}$ 为主振型列阵。把式(3-104)代入式(3-103),并设

$$\lambda = \omega^2 \tag{3-105}$$

再作整理,得

$$(W - \lambda I)X = \{0\} \tag{3-106}$$

或

$$WX = \lambda X \tag{3-107}$$

与式(3-27)对比,可知这在数学上是标准的特征值问题,其中系统的特征值就是系统固有角频率的平方,系统的特征向量就是系统的主振型列阵。

如果刚度矩阵 K 正定,则 K^{-1} 存在,方程组(3-102)两边同时左乘 K^{-1},即

$$K^{-1}M\{\ddot{x}\} + K^{-1}K\{x\} = \{0\}$$

式中, $K^{-1}K$ 为 $n \times n$ 的单位矩阵 I;用 D 表示 $K^{-1}M$,称为柔度动力矩阵,则方程组(3-102)可表示成

$$D\{\ddot{x}\} + I\{x\} = \{0\} \tag{3-108}$$

把式(3-104)代入方程组(3-108),整理得

$$DX = \frac{1}{\lambda}X \tag{3-109}$$

方程组(3-108)与方程组(3-103)等价,而特征值问题式(3-109)与式(3-107)等价。

根据3.1节数学基础中叙述的方法,就能得到矩阵 W(或 D)的特征值和特征向量,也就得到了系统的固有频率和主振型。

【例3-14】 图3-17所示三质量弹簧系统中,质量 $m_1 = m_2 = m_3 = m$,弹簧刚度 $k_1 = k_2 = k_3 = k_4 = k$。求系统的固有角频率和主振型。

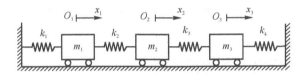

图 3-17　三质量弹簧系统

解 设系统中质量偏离平衡位置的位移 x_1、x_2 和 x_3 为系统的广义坐标,方向如图3-17所示,由视察法得到系统的振动微分方程如式(3-102)。其中质量矩阵为

$$M = \begin{bmatrix} m & 0 & 0 \\ 0 & m & 0 \\ 0 & 0 & m \end{bmatrix}$$

刚度矩阵为

$$K = \begin{bmatrix} 2k & -k & 0 \\ -k & 2k & -k \\ 0 & -k & 2k \end{bmatrix}$$

$$W = M^{-1}K = \frac{k}{m}\begin{bmatrix} 2 & -1 & 0 \\ -1 & 2 & -1 \\ 0 & -1 & 2 \end{bmatrix}$$

特征值问题可写成

$$WX = \lambda X$$

特征方程为

$$\begin{vmatrix} \dfrac{2k}{m} - \lambda & -\dfrac{k}{m} & 0 \\[2mm] -\dfrac{k}{m} & \dfrac{2k}{m} - \lambda & -\dfrac{k}{m} \\[2mm] 0 & -\dfrac{k}{m} & \dfrac{2k}{m} - \lambda \end{vmatrix} = 0$$

$$\left(\frac{2k}{m} - \lambda \right) \left[\left(\frac{2k}{m} - \lambda \right)^2 - \left(\frac{k}{m} \right)^2 \right] + \frac{k}{m} \left(-\frac{k}{m} \right) \left(\frac{2k}{m} - \lambda \right) = 0$$

$$\left(\frac{2k}{m} - \lambda \right) \left[\lambda^2 - \frac{4k}{m} \lambda + 2 \left(\frac{k}{m} \right)^2 \right] = 0$$

$$\lambda_1 = (2 - \sqrt{2}) \frac{k}{m}, \qquad \lambda_2 = 2 \frac{k}{m}, \qquad \lambda_3 = (2 + \sqrt{2}) \frac{k}{m}$$

从矩阵 $W - \lambda I$ 伴随矩阵的第一列,能得到与每一个 λ_i 相对应的 $\{X\}_i$,即

$$\{X\}_1 = [1, \sqrt{2}, 1]^{\mathrm{T}}, \qquad \omega_1 = 0.765 \sqrt{\frac{k}{m}}$$

$$\{X\}_2 = [1, 0, -1]^{\mathrm{T}}, \qquad \omega_2 = 1.414 \sqrt{\frac{k}{m}}$$

$$\{X\}_3 = [1, -\sqrt{2}, 1]^{\mathrm{T}}, \qquad \omega_3 = 1.848 \sqrt{\frac{k}{m}}$$

在这道例题中,系统的刚度矩阵是对称正定的,它的逆矩阵存在。因此,也可以采用柔度动力矩阵特征值问题获得系统的固有角频率和主振型。

3.4.2　无阻尼系统振动特性

在二自由度系统中,系统具有两个固有角频率,而对于 n 自由度系统,它的刚度动力矩阵是 $n \times n$ 的方阵,它一般有 n 个特征值和 n 个特征向量,这就意味着系统具有 n 个固有角频率和 n 个主振型。与二自由度系统类似,把固有角频率从小到大排列,有 $\omega_1 < \omega_2 < \cdots < \omega_n$。相应的主振型有这样的规律:第一个主振型没有节点,第二个主振型有 1 个节点,第三个主振型有 2 个节点,以此类推,第 i 个主振型有 $i - 1$ 个节点 $(i = 1, 2, 3, \cdots, n)$。

与二自由度系统类似,主振型对于质量矩阵和刚度矩阵都具有正交性,可从式(3-107)导出。对于第 i 个特征值,对应于第 i 个特征向量,必定满足式(3-107),即

$$W\{X\}_i = \lambda_i \{X\}_i \tag{3-110}$$

或写成

$$K\{X\}_i = \lambda_i M\{X\}_i \tag{3-111}$$

对于第 j 个特征值与特征向量,有

$$K\{X\}_j = \lambda_j M\{X\}_j \tag{3-112}$$

式(3-111)两边分别前乘 $\{X\}_j^{\mathrm{T}}$,有

$$\{X\}_j^{\mathrm{T}} K\{X\}_i = \lambda_i \{X\}_j^{\mathrm{T}} M\{X\}_i \tag{3-113}$$

式(3-112)两边分别前乘 $\{X\}_i^{\mathrm{T}}$,有

$$\{X\}_i^T K \{X\}_j = \lambda_j \{X\}_i^T M \{X\}_j \tag{3-114}$$

由于质量矩阵 $\boldsymbol{M}$ 和刚度矩阵 $\boldsymbol{K}$ 都是对称矩阵,可证明

$$\{X\}_i^T K \{X\}_j = \{X\}_j^T K \{X\}_i$$

$$\{X\}_i^T M \{X\}_j = \{X\}_j^T M \{X\}_i$$

把式(3-113)两边分别与式(3-114)两边相减可得

$$(\lambda_i - \lambda_j) \{X\}_i^T M \{X\}_j = 0$$

当 $i \neq j$ 时, $\lambda_i - \lambda_j \neq 0$,因而只有

$$\{X\}_i^T M \{X\}_j = 0, \qquad (i \neq j) \tag{3-115}$$

把式(3-115)代入式(3-114)得

$$\{X\}_i^T K \{X\}_j = 0, \qquad (i \neq j) \tag{3-116}$$

当 $i = j$ 时,设 $\{X\}_i^T M \{X\}_i = M_i$,称为第 i 阶主质量。设 $\{X\}_i^T K \{X\}_i = K_i$,称为第 i 阶主刚度。在式(3-114)中,令 $i = j$,则有

$$\{X\}_i^T K \{X\}_i = \lambda_i \{X\}_i^T M \{X\}_i \tag{3-117}$$

式(3-117)两边同除 $\{X\}_i^T M \{X\}_i$,得

$$\lambda_i = \frac{\{X\}_i^T K \{X\}_i}{\{X\}_i^T M \{X\}_i} = \frac{K_i}{M_i}, \qquad (i = 1, 2, \cdots, n)$$

即系统第 i 阶固有角频率的平方等于第 i 阶主刚度 K_i 与第 i 阶主质量 M_i 之比。

若把主振型 $\{X\}_i$ 依次排列,得到振型矩阵为

$$\boldsymbol{u} = \left[\{X\}_1, \{X\}_2, \cdots, \{X\}_n \right] \tag{3-118}$$

则

$$\begin{cases} \boldsymbol{u}^T \boldsymbol{M} \boldsymbol{u} = \overline{\boldsymbol{M}} \\ \boldsymbol{u}^T \boldsymbol{K} \boldsymbol{u} = \overline{\boldsymbol{K}} \end{cases} \tag{3-119}$$

式中

$$\overline{\boldsymbol{M}} = \begin{bmatrix} M_1 & 0 & \cdots & 0 \\ 0 & M_2 & \ddots & \vdots \\ \vdots & \ddots & \ddots & 0 \\ 0 & \cdots & 0 & M_n \end{bmatrix}, \qquad \overline{\boldsymbol{K}} = \begin{bmatrix} K_1 & 0 & \cdots & 0 \\ 0 & K_2 & \ddots & \vdots \\ \vdots & \ddots & \ddots & 0 \\ 0 & \cdots & 0 & K_n \end{bmatrix}$$

同样,可以定义正则化的振型矩阵为

$$\overline{\boldsymbol{u}} = \left[\frac{1}{\sqrt{M_1}} \{X\}_1, \frac{1}{\sqrt{M_2}} \{X\}_2, \cdots, \frac{1}{\sqrt{M_n}} \{X\}_n \right] \tag{3-120}$$

正则化振型矩阵的正交性可用式(3-80)表示。

3.4.3　基频估算

多自由度系统中, $n \leqslant 4$ 时,系统的特征方程是一个 λ 的四次代数方程,可以用代数方法求解。当 $n > 4$ 时,必须采用数值解的方法,通过计算机求解系统的特征值和特征向量。求解的方法有矩阵迭代法、正交变换法和 Householder 法加 QR 法等,许多方法已经有了标准的计算机软件。

一般地,工程中对系统的最低频率,即基频最感兴趣。若只想知道系统的基频,可以采用简单的方法估算。

1. Rayleigh 原理

由能量守恒定理可以知道振动系统的最大动应该等于系统的最大势能。例 3-1 导出了单自由度系统固有角频率为 $\omega_n^2 = k/m$。

对于多自由度系统,质量矩阵为 $\boldsymbol{M}$,刚度矩阵为 $\boldsymbol{K}$,位移列阵为 $\{x\} = \boldsymbol{X}e^{i\omega t}$,速度列阵为 $\{\dot{x}\} = i\omega\boldsymbol{X}e^{i\omega t}$,则系统的最大动能为

$$V_{\max} = \frac{1}{2}\omega^2 \boldsymbol{X}^T \boldsymbol{M} \boldsymbol{X}$$

系统的最大势能为

$$U_{\max} = \frac{1}{2}\boldsymbol{X}^T \boldsymbol{K} \boldsymbol{X}$$

由能量守恒定律知: $V_{\max} = U_{\max}$,由此得到 Rayleigh 商,即

$$\omega_R^2 = \frac{\boldsymbol{X}^T \boldsymbol{K} \boldsymbol{X}}{\boldsymbol{X}^T \boldsymbol{M} \boldsymbol{X}} \tag{3-121}$$

当 $\{X\}$ 为系统的某一主振型时,ω_R 就是系统相应的固有角频率。

式(3-121)也可以从式(3-117)导出。对第 i 个特征值和特征向量,有

$$\lambda_i = \frac{\{X\}_i^T \boldsymbol{K}\{X\}_i}{\{X\}_i^T \boldsymbol{M}\{X\}_i} = \omega_i^2 \tag{3-122}$$

即使假设振型 $\{X\}$ 与系统第 i 个特征向量 $\{X\}_i$ 有些差别,也可以把式(3-121)近似地作为系统第 i 阶固有角频率的估计值,这就是 Rayleigh 原理。根据前面对多自由度系统振动特性的讨论,系统的第一主振型没有节点,因而只要设一个全部同号(没有零元素)的列向量作为系统的第一主振型,计算 Rayleigh 商就可获得系统基频的估算值。

如果从系统柔度动力矩阵表示的特征值问题式(3-109)出发,对第 i 个特征值和特征向量有

$$\lambda_i \boldsymbol{K}^{-1}\boldsymbol{M}\{X\}_i = \{X\}_i \tag{3-123}$$

式(3-123)两边同时左乘 $\{X\}_i^T\boldsymbol{M}$ 得

$$\lambda_i\{X\}_i^T\boldsymbol{M}\boldsymbol{K}^{-1}\boldsymbol{M}\{X\}_i = \{X\}_i^T\boldsymbol{M}\{X\}_i$$

或

$$\lambda_i = \frac{\{X\}_i^T \boldsymbol{M}\{X\}_i}{\{X\}_i^T \boldsymbol{M}\boldsymbol{K}^{-1}\boldsymbol{M}\{X\}_i} = \omega_R'^2 \tag{3-124}$$

式(3-124)为第二种 Rayleigh 商的表达式。可以证明,假设同样的列向量作为系统的第一主振型,用式(3-124)比用式(3-121)估算出的基频更接近精确解,但两个估算值都高于精确解。

2. Dunkerley 公式

式(3-109)可写成

$$\left(\boldsymbol{D} - \frac{1}{\omega^2}\boldsymbol{I}\right)\boldsymbol{X} = \{0\} \tag{3-125}$$

在式(3-125)表示的特征值问题中,特征值的和等于矩阵 $\boldsymbol{D}$ 对角线元素的和(即矩阵 $\boldsymbol{D}$ 的迹),即

$$\sum_{i=1}^{n} \frac{1}{\omega_i^2} = \text{Trace}\boldsymbol{D} = \sum_{i=1}^{n} d_{ii} \tag{3-126}$$

当系统质量矩阵为对角阵时有

$$\text{Trace}\boldsymbol{D} = \sum_{i=1}^{n} h_{ii}m_{ii} = \sum_{i=1}^{n} \frac{1}{\omega_{ii}^2} \tag{3-127}$$

式(3-126)和式(3-127)中,d_{ii} 表示柔度动力矩阵的对角元素,h_{ii} 和 m_{ii} 分别为柔度矩阵和质量矩阵的对角元素。

根据约定,$\omega_1 < \omega_2 < \cdots < \omega_n$,则有 $1/\omega_1^2 > 1/\omega_2^2 > \cdots > 1/\omega_n^2$。当 $\omega_2 \gg \omega_1$ 时,可以用式(3-127)近似地作为系统基频的估算公式,即

$$\frac{1}{\omega_1^2} \approx \sum_{i=1}^{n} \frac{1}{\omega_{ii}^2} = \text{Trace}\boldsymbol{D} \tag{3-128}$$

式中,$\omega_{ii}^2 = (h_{ii}m_{ii})^{-1}$ 称为系统的隔绝频率,即各质量单独作用时系统的固有频率。从 Dunkerley 公式的导出过程可以看出,用它估算的基频总是小于系统实际的基频。

【例3-15】 用 Rayleigh 公式和 Dunkerley 公式估算例3-8(图3-11)系统的基频,并与精确解比较。

解 例3-8 系统的 $\boldsymbol{M} = \begin{bmatrix} J & 0 \\ 0 & J \end{bmatrix}$,$\boldsymbol{K} = \begin{bmatrix} 2k_t & -2k_t \\ -2k_t & 5k_t \end{bmatrix}$,$\omega_1^2 = k_t/J$,$\{X\}_1 = \left[1, \dfrac{1}{2}\right]^T$。

(1) Rayleigh 公式。设系统的第一主振型为 $\{X\}_1 = \begin{Bmatrix} 1 \\ 1 \end{Bmatrix}$,代入式(3-121)和式(3-124)得

$$\omega_1^2 = \frac{\begin{bmatrix} 1 & 1 \end{bmatrix}\begin{bmatrix} 2k_t & -2k_t \\ -2k_t & 5k_t \end{bmatrix}\begin{Bmatrix} 1 \\ 1 \end{Bmatrix}}{\begin{bmatrix} 1 & 1 \end{bmatrix}\begin{bmatrix} J & 0 \\ 0 & J \end{bmatrix}\begin{Bmatrix} 1 \\ 1 \end{Bmatrix}} = \frac{3k_t}{2J} > \frac{k_t}{J}$$

$$\omega_1'^2 = \frac{\begin{bmatrix} 1 & 1 \end{bmatrix}\begin{bmatrix} J & 0 \\ 0 & J \end{bmatrix}\begin{Bmatrix} 1 \\ 1 \end{Bmatrix}}{\begin{bmatrix} 1 & 1 \end{bmatrix}\begin{bmatrix} J & 0 \\ 0 & J \end{bmatrix}\begin{bmatrix} 2k_t & -2k_t \\ -2k_t & 5k_t \end{bmatrix}^{-1}\begin{bmatrix} J & 0 \\ 0 & J \end{bmatrix}\begin{Bmatrix} 1 \\ 1 \end{Bmatrix}} = \frac{2J}{\dfrac{11J^2}{6k_t}} = \frac{12k_t}{11J} > \frac{k_t}{J}$$

从 Rayleigh 商的推导中可以看出,ω_R 的准确度取决于主振型 $\{X\}_1$ 的精度,本例中选用 $\{X\}_1 = \begin{Bmatrix} 1 \\ 1 \end{Bmatrix}$,与精确解 $\begin{Bmatrix} 1 \\ 0.5 \end{Bmatrix}$ 有一定差距,但即使如此,ω_1' 的数值与精确解的误差也在工程允许的范围内。

(2) Dunkerley 公式

$$\boldsymbol{D} = \boldsymbol{K}^{-1}\boldsymbol{M} = \frac{1}{6k_t^2}\begin{bmatrix} 5k_t & 2k_t \\ 2k_t & 2k_t \end{bmatrix}\begin{bmatrix} J & 0 \\ 0 & J \end{bmatrix} = \begin{bmatrix} \dfrac{5J}{6k_t} & \dfrac{J}{3k_t} \\ \dfrac{J}{3k_t} & \dfrac{J}{3k_t} \end{bmatrix}$$

$$\frac{1}{\omega_1^2} \approx \frac{5J}{6k_t} + \frac{J}{3k_t} = \frac{7J}{6k_t}$$

$$\omega_1^2 \approx \frac{6k_t}{7J} < \frac{k_t}{J}$$

计算结果表明,精确解在两种估算结果之间,但不能用估算值的平均作为精确解。

习　　题

3-1　如图 3-18 所示,杆 a 与弹簧 k_1 和 k_2 相连,弹簧 k_3 置于杆 a 的中央,杆 b 与弹簧 k_3 和 k_4 相连,质量 m 置于杆 b 的中央。设杆 a 和杆 b 为质量和转动惯矩可忽略的刚性杆,并能在图示平面内自由移动和转动。求质量 m 上、下振动的固有频率。

3-2　如图 3-19 所示,一薄长板条被弯成半圆形,在水平面上摇摆。用能量法求它摇摆的周期。

3-3　如图 3-20 所示,长度为 L、质量为 m 的均匀刚性杆铰接在 O 点,并以弹簧和黏性阻尼器支承。求:① 系统作微振动的微分方程; ② 系统的无阻尼固有频率; ③ 系统的临界阻尼。

图 3-18　习题 3-1　　　　图 3-19　习题 3-2　　　　图 3-20　习题 3-3

3-4　系统参数和几何尺寸如图 3-21(a)、(b)所示,刚性杆质量可忽略。求:① 系统作微振动的微分方程; ② 临界阻尼系数; ③ 有阻尼固有频率。

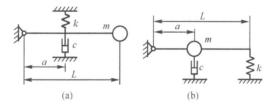

(a)　　　　　　　　(b)

图 3-21　习题 3-4

3-5　如图 3-22 所示,质量为 m_1 的重物悬挂在刚度为 k 的弹簧上并处于静平衡位置,质量为 m_2 的重物从高度为 h 处自由降落到 m_1 上而无弹跳,求系统的运动规律。

3-6　弹簧-质量-黏性阻尼器系统中,质量 $m = 10\text{kg}$,弹簧刚度 $k = 1000\text{N/m}$,初始条件为 $x_0 = 0.01\text{m}$,$\dot{x}_0 = 0$。求:系统的阻尼比分别为 $\zeta = 0$、0.2 和 1.0 三种情况下系统对初始条件的响应,并给出概略简图。

3-7　如图 3-23 所示,带有库仑阻尼的系统中,质量 $m = 9\text{kg}$,弹簧刚度 $k = 7\text{kN/m}$,摩擦系数 $\mu = 0.15$,初始条件是 $x_0 = 25\text{mm}$,$\dot{x}_0 = 0$。求:①位移振幅每周衰减; ②最大速度; ③速度振幅每周衰减; ④物体 m 停止的位置。

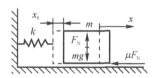

图 3-22　习题 3-5　　　　　　　图 3-23　习题 3-7

3-8 求图 3-24 所示系统的固有频率和主振型(杆为刚性,不计质量)。

3-9 如图 3-25 所示均质杆的质心 c 点向下移动的位移 x 及杆顺时针方向转角 θ 为广义坐标,求系统的固有角频率和主振型。

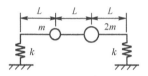

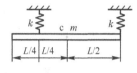

图 3-24　习题 3-8　　　　　　　图 3-25　习题 3-9

3-10 如图 3-26 所示扭转振动系统中,$k_{t_1} = k_{t_2} = k_t$,$J_1 = 2J_2 = 2J$。求:① 系统的固有频率和主振型; ② 设 $\theta_1(0) = 1\,\text{rad}$,$\theta_2(0) = 2\,\text{rad}$,$\dot{\theta}_1(0) = \dot{\theta}_2(0) = 0$,求系统对初始条件的响应。

3-11 求图 3-27 所示系统的振型矩阵 $\boldsymbol{u}$、正则化振型矩阵 $\bar{\boldsymbol{u}}$ 和主坐标。

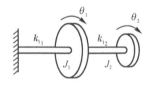

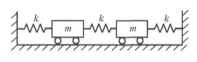

图 3-26　习题 3-10　　　　　　图 3-27　习题 3-11

3-12 在图 3-28 中,轴的抗弯刚度为 EI,它的惯性矩不计,圆盘的转动惯量 $J = mR^2/4$,$R = L/4$,静平衡时轴在水平位置。求系统的固有频率。

3-13 用 Rayleigh 法和 Dunkerley 公式估算习题 2-16 的系统中质点在铅垂平面中作垂直于绳索微振动时的基频,并与精确解相比较。

3-14 若仪表表头可等效为具有黏性阻尼的单自由度系统,欲使其在受扰动后尽快回零,最有效的办法是什么?

3-15 如何从单自由度系统自由振动衰减曲线来判别系统的阻尼是黏性阻尼还是摩擦阻尼?

图 3-28　习题 3-12

3-16 系统的固有频率与哪些因素有关?关系如何?

3-17 系统在初始扰动下的响应大小与哪些因素有关?

3-18 什么是离散系统的主振型与节点?当阻尼可忽略时,多自由度系统自由振动的特性与单自由度系统有什么区别?

第4章 线性离散系统的受迫振动

4.1 数 学 基 础

在讨论受迫振动之前,先简要复习一下与受迫振动有关的数学内容。

4.1.1 二阶非齐次常系数线性微分方程的解

二阶非齐次常系数线性微分方程的一般形式为

$$a_0 \frac{\mathrm{d}^2 y}{\mathrm{d}t^2} + a_1 \frac{\mathrm{d}y}{\mathrm{d}t} + a_2 y = f(t) \tag{4-1}$$

式中,a_0、a_1 和 a_2 为实数,一般 $a_0 \neq 0$;$f(t) \neq 0$。

非齐次方程的通解 $y(t)$ 是方程(4-1)的特解 $y_2(t)$ 加上对应齐次方程的解 $y_1(t)$,即

$$y(t) = y_1(t) + y_2(t) \tag{4-2}$$

上式对应齐次方程的解已在第 3 章中讨论,得到了 3 种不同情况下解的形式,这里不再重复。应该注意,对应齐次方程的解包含两个任意积分常数,而特解不包含任意常数,这是因为特解必须满足当 $f(t)$ 为特定函数时的微分方程。

方程特解的形式与方程非齐次项形式相同或接近。常见的特解形式有以下几种:

(1) $f(t)$ 为多项式,特解为 $y_2(t) = c_0 + c_1 t + c_2 t^2 + \cdots + c_n t^n$。

(2) $f(t) = ce^{st}$(c,s 为常数),$y_2(t) = De^{st}$,当 s 与对应齐次方程的特征值相同时,有 $y_2(t) = Dte^{st}$。

(3) $f(t) = C\cos\omega t + D\sin\omega t$,$y_2(t) = E\cos\omega t + F\sin\omega t$,当 $\mathrm{i}\omega$ 与对应齐次方程的特征值相同时,$y_2(t) = t(E\cos\omega t + F\sin\omega t)$。

【例4-1】 以上述第二种解为例,若非齐次方程为

$$a_0 \frac{\mathrm{d}^2 y}{\mathrm{d}t^2} + a_1 \frac{\mathrm{d}y}{\mathrm{d}t} + a_2 y = ce^{st} \tag{4-3}$$

式中,s 与对应齐次方程的特征值不相同。

解 设方程的特解为

$$y_2(t) = De^{st}$$

将上式代入式(4-3)得

$$(a_0 s^2 + a_1 s + a_2)De^{st} = ce^{st}$$

或

$$D = \frac{c}{a_0 s^2 + a_1 s + a_2}$$

方程(4-3)的特解为

$$y_2(t) = \frac{c}{a_0 s^2 + a_1 s + a_2}e^{st}$$

【例 4-2】　若 $f(t) = C\cos\omega t + D\sin\omega t$，则式（4-1）可表示为

$$a_0\frac{d^2y}{dt^2} + a_1\frac{dy}{dt} + a_2 y = C\cos\omega t + D\sin\omega t \tag{4-4}$$

解　当 $i\omega$ 与对应齐次方程的特征值不同时，设方程特解为

$$y_2(t) = E\cos\omega t + F\sin\omega t$$

将上式求导后代入式（4-4）得

$$\big[(a_2 - a_0\omega^2)E + a_1\omega F\big]\cos\omega t + \big[-a_1\omega E + (a_2 - a_0\omega^2)F\big]\sin\omega t = C\cos\omega t + D\sin\omega t$$

用比较系数法，则有

$$(a_2 - a_0\omega^2)E + a_1\omega F = C$$
$$-a_1\omega E + (a_2 - a_0\omega^2)F = D$$

解方程组可得

$$E = \frac{(a_2 - a_0\omega^2)C - a_1\omega D}{(a_2 - a_0\omega^2)^2 + a_1^2\omega^2}$$

$$F = \frac{a_1\omega C + (a_2 - a_0\omega^2)D}{(a_2 - a_0\omega^2)^2 + a_1^2\omega^2}$$

于是，特解为

$$\begin{aligned}
y_2(t) &= \frac{(a_2 - a_0\omega^2)C - a_1\omega D}{(a_2 - a_0\omega^2)^2 + a_1^2\omega^2}\cos\omega t + \frac{a_1\omega C + (a_2 - a_0\omega^2)D}{(a_2 - a_0\omega^2)^2 + a_1^2\omega^2}\sin\omega t \\
&= \frac{C}{(a_2 - a_0\omega^2)^2 + a_1^2\omega^2}\big[(a_2 - a_0\omega^2)\cos\omega t + a_1\omega\sin\omega t\big] \\
&\quad + \frac{D}{(a_2 - a_0\omega)^2 + a_1^2\omega^2}\big[-a_1\omega\cos\omega t + (a_2 - a_0\omega^2)\sin\omega t\big]
\end{aligned}$$

令 $\varphi = \arctan\big[a_1\omega/(a_2 - a_0\omega^2)\big]$，则上式可改写为

$$\begin{aligned}
y_2(t) &= \frac{C}{\sqrt{(a_2 - a_0\omega)^2 + a_1^2\omega^2}}\cos(\omega t - \varphi) \\
&\quad + \frac{D}{\sqrt{(a_2 - a_0\omega^2)^2 + a_1^2\omega^2}}\sin(\omega t - \varphi)
\end{aligned}$$

4.1.2　二阶非齐次常系数线性微分方程组的解

二元二阶非齐次常系数线性微分方程组的一般形式为

$$a_{11}\frac{d^2y_1}{dt^2} + a_{12}\frac{d^2y_2}{dt^2} + b_{11}\frac{dy_1}{dt} + b_{12}\frac{dy_2}{dt} + c_{11}y_1 + c_{12}y_2 = f_1(t)$$

$$a_{21}\frac{d^2y_1}{dt^2} + a_{22}\frac{d^2y_2}{dt^2} + b_{21}\frac{dy_1}{dt} + b_{22}\frac{dy_2}{dt} + c_{21}y_1 + c_{22}y_2 = f_2(t) \tag{4-5}$$

和以上分析一样，$f(t)$ 可有多种形式。下面设 $\{f(t)\}$ 为简谐函数，讨论它的特解。

$$\{f(t)\} = \begin{Bmatrix} B_1 \\ B_2 \end{Bmatrix}e^{i\alpha t}$$

若 $i\alpha$ 不是对应齐次方程组相应特征方程的解，则式（4-5）的特解可写为

$$\begin{Bmatrix} y_1(t) \\ y_2(t) \end{Bmatrix} = \begin{Bmatrix} A_1 \\ A_2 \end{Bmatrix} e^{i\alpha t} \tag{4-6}$$

式中, A_1、A_2 为复数。将式(4-6)求导后代入式(4-5),并整理得矩阵形式的代数方程组,即

$$-\alpha^2 \begin{bmatrix} a_{11} & a_{12} \\ a_{21} & a_{22} \end{bmatrix} \begin{Bmatrix} A_1 \\ A_2 \end{Bmatrix} + i\alpha \begin{bmatrix} b_{11} & b_{12} \\ b_{21} & b_{22} \end{bmatrix} \begin{Bmatrix} A_1 \\ A_2 \end{Bmatrix} + \begin{bmatrix} c_{11} & c_{12} \\ c_{21} & c_{22} \end{bmatrix} \begin{Bmatrix} A_1 \\ A_2 \end{Bmatrix} = \begin{Bmatrix} B_1 \\ B_2 \end{Bmatrix} \tag{4-7}$$

或

$$(\boldsymbol{c} + i\alpha\boldsymbol{b} - \alpha^2\boldsymbol{a})\{A\} = \{B\}$$

当 $\{B\} = 0$,则方程组(4-5)回到齐次方程组的求解。令

$$X_{ij} = c_{ij} + i\alpha b_{ij} - \alpha^2 a_{ij} \quad , \qquad (i,j = 1,2) \tag{4-8}$$

则式(4-7)可表示为

$$\boldsymbol{X}\{A\} = \{B\} \tag{4-9}$$

对式(4-9)两边左乘 $\boldsymbol{X}^{-1}$,得

$$\{A\} = \boldsymbol{X}^{-1}\{B\} \tag{4-10}$$

式中

$$\boldsymbol{X}^{-1} = \begin{bmatrix} X_{11} & X_{12} \\ X_{21} & X_{22} \end{bmatrix}^{-1} = \frac{1}{X_{11}X_{22} - X_{21}X_{12}} \begin{bmatrix} X_{22} & -X_{12} \\ -X_{21} & X_{11} \end{bmatrix} \tag{4-11}$$

将式(4-11)代入式(4-10),并进行乘法运算,得方程组(4-9)的解为

$$A_1 = \frac{X_{22}B_1 - X_{12}B_2}{X_{11}X_{22} - X_{21}X_{12}}$$

$$A_2 = \frac{-X_{21}B_1 + X_{11}B_2}{X_{11}X_{22} - X_{21}X_{12}} \tag{4-12a}$$

于是微分方程组的特解为

$$y_1(t) = \frac{X_{22}B_1 - X_{12}B_2}{X_{11}X_{22} - X_{21}X_{12}} e^{i\alpha t}$$

$$y_2(t) = \frac{-X_{21}B_1 + X_{11}B_2}{X_{11}X_{22} - X_{21}X_{12}} e^{i\alpha t} \tag{4-12b}$$

【例 4-3】　已知二元二阶非齐次常系数线性微分方程组的系数矩阵为

$$\boldsymbol{a} = \begin{bmatrix} 2 & 0 \\ 0 & 3 \end{bmatrix}, \quad \boldsymbol{b} = \begin{bmatrix} 2 & -1 \\ -1 & 2 \end{bmatrix}, \quad \boldsymbol{c} = \begin{bmatrix} 4 & -3 \\ -3 & 5 \end{bmatrix}, \quad \{B\} = \begin{Bmatrix} 2 \\ 1 \end{Bmatrix}$$

求方程组的解。

　　解　由式(4-8)得

$$X_{11} = 4 - 2\alpha^2 + i2\alpha$$

$$X_{12} = X_{21} = -3 - i\alpha$$

$$X_{22} = 5 - 3\alpha^2 + i2\alpha$$

将以上 $\boldsymbol{X}$ 矩阵元素代入式(4-12a)得

$$A_1 = \frac{2(5 - 3\alpha^2 + i2\alpha) - (-3 - i\alpha)}{(4 - 2\alpha^2 + i2\alpha)(5 - 3\alpha^2 + i2\alpha) - (3 + i\alpha)^2}$$

$$= \frac{13 - 6\alpha^2 + i5\alpha}{6\alpha^4 - i10\alpha^3 - 21\alpha^2 + i12\alpha + 11}$$

$$A_2 = \frac{-2(-3 - i\alpha) + (4 - 2\alpha^2 + i2\alpha)}{(4 - 2\alpha^2 + i2\alpha)(5 - 3\alpha^2 + i2\alpha) - (3 + i\alpha)^2}$$

$$= \frac{10 - 2\alpha^2 + i4\alpha}{6\alpha^4 - i10\alpha^3 - 21\alpha^2 + i12\alpha + 11}$$

则特解为

$$y_1(t) = \frac{13 - 6\alpha^2 + i5\alpha}{6\alpha^4 - i10\alpha^3 - 21\alpha^2 + i12\alpha + 11}e^{i\alpha t}$$

$$y_2(t) = \frac{10 - 2\alpha^2 + i4\alpha}{6\alpha^4 - i10\alpha^3 - 21\alpha^2 + i12\alpha + 11}e^{i\alpha t}$$

4.1.3 拉普拉斯变换

对于给定的已知函数 $f(t)$，用符号 $\mathscr{L}\{f(t)\}$ 所表示的拉普拉斯变换可由下面的定积分来定义，即

$$\mathscr{L}\{f(t)\} = \overline{f}(s) = \int_0^\infty e^{-st}f(t)\mathrm{d}t \tag{4-13}$$

式中，参数 s 一般为复数或辅助变量；e^{st} 称为变换核；$\overline{f}(s)$ 上的横线表示它是 $f(t)$ 的拉普拉斯变换。

对已知 $\overline{f}(s)$ 求 $f(t)$ 的过程，称为拉普拉斯逆变换，记作

$$f(t) = \mathscr{L}^{-1}\{\overline{f}(s)\} \tag{4-14}$$

波莱定理：两个函数拉普拉斯变化乘积的拉普拉斯逆变换等于它们分别进行逆变换的卷积。

大多数函数的拉普拉斯变换已被求出，并汇编成表格，如表4-1所示。下面举例说明如何利用式(4-13)计算函数的拉普拉斯变换。

【例4-4】 求函数 $f(t) = a(a$ 为常数$)$ 的拉普拉斯变换。

解

$$\mathscr{L}\{f(t)\} = \mathscr{L}(a) = \int_0^\infty a \cdot e^{-st}\mathrm{d}t = -a\left.\frac{e^{-st}}{s}\right|_0^\infty = \frac{a}{s}$$

【例4-5】 求 $\sin\omega t$ 的拉普拉斯变换，ω 为常数。

解

$$\mathscr{L}\{\sin\omega t\} = \int_0^\infty e^{-st}\sin\omega t\mathrm{d}t = \left.\frac{e^{-st}(-s\sin\omega t + \omega\cos\omega t)}{s^2 + \omega^2}\right|_0^\infty = \frac{\omega}{s^2 + \omega^2}$$

此外，在拉普拉斯逆变换中，经常遇到形如

$$\overline{f}(s) = \frac{B(s)}{A(s)} = \frac{b_m s^m + b_{m-1}s^{m-1} + \cdots + b_1 s + b_0}{a_n s^n + a_{n-1}s^{n-1} + \cdots + a_1 s + a_0} \tag{4-15}$$

的有理分式。式中，m 和 n 是正整数，且 $n > m$；a_n 和 b_m 是实常数。若直接查拉普拉斯变换

表,得不到式(4-15)的逆变换。为此,必须把式(4-15)变形。将分母进行因式分解,得

$$\bar{f}(s) = \frac{B(s)}{A(s)} = \frac{b_m s^m + b_{m-1} s^{m-1} + \cdots + b_1 s + b_0}{a_n(s - r_1)(s - r_2)\cdots(s - r_n)} \tag{4-16}$$

式中,$r_i(i=1,2,\cdots,n)$是$A(s)=0$的根。于是式(4-16)可写成

$$\frac{B(s)}{A(s)} = \frac{D_1}{s - r_1} + \frac{D_2}{s - r_2} + \cdots + \frac{D_n}{s - r_n} \tag{4-17}$$

式(4-17)称为原分式的部分分式展开。下面举例说明有理分式展开及拉普拉斯变换表的用法。

表4-1　拉普拉斯变换表

	$\bar{f}(s)$	$f(t)$		$\bar{f}(s)$	$f(t)$
1	1	$\delta(t)$	11	$\dfrac{s+b}{s^2+a^2}$	$\dfrac{\sqrt{b^2+a^2}}{a}\sin(at+\phi)$ $\phi = \arctan\dfrac{a}{b}$
2	$1/s$	1	12	$\dfrac{1}{(s+a)^2+b^2}$	$\dfrac{1}{b}\mathrm{e}^{-at}\sin bt$
3	$1/s^2$	t	13	$\dfrac{s+a}{(s+a)^2+b^2}$	$\mathrm{e}^{-at}\cos bt$
4	$\dfrac{1}{s^n}(n=1,2,\cdots)$	$\dfrac{t^{n-1}}{(n-1)!}$	14	$\dfrac{1}{s^2+2abs+b^2}$	$\dfrac{1}{b\sqrt{1-a^2}}\mathrm{e}^{-abt}\sin b\sqrt{1-a^2}\,t$
5	$\dfrac{1}{s+a}$	e^{-at}	15	$\dfrac{s}{(s^2+a^2)^2}$	$\dfrac{t\sin at}{2a}$
6	$\dfrac{1}{(s+a)^n}$	$\dfrac{t^{n-1}}{(n-1)!}\mathrm{e}^{-at}$	16	$\dfrac{s^2-a^2}{(s^2+a^2)}$	$t\cos at$
7	$\dfrac{1}{s(s+a)}$	$\dfrac{1}{a}(1-\mathrm{e}^{-at})$	17	$\dfrac{1}{(s+b)(s^2+a^2)}$	$\dfrac{\mathrm{e}^{-bt}}{b^2+a^2}+\dfrac{1}{a\sqrt{b^2+a^2}}\sin(at-\phi)$ $\phi = \arctan\dfrac{a}{b}$
8	$\dfrac{a}{s^2+a^2}$	$\sin at$	18	$\dfrac{s+c}{(s+a)^2+b^2}$	$\dfrac{\sqrt{(c-a)^2+b^2}}{b}\mathrm{e}^{-at}\sin(bt+\phi)$ $\phi = \arctan\dfrac{b}{c-a}$
9	$\dfrac{s}{s^2+a^2}$	$\cos at$	19	$\dfrac{1}{s^2-a^2}$	$\dfrac{\sinh at}{a}$
10	$\dfrac{1}{s(s^2+a^2)}$	$\dfrac{1}{a^2}(1-\cos at)$	20	$\dfrac{s}{s^2-a^2}$	$\cosh at$

【例4-6】　求$\bar{f}(s) = \dfrac{3s+5}{s^2-2s-3}$的逆变换。

解　对分母因式分解得

$$\bar{f}(s) = \frac{3s+5}{(s-3)(s+1)}$$

再求出常数 A 和 B,使

$$\bar{f}(s) = \frac{3s + 5}{(s - 3)(s + 1)} = \frac{A}{s - 3} + \frac{B}{s + 1}$$

对上式两边乘以 $(s - 3)(s + 1)$,得

$$3s + 5 = A(s + 1) + B(s - 3)$$

或

$$3s + 5 = (A + B)s + A - 3B$$

使 s 的同次幂相等,得 $A = 7/2$, $B = -1/2$,则

$$\bar{f}(s) = \frac{7/2}{s - 3} - \frac{1/2}{s + 1}$$

再查表 4-1 得

$$f(t) = \frac{7}{2}e^{3t} - \frac{1}{2}e^{-t}$$

若 $A(s)$ 分母有重根,为较复杂函数,可参阅有关书籍。

4.2　单自由度系统

　　第 3 章讨论了一定初始扰动(这种初始扰动可以是初始位移、初始速度或两者兼有)下系统根据自身固有特性维持的自由振动。本章将讨论和自由振动有本质区别的由外界持续激励引起的振动,称为受迫振动。

　　外界激励引起系统振动的状态称为响应。对于线性系统,可分别求出对初始扰动和对外激励的响应,然后把它们合成得到系统的总响应。这是建立在叠加原理基础上的。

　　系统对外界激励下响应的求解方法,取决于激励的类型。简谐激励力引起的受迫振动具有基础性质,最能揭示振动规律,故将对它作较详细的讨论。对周期性激励力,用傅里叶级数将其展开为许多简谐波函数的叠加,使其响应简化为简谐激励下响应之和。对于非周期性任意激励力,将介绍单位脉冲响应和杜哈美积分的方法以及用拉普拉斯变换求解系统响应的方法。

4.2.1　简谐激励的响应

1. 振动微分方程的解

　　如图 2-11 所示,具有黏性阻尼的弹簧质量系统,若设激励力 $F(t) = F_0\sin\omega t$,则系统受迫振动的微分方程形式类似于式(2-38),即

$$m\ddot{x} + c\dot{x} + kx = F_0\sin\omega t \tag{4-18}$$

式(4-18)是二阶常系数非齐次线性微分方程,它的解由通解和特解两部分组成。在弱阻尼情况下,相应齐次方程的解(即通解)已由式(3-54)得到

$$x_1(t) = Re^{-\zeta\omega_n t}\cos(\omega_d t - \varphi)$$

由于式(4-18)的非齐次项为正弦函数,按微分方程理论,其特解可设为简谐函数,且频率与非齐次项的正弦函数频率相同,有

$$x_2(t) = X_0 \sin(\omega t - \Phi) \tag{4-19}$$

式中,X_0 为受迫振动的振幅;ω 为受迫振动的角频率;Φ 是位移 $x_2(t)$ 与激励力 $F(t)$ 之间的相位差。方程(4-18)的全解为

$$x(t) = Re^{-\zeta\omega_n t} \cos(\omega_d t - \varphi) + X_0 \sin(\omega t - \Phi) \tag{4-20}$$

式(4-20)中等式右边第一项是衰减振动,仅在振动开始后一段时间内有意义,属于瞬态解。右边第二项是持续的等幅振动,属于稳态解。以下讨论稳态解。

将式(4-19)求导后代入式(4-18),整理后得

$$[X_0(k - m\omega^2) - F_0\cos\Phi]\sin(\omega t - \Phi) + [c\omega X_0 - F_0\sin\Phi]\cos(\omega t - \Phi) = 0$$

由于 $\sin(\omega t - \Phi)$ 和 $\cos(\omega t - \Phi)$ 不恒为零,必有

$$\begin{cases} X_0(k - m\omega^2) - F_0\cos\Phi = 0 \\ c\omega X_0 - F_0\sin\Phi = 0 \end{cases}$$

解联立方程得

$$X_0 = \frac{F_0}{\sqrt{(k - m\omega^2)^2 + (c\omega)^2}} \tag{4-21}$$

$$\Phi = \arctan\frac{c\omega}{k - m\omega^2} \quad (\text{或加 } \pi) \tag{4-22}$$

令频率比 $\bar{\omega} = \omega/\omega_n$,有

$$X_0 = \frac{F_0}{k\sqrt{(1 - \bar{\omega}^2)^2 + (2\zeta\bar{\omega})^2}} \tag{4-23}$$

$$\Phi = \arctan\frac{2\zeta\bar{\omega}}{1 - \bar{\omega}^2} \quad (\text{或加 } \pi) \tag{4-24}$$

式中,$\omega_n^2 = k/m$;$c/2m = \zeta\omega_n$。系统的稳态响应为

$$x_2(t) = \frac{1}{\sqrt{(1 - \bar{\omega}^2)^2 + (2\zeta\bar{\omega})^2}}\frac{F_0}{k}\sin(\omega t - \Phi) \tag{4-25}$$

令

$$\mathscr{M} = \frac{1}{\sqrt{(1 - \bar{\omega}^2)^2 + (2\zeta\bar{\omega})^2}} \tag{4-26}$$

则式(4-25)可表示为

$$x_2(t) = \mathscr{M}(F_0/k)\sin(\omega t - \Phi)$$

式中,$\mathscr{M}$ 称为放大因子。

2. 稳态响应特性

从式(4-23) ~ 式(4-25),可归纳有阻尼单自由度系统受迫振动稳态响应的特性如下:

(1) 简谐振动。系统在简谐激励下的响应是简谐的。

(2) 受迫振动频率。从式(4-25)可知,受迫振动的频率与激励的频率 ω 相同。

(3) 受迫振动振幅。受迫振动的振幅与初始条件无关,这一点由式(4-23)可以看出。它与静位移 F_0/k 呈线性关系,而弹簧刚度是一定值,故受迫振动振幅值 X_0 与激励力幅值 F_0 成

正比。F_0 越大，X_0 也越大。除此之外，振幅还受 ω 和 ω_n 的影响，为清楚起见，以放大因子 $\mathcal{M}$ 作为纵坐标，频率比 $\bar{\omega}$ 为横坐标，并以阻尼比 ζ 为参变量作频响特性曲线，如图 4-1 所示。

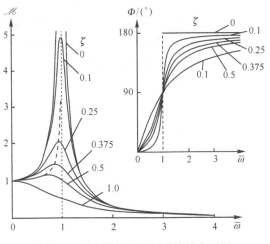

图 4-1　具有黏性阻尼的系统放大因子
和相位随 $\bar{\omega}$ 变化的曲线

从式 (4-26) 及图 4-1 中可看出：当 $\omega \to 0$ 或 $\bar{\omega} \to 0$ 时，$\mathcal{M} \to 1$。此时激励力频率很低，激励力大小变化缓慢，相当于把激励力幅 F_0 以静态载荷形式施加于系统上，动态影响不大，振幅与静位移相差无几。

当 $\omega \to \omega_n$，或 $\bar{\omega} \to 1$ 时，振幅将急剧增加，并达到最大值，这种现象称为"共振"。在此区域附近，振幅大小主要取决于系统的阻尼，阻尼越小，共振表现越剧烈，振幅越大。

当 ω 继续增加，即 $\bar{\omega} > 1$ 后，振幅便迅速下降。当 $\bar{\omega} \to \infty$ 时，$\mathcal{M} \to 0$，最后振幅趋近于零。这是因为激励力频率变化太快，系统响应跟不上激励力变化的缘故。

(4) 阻尼的影响。从图 4-1 可见，增加阻尼可以有效地抑制共振时的振幅。若阻尼足够大，则可将受迫振动的振幅维持在一个不大的水平上。还必须指出，阻尼仅在共振区附近作用明显，在共振区以外，其作用很小。

显然，由式 (4-26) 看出，如果阻尼比 $\zeta \to 0$，频率比 $\bar{\omega} \to 1$ 时，放大因子 $\mathcal{M} \to \infty$。

若阻尼比 $\zeta \neq 0$，可将式 (4-26) 中的放大因子 $\mathcal{M}$ 对 $\bar{\omega}$ 求偏导，并使其等于零，可得系统响应振幅最大时激励力频率与系统固有频率之比为

$$\bar{\omega} = \frac{\omega}{\omega_n} = \sqrt{1 - 2\zeta^2} \tag{4-27}$$

把式 (4-27) 代入式 (4-26)，得

$$\mathcal{M}_{max} = \frac{1}{2\zeta\sqrt{1-\zeta^2}} \tag{4-28}$$

若 $\zeta \ll 1$，式 (4-28) 变为

$$\mathcal{M}_{max} \approx \frac{1}{2\zeta} \tag{4-29}$$

由式 (3-52) 和式 (4-27) 得

$$\frac{\omega_d}{\omega_n} = \sqrt{1 - \zeta^2} > \sqrt{1 - 2\zeta^2}$$

由此可见,受迫振动稳态响应的峰值并不出现在系统的有阻尼固有角频率处,峰值频率略向左偏移,如图 4-1 虚线所示。设 ω_p 为峰值角频率,很明显,若 $\zeta \to 0$ 时,有

$$\omega_p \approx \omega_d \approx \omega_n$$

（5）相位特性。和振幅一样,相位 Φ 也仅为 $\overline{\omega}$ 和 ζ 的函数。从图 4-1 中的相频特性曲线中看到,当 $\overline{\omega} = 1$ 时,位移响应和激励力的相位差总是 $\pi/2$,即 $\Phi = \pi/2$;当 $\overline{\omega} < 1$,Φ 在 $0 \sim \pi/2$ 间变化,位移和激励力同向;当 $\overline{\omega} > 1$,Φ 在 $\pi/2 \sim \pi$ 间变化,位移和激励力反向,可见受迫振动的振幅在共振点前后相位出现突变。这一现象常常被用来作为判断系统是否出现共振的依据。

应该注意,这里的相位差 Φ 是表示响应滞后于激励的相位角,不应与式（3-54）中的初相位 φ 相混淆。φ 是表示系统自由振动在 $t = 0$ 时的初相位,它取决于初始位移与初始速度的相对大小,而 Φ 是反映响应相对于激励力的滞后效应,是由频率比和系统本身具有阻尼引起的,这是两者的区别。

【例 4-7】　如图 4-2 所示系统,已知质量 $m = 20\mathrm{kg}$,刚度 $k = 8\mathrm{kN/m}$,阻尼系数 $c = 130\mathrm{N \cdot s/m}$,激励力 $F(t) = 24\sin 15t\,(\mathrm{N})$ 作用在质量 m 上。当 $t = 0$ 时,$x_0 = 0$,$\dot{x}_0 = 100\mathrm{mm/s}$,试求系统的总响应。

解　由已知条件得

$$\omega_n = \sqrt{k/m} = 20\,(\mathrm{rad/s})$$

$$\overline{\omega} = 15/20 = 0.75$$

$$\zeta = c/2\sqrt{mk} = 130 \big/ (2 \times 400) = 0.1625$$

代入式（4-26）得

$$\mathscr{M} = \frac{1}{\sqrt{(1 - 0.75^2)^2 + (2 \times 0.1625 \times 0.75)^2}} = 2$$

$$\Phi = \arctan\frac{2 \times 0.1625 \times 0.75}{1 - 0.75^2} = 29.12° = 0.508\,(\mathrm{rad})$$

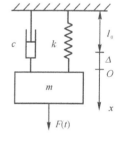

图 4-2　有阻尼弹簧质量系统

所以,稳态响应为

$$x_2(t) = \frac{F_0}{k}\mathscr{M}\sin(\omega t - \Phi)$$

$$= 2 \times \frac{24}{8000}\sin(15t - 0.508)$$

$$= 6\sin(15t - 0.508)\quad(\mathrm{mm})$$

瞬态响应由式（3-54）知

$$x_1(t) = Re^{-\zeta\omega_n t}\cos(\omega_d t - \varphi)$$

$$\omega_d = \sqrt{1 - \zeta^2}\,\omega_n = 20 \times \sqrt{1 - (0.1625)^2} = 19.73\quad(\mathrm{rad/s})$$

则

$$x_1(t) = Re^{-0.1625 \times 20 t}\cos(19.73t - \varphi)$$

由已知条件,得

$$x \Big|_{t=0} = 0, \qquad R\cos\varphi + 6.0\sin(-29.12°) = 0$$

$$\dot{x} \Big|_{t=0} = 100, \qquad -3.25R\cos\varphi + 19.73R\sin\varphi + 15 \times 6\cos(-29.12°) = 100$$

解联立方程得 $R = 3.31$，$\varphi = 28.18°$ 或 0.492 弧度。所以，总响应为

$$x(t) = x_1(t) + x_2(t)$$

$$= 3.31e^{-3.25t}\cos(19.73t - 0.492) + 6.0\sin(15t - 0.508) \quad (mm)$$

3. 复数表示法

在 1.2.1 节中曾经讲到简谐振动可以用简谐函数、矢量和复数表示。若用复数和矢量表示系统在受迫振动时激励与响应之间的关系，则更为直观、方便。对应于方程(4-18)中的激励力 $F_0 = \sin\omega t$，可看作复数 $F_0 e^{i\omega t}$ 的虚部，F_0 为复数的模。作用在系统上的 4 个力分别为：

惯性力 $m\ddot{x} = -m\omega^2 X_0 e^{i(\omega t - \Phi)}$，幅值 $m\omega^2 X_0$；

阻尼力 $c\dot{x} = ic\omega X_0 e^{i(\omega t - \Phi)}$，幅值 $c\omega X_0$；

弹性力 $kx = kX_0 e^{i(\omega t - \Phi)}$，幅值 kX_0；

激励力 $F_0 e^{i\omega t}$，幅值 F_0。

若用矢量表示复数 $F_0 e^{i\omega t}$，由 d'Alembert 原理和方程(4-18)知，这 4 个力画成的矢量图形成一个封闭的力多边形，如图 4-3 所示。

从矢量图上直接可得受迫振动的响应幅值和相位，即

$$X_0 = \frac{F_0}{\sqrt{(k - m\omega^2)^2 + (c\omega)^2}}$$

$$\Phi = \arctan\frac{c\omega}{k - m\omega^2} \quad (\omega \le \omega_n)$$

或

$$X_0 = \frac{F_0}{k\sqrt{(1 - \bar{\omega}^2)^2 + (2\zeta\bar{\omega})^2}}$$

$$\Phi = \arctan\frac{2\zeta\bar{\omega}}{1 - \bar{\omega}^2} \quad (\bar{\omega} \le 1)$$

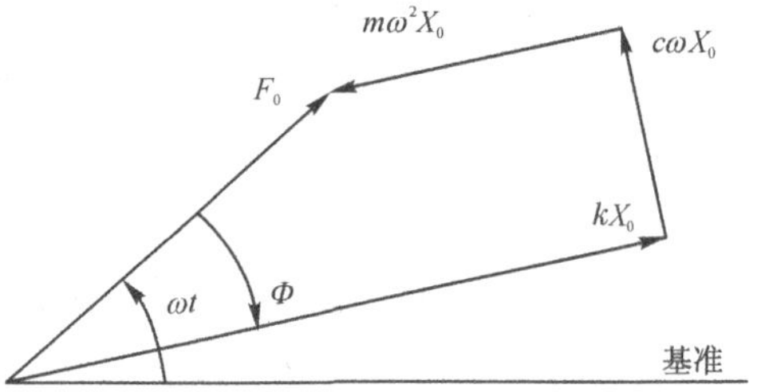

图 4-3　力矢量图

所得结果和式(4-23)及式(4-24)完全相同。

下面分析激励力频率不同时图 4-3 中 4 个力矢量的关系。

(1) 当 $\omega \ll \omega_n$，振动频率很低，这意味着阻尼力与惯性力都很小，弹性力与激励力几乎相等，系统响应主要由系统的等效刚度确定，此区域为刚度控制区，力矢量的关系如图 4-4(a) 所示。

(2) 当 $\omega = \omega_n$，即共振时，振幅近最大值。弹性力、阻尼力、惯性力均很大，此时 $\Phi = \pi/2$，弹性力和惯性力相平衡，激励力则完全用来克服阻尼力，此区域为阻尼控制区，力矢量的关系如图 4-4(b) 所示。

(3) 当 $\omega \gg \omega_n$，振动频率很高，而弹性力和阻尼力与惯性力相比很小，位移和激励力反相，即 $\Phi = \pi$，惯性力和激励力几乎相等，惯性力起主导作用，此区域为惯性控制区，力矢量的关系如图 4-4(c) 所示。

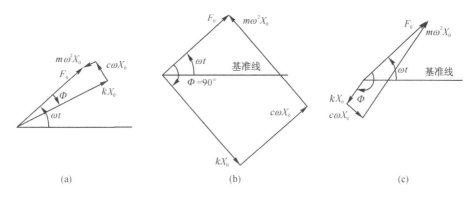

图 4-4　弹性力、阻尼力、惯性力和外力之间的关系

4. 两个特例

前面的分析中,忽略式(4-20)的第一项,理由是由于阻尼使通解项在经过几个循环后便很快衰减。但当 $\zeta \ll 1$ 时,对于无阻尼系统,通解项并不消失,因此就不能只考虑特解(稳态响应)了。

当系统无阻尼时,$\zeta = 0$,式(4-18)变为

$$m\ddot{x} + kx = F_0\sin\omega t \tag{4-30}$$

式(4-30)的解也分为两部分,由式(3-34)和式(4-25)得

$$x(t) = C_1\cos\omega_n t + C_2\sin\omega_n t + \mathscr{M}\frac{F_0}{k}\sin(\omega t - \Phi) \tag{4-31}$$

取初始条件为 $x_0 = \dot{x}_0 = 0$,由于 $\zeta = 0$,则 $\Phi = 0$,代入式(4-31)得

$$C_1 = 0, \qquad C_2 = -\mathscr{M}\frac{F_0}{k}\frac{\omega}{\omega_n}$$

将 C_1 和 C_2 代入式(4-31),得无阻尼系统在简谐激励下的总响应

$$
\begin{aligned}
x(t) &= \mathscr{M}\frac{F_0}{k}\left(\sin\omega t - \frac{\omega}{\omega_n}\sin\omega_n t\right) \\
&= \frac{F_0/k}{\left|1 - (\omega/\omega_n)^2\right|}\left(\sin\omega t - \frac{\omega}{\omega_n}\sin\omega_n t\right)
\end{aligned}
\tag{4-32}
$$

从式(4-32)可看出,响应的通解与 $\sin\omega_n t$ 成正比,响应的特解与 $\sin\omega t$ 成正比。其中每一项都是正弦函数。当 $\omega \ll \omega_n$ 时,在特解经过一个循环的时间内,通解完成多个循环,如图 4-5(a)所示,虚线表示响应的特解,在缓慢变化的曲线上叠加了响应的通解;当 $\omega \gg \omega_n$ 时,响应的特解成为响应的通解曲线上叠加的振荡运动,如图 4-5(b)。下面分析两种特例。

(1) $\omega \approx \omega_n$(拍)。对于无阻尼受迫振动,当频率比接近等于 1,但又不等于 1 时,会产生3.3.4 节所述的拍现象。设

$$\omega_n - \omega = 2\varepsilon$$

式中,ε 是无穷小量,将上式代入式(4-32),整理得

$$x(t) = \frac{-F_0}{2m\omega_n}\left[\frac{\sin\varepsilon t}{\varepsilon}\cos(\omega_n - \varepsilon)t - \frac{\cos\varepsilon t}{\omega_n - \varepsilon}\sin(\omega_n - \varepsilon)t\right] \tag{4-33}$$

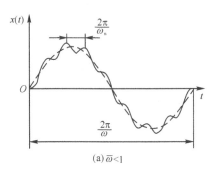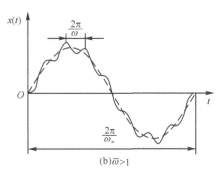

图 4-5　无阻尼受迫振动响应曲线

当 ε 很小时，式(4-33)第二项远小于第一项。略去后面一项，总响应的近似值为

$$x(t) \approx -\frac{F_0}{2m\omega_n}\frac{\sin\varepsilon t}{\varepsilon}\cos\omega_n t \tag{4-34}$$

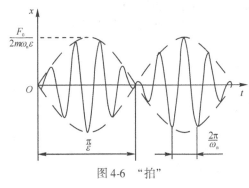

图 4-6　"拍"

式(4-34)可视为周期为 $2\pi/\omega_n$，变振幅为 $[F_0/(2m\omega_n\varepsilon)]\sin\varepsilon t$ 的振动。由于 ε 很小，变化缓慢，这是典型的"拍"现象，如图 4-6 所示，拍的周期为 π/ε。

（2）$\bar{\omega} = 1$（共振）。当 $\omega = \omega_n$ 时，两频率相等，产生共振现象。对 $\bar{\omega} = 1$，式(4-30)原来的特解是无效的，应将解改写为

$$x = X'_0 t\cos\omega_n t \tag{4-35}$$

将式(4-35)代入式(4-30)，得

$$-X'_0(2\omega_n\sin\omega_n t + t\omega_n^2\cos\omega_n t) + X'_0 t\omega_n^2\cos\omega_n t = \frac{F_0}{m}\sin\omega_n$$

或

$$X'_0 = -\frac{F_0}{2m\omega_n} \tag{4-36}$$

它的解为

$$x = R\cos(\omega_n t - \varphi) - \frac{F_0}{2m\omega_n}t\cos\omega_n t \tag{4-37}$$

忽略简谐函数项的响应曲线，如图 4-7 所示。从图中可看出，无阻尼系统激励角频率与系统固有角频率相同时，受迫振动的振幅随时间线性增大。从理论上讲，它最终可达无穷大，但系统的位移不可能在某一瞬间达到无穷大，因此可采用快速通过共振区的方法避免共振引起的灾难性事故。

【例 4-8】　例 4-7 中设系统无阻尼，初始条件为 $x_0 = 0$，$\dot{x}_0 = v_0$，且激励力幅 F_0 使弹簧 k 产生的静变形正好为 v_0 与 ω 之比，求此时系统的总响应。

解　将初始条件代入式(4-31)，得

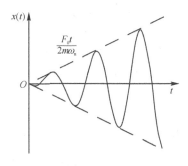

图 4-7　无阻尼共振曲线

$$C_1 = 0, \qquad C_2 = \frac{v_0}{\omega_n} - \mathscr{M}\frac{F_0}{k}\frac{\omega}{\omega_n}$$

式中，$\mathscr{M} = 1/(1 - \overline{\omega}^2)$。总响应为

$$x = \left(\frac{v_0}{\omega_n} - \mathscr{M}\frac{F_0}{k}\frac{\omega}{\omega_n}\right)\sin\omega_n t + \mathscr{M}\frac{F_0}{k}\sin\omega t \qquad (4\text{-}38a)$$

按题意，$F_0/k = v_0/\omega$，则有

$$\frac{v_0}{\omega_n} = \frac{F_0}{k} \cdot \frac{\omega}{\omega_n} \qquad (4\text{-}38b)$$

代入式(4-38a)，得

$$x = \frac{F_0/k}{1 - (\omega/\omega_n)^2}\left(\sin\omega t - \frac{\omega^3}{\omega_n^3}\sin\omega_n t\right) \qquad (4\text{-}38c)$$

可见，由于初始条件不同，式(4-38c)和式(4-32)的第二项是有差别的。把例 4-7 中的已知数据，即

$$\frac{\omega}{\omega_n} = 0.75, \qquad \frac{F_0}{k} = \frac{24}{8000} = 0.003$$

代入式(4-38c)，最后得稳态响应为

$$x(t) = 6.86(\sin15t - 0.422\sin20t) \quad (\text{mm})$$

4.2.2　实际系统的阻尼

在振动分析中，对阻尼的研究具有很重要的意义。自由振动中阻尼使振幅逐步衰减。在受迫振动中，阻尼耗散能量，起到抑制共振振幅的作用。然而，在实际问题中，要建立阻尼详细的力学模型极其困难。尽管系统总是存在着某种阻尼，但并不单纯是黏性阻尼。黏性阻尼之所以被广泛地应用，是因为它既具有工程近似性，又能建立较为简单的数学分析模型。

除黏性阻尼外，另有两种常见的阻尼，即结构阻尼和摩擦阻尼(或库仑阻尼)。结构阻尼作为材料的一种特性，其大小取决于温度和激励频率。摩擦阻尼是由于相互接触的干燥表面之间相对运动引起的。各种阻尼依赖的因素很多，很难对它们直接进行定量分析，因此对非黏性阻尼，常用等效阻尼来代替。所谓"等效阻尼"是指和非黏性阻尼在振动的一个周期中消耗等能量的黏性阻尼。掌握了受迫振动中的能量关系，就能确定各种非黏性阻尼的等效黏性阻尼系数。

1. 简谐激励下能量的平衡

在稳态受迫振动过程中，外界激励持续地向系统输入能量，这部分能量与阻尼耗散的能量平衡。

设外激励力 $F(t) = F_0\sin\omega t$，系统的稳态响应 $x(t) = X_0\sin(\omega t - \Phi)$。在一个振动周期内外力提供的能量就是它所做的功，用 E 表示，则

$$E = \int_0^T F(t)\,\mathrm{d}x = \int_0^T F(t)\frac{\mathrm{d}x(t)}{\mathrm{d}t}\mathrm{d}t \qquad (4\text{-}39)$$

把激励力 $F(t)$ 和位移 $x(t)$ 的表达式代入式(4-39)得

$$E = \omega X_0 F_0 \int_0^{\frac{2\pi}{\omega}} \sin\omega t \cos(\omega t - \Phi) \mathrm{d}t$$

$$= \omega X_0 F_0 \left[\int_0^{\frac{2\pi}{\omega}} \sin\omega t \cos\omega t \cos\Phi \mathrm{d}t + \int_0^{\frac{2\pi}{\omega}} \sin^2\omega t \sin\Phi \mathrm{d}t \right]$$

$$= \pi X_0 F_0 \sin\Phi \tag{4-40}$$

由力矢量图(图 4-3)知

$$F_0 \sin\Phi = c\omega X_0$$

将上式代入式(4-40),得整个周期内耗散能量的表达式,即

$$E = \pi c \omega X_0^2 \tag{4-41a}$$

另外,也可以通过阻尼器上一个周期耗散的能量来计算,即

$$E = \int_0^{\frac{2\pi}{\omega}} c\dot{x} \frac{\mathrm{d}x}{\mathrm{d}t} \mathrm{d}t = \int_0^{\frac{2\pi}{\omega}} c X_0^2 \omega^2 \cos^2(\omega t - \Phi) \mathrm{d}t \tag{4-41b}$$

$$= \pi c \omega X_0^2$$

式(4-41a)和式(4-41b)的结果相同。

2. 等效黏性阻尼

在简谐激励情况下,使非黏性阻尼系统在整个周期内能量的耗散与表达式(4-41a)相等,就可以计算出非黏性阻尼的等效黏性阻尼系数。

下面计算几种典型的等效黏性阻尼系数。

1) 摩擦阻尼

在 3.2.3 节中已分析了摩擦阻尼的特性,一般地,在受迫振动过程中,阻尼力 F_f 的大小不变,即 $|F_f|$ 为常数,方向始终与运动速度的方向相反。设响应为简谐运动 $x = X_0 \sin\omega t$,则具有摩擦阻尼的系统在一个周期内耗散的能量为

$$E = \int_0^T F_f \dot{x} \mathrm{d}t = 4 |F_f| X_0 \int_0^{\frac{\pi}{2}} \cos\omega t \mathrm{d}(\omega t) = 4 X_0 |F_f| \tag{4-42}$$

使式(4-42)和式(4-41a)相等,解得摩擦阻尼的等效黏性阻尼系数为

$$c_e = \frac{4 |F_f|}{\pi \omega X_0} \tag{4-43}$$

将式(4-43)的 c_e 代替式(4-18)中的 c,得到具有摩擦阻尼的系统在简谐激励下的运动方程,即

$$m\ddot{x} + \frac{4 |F_f|}{\pi \omega X_0} \dot{x} + kx = F_0 \sin\omega t \tag{4-44}$$

由此可得类似式(4-23)的解

$$X_0 = \frac{F_0/k}{\sqrt{(1 - \overline{\omega}^2)^2 + \left(\frac{4 |F_f|}{\pi k X_0} \right)^2}}$$

式中左右两边都包含 X_0,对 X_0 求解得

$$X_0 = \frac{F_0}{k} \frac{\sqrt{1 - \left(\frac{4 \mid F_f \mid}{\pi F_0}\right)^2}}{\mid 1 - \overline{\omega}^2 \mid} = \mathscr{M}_1 \frac{F_0}{k} \tag{4-45}$$

式中,$\mathscr{M}_1$ 为放大因子。

从式(4-45)可以看出,要使系统产生位移,摩擦力与激励力之比必须满足

$$\frac{\mid F_f \mid}{F_0} < \frac{\pi}{4} \tag{4-46}$$

否则式(4-45)为虚数,意味着运动不连续或停止。

2) 结构阻尼

对于结构阻尼(大多为金属内)来讲,当外力为简谐激励时,应力与应变的关系为图 4-8 所示的滞后曲线。因此,这种阻尼常常也称为滞后阻尼。

实验表明:一个振动周期内结构阻尼所耗散的能量与振动频率无关,而与振幅的平方成正比,且在一定的频率和温度范围内,具有以下形式,即

$$E = \alpha X_0^2 \tag{4-47}$$

式中,α 为一比例常数;X_0 是位移振幅。

将式(4-47)代入式(4-41a)可求得结构阻尼的等效黏性阻尼系数,即

$$c_e = \frac{\alpha}{\pi\omega} \tag{4-48}$$

把式(4-48)代入式(4-18),结构阻尼受简谐激励的运动方程为

$$m\ddot{x} + \frac{\alpha}{\pi\omega}\dot{x} + kx = F_0\sin\omega t \tag{4-49}$$

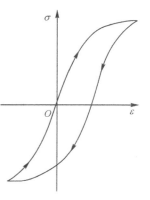

图 4-8 结构材料滞后曲线

在计算具有结构阻尼的系统在简谐激励下的响应时,用复数表示激励力的方法更为简便,将式(4-49)改写为

$$m\ddot{z} + \frac{\alpha}{\pi\omega}\dot{z} + kz = F_0 \mathrm{e}^{\mathrm{i}\omega t} \tag{4-50}$$

式中,$\mathrm{Im}[z] = x$,即复数 z 的虚部为稳态响应。设方程的解为

$$z = Z_0 \mathrm{e}^{\mathrm{i}\omega t} \tag{4-51}$$

将式(4-51)代入式(4-50),并设 $h = \alpha/\pi$,则有

$$(k - m\omega^2)Z_0 + \mathrm{i}hZ_0 = F_0 \tag{4-52}$$

令 $\eta = h/k$,η 为损耗因子。则式(4-52)改写为

$$-m\omega^2 Z_0 + k(1 + \mathrm{i}\eta)Z_0 = F_0 \tag{4-53}$$

另外,定义复刚度为

$$k^* = k(1 + \mathrm{i}\eta) \tag{4-54}$$

由式(4-53)得

$$Z_0 = F_0/(k - m\omega^2 + \mathrm{i}\eta k) \tag{4-55}$$

Z_0 还可以表示成

$$Z_0 = |Z_0| e^{-i\Phi} \tag{4-56}$$

则它的模为

$$|Z_0| = \frac{F_0}{\sqrt{(k - m\omega^2)^2 + (\eta k)^2}} = \frac{F_0/k}{\sqrt{(1 - \bar{\omega}^2)^2 + \eta^2}} \tag{4-57}$$

相位为

$$\Phi = \arctan\frac{\eta k}{k - m\omega^2} = \arctan\frac{\eta}{1 - \bar{\omega}^2}, \quad (或加 \pi) \quad (0 < \Phi < \pi) \tag{4-58}$$

因为 $x = \mathrm{Im}(Z_0 e^{i\omega t})$,故得

$$x(t) = \frac{F_0}{\sqrt{(k - m\omega^2)^2 + \eta^2 k^2}} \sin(\omega t - \Phi)$$

或

$$x(t) = \frac{F_0/k}{\sqrt{(1 - \bar{\omega}^2)^2 + \eta^2}} \sin(\omega t - \Phi)$$

$$= \mathscr{M}(F_0/k) \sin(\omega t - \Phi) \tag{4-59a}$$

式中,$\mathscr{M}$ 为放大因子,即

$$\mathscr{M} = \frac{1}{\sqrt{(1 - \bar{\omega}^2)^2 + \eta^2}} \tag{4-59b}$$

根据式(4-59b)和式(4-58),可画出具有结构阻尼的系统放大因子和相位随 $\bar{\omega}$ 变化的曲线,如图 4-9 所示。

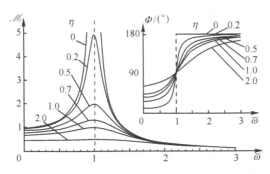

图 4-9　具有结构阻尼的系统放大因子和相位随 $\bar{\omega}$ 变化的曲线

将图 4-9 和图 4-1 相比较,可发现两者的不同点:①不论 η 为何值,放大因子的最大值总是发生在 $\bar{\omega} = 1$ 处;②当 $\bar{\omega} \to 0$ 时,放大因子 $\mathscr{M} \to 1/\sqrt{(1 + \eta^2)}$,相位角 $\Phi \to \arctan\eta$,而对黏性阻尼,$\mathscr{M} \to 1,\Phi \to 0$。

有一点是应该注意的,结构阻尼的模型是在简谐激励下导出的。另外,以上所叙述的结构阻尼、滞后阻尼,及有些书中的黏弹性阻尼,虽然物理背景不尽相同,但其数学表达式是一致的,所以常常将它们统称为结构阻尼。读者在参阅有关书时应注意。

4.2.3　周期激励的响应

前面讨论了系统上仅作用一个简谐激励力所引起的受迫振动。这是一种最简单的周期振

动。在工程实际中常常会遇到非简谐的周期激励力的作用,多见于旋转机械和往复式机械中。

若激励力(或支承运动)是一个周期函数,则它可以按傅里叶级数展开成一系列倍频的简谐力函数之和。对于线性振动系统,可将每个单一频率简谐力函数作用下系统的响应分别求出,然后按叠加原理累加起来,便可得周期激励下系统的稳态响应。

设一周期为 τ 的激励力 $F(t)$ 作用于具有黏性阻尼的弹簧-质量系统上,如图 2-11 所示。$F(t)$ 可按式(1-17)的形式展开,于是振动微分方程为

$$m\ddot{x} + c\dot{x} + kx = F(t) = \frac{a_0}{2} + \sum_{n=1}^{\infty} (a_n \cos n\omega_1 t + b_n \sin n\omega_1 t) \tag{4-60}$$

式中, ω_1 为基频, $\omega_1 = 2\pi/\tau$。$F(t)$ 中第一项 $a_0/2$ 是常力,其他项都是正弦和余弦项,因此,由每一项引起的振动响应可按前面讨论过的简谐激励下稳态响应分析的方法。系统的稳态响应为

$$x(t) = \frac{a_0}{2k} + \sum_{n=1}^{\infty} \left\{ \frac{a_n \cos(n\omega_1 t - \Phi_n) + b_n \sin(n\omega_1 t - \Phi_n)}{k\sqrt{[1 - (n\bar{\omega})^2]^2 + (2\zeta n\bar{\omega})^2}} \right\} \tag{4-61}$$

式中, $\omega_n = \sqrt{k/m}$, $\bar{\omega} = \omega_1/\omega_n$, $\zeta = c/2\sqrt{mk}$, $\Phi_n = \arctan \dfrac{2\zeta n\bar{\omega}}{1 - (n\bar{\omega})^2}$(或加 π)。

由于激励力函数已展开成傅里叶级数,故稳态响应中也包含常数项和无穷级数。其中的常数项可通过坐标平移来消除,无穷级数中余弦和正弦项的幅值有时随 n 的增加而迅速减小,在这种情况下,取级数前两项或前三项就足以描述系统的响应。

如图 4-10 所示为典型的发动机激励力图,按傅里叶级数展开后,通常只需要取前 3 ~ 4 次谐波项表示即可。

对于周期力激励,若其某个简谐项的频率 $n\bar{\omega}$ 接近或等于 1,则式(4-61)中相应的振幅就会增大,在这个频率上就产生共振。特别是当阻尼很小时,这一点更为突出。

在某些旋转机械的激励力中有许多频率成分,它们是旋转角速度 ω 的整数倍。设计者常常应用图 4-11 所示的发动机运行图,也称为"坎贝尔曲线",来检验是否由于激励力的谐波分量等于机器系统某一固有频率而产生共振。图中横坐标为发动机运行角速度,纵坐标为激励

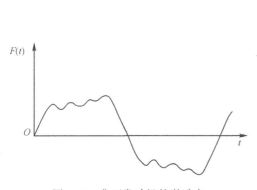

图 4-10　典型发动机的激励力

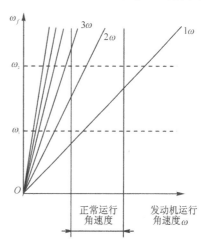

图 4-11　坎贝尔曲线

力的角频率分量 $\omega_f(\omega)$，每条斜线对应于激励力中的倍频谐波分量（$1\omega,2\omega,\cdots$）。预先将系统的固有角频率 ω_1，ω_2，$\cdots$ 计算好，标在纵坐标上，在额定的转速范围内看哪些谐波分量与固有角频率相吻合。由图 4-11 可见，在正常工作转速范围内，一次谐波分量（1ω）有可能与系统固有角频率 ω_1 接近或相等，二次谐波分量（2ω）可能与系统固有角频率 ω_2 接近或相等，若产生这种情况，就要进行调频。一般地，发动机运行的转速范围确定后，激励力频率是确定的，因此必须设法调整系统的固有角频率。

【例 4-9】 某机器受到一周期性激励力 $F(t)$ 的作用，力函数可表示为 $F(t)=F_1\sin2.5t+F_2\sin5t+F_3\sin7.5t$，已知机器与基础组成的等效单自由度系统的固有角频率为 $\omega_n=4.8\text{rad/s}$，阻尼比 $\zeta=0.05$，求机器的稳态响应。

解 由式（4-25）可得系统在简谐激励下稳态响应为

$$x=\frac{F_1/k}{\sqrt{(1-\overline{\omega}_1^2)^2+(2\zeta\overline{\omega}_1)^2}}\sin(\omega_1t-\Phi_1)$$

$$+\frac{F_2/k}{\sqrt{(1-\overline{\omega}_2^2)^2+(2\zeta\overline{\omega}_2)^2}}\sin(\omega_2t-\Phi_2)$$

$$+\frac{F_3/k}{\sqrt{(1-\overline{\omega}_3^2)^2+(2\zeta\overline{\omega}_3)^2}}\sin(\omega_3t-\Phi_3)$$

式中

$$\overline{\omega}_1=\frac{2.5}{4.8}=0.521,\qquad\overline{\omega}_2=\frac{5}{4.8}=1.024,\qquad\overline{\omega}_3=\frac{7.5}{4.8}=1.563$$

显然，上式第二项中的 $\overline{\omega}$ 接近 1，放大因子最大，当 F_2 与 F_1 和 F_3 数量级相同时，第二项的幅值比其他两项大得多，因此，可取第二项作为稳态响应的近似值，即

$$x\approx\frac{F_2/k\sin\left(5t-\arctan\dfrac{0.1042}{1-1.1042^2}\right)}{\sqrt{(1-1.042^2)^2+(0.1042)^2}}=7.41\frac{F_2}{k}\sin(5t-129.2°)$$

4.2.4 瞬态激励的响应

前面讨论了在简谐激励、周期激励力作用下系统的稳态响应。由于阻尼的作用，瞬态响应会随时间很快消失，故可忽略。在某些情况下，尽管系统所受激励（如冲击力或机器运行发生突变）的瞬态过程时间极短，但振动幅值却很大，会使机器内部某些零部件产生短时过应力现象，有较大的破坏力。因此对这类瞬态振动的研究十分必要。

瞬态激励一般是非周期性的时间函数，这种随时间任意变化的激励力无法用谐波分析法来展开，常常将这些激励力看成一系列脉冲的作用，分别求出系统对每个脉冲激励的响应，然后把它们叠加起来，得到任意激励的响应。在任意激励情况下，系统产生受迫振动，在外力作用停止后，系统作自由振动。

1. 脉冲响应

在一阻尼弹簧质量系统上作用一任意激励力 $F(t)$，其随时间变化的曲线如图 4-12 所示。该系统的运动微分方程为

$$m\ddot{x} + c\dot{x} + kx = F(t) \qquad (4\text{-}62)$$

把任意激励 $F(t)$ 看成由无数个脉冲组成,脉冲宽度均为 $\mathrm{d}\tau$。当脉冲宽度 $\mathrm{d}\tau$ 很小时,各脉冲的高度为激励力 $F(t)$ 在脉冲开始时刻 $\tau(0 \le \tau \le t)$ 的大小 $F(\tau)$。用冲量 I 来表示脉冲的大小。对于一个静止的系统,初始速度与初始位移都为零,当 $t=0$ 时,若极短的时间间隔 $\mathrm{d}\tau$ 内,质量 m 上受到冲量 $I = F(0)\mathrm{d}\tau$,则质量 m 必将产生一个

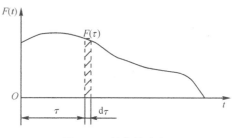

图 4-12　任意激励力

初速度 $\dot{x}_0$,但由于 $\mathrm{d}\tau$ 时间极小,系统还来不及产生位移,即 $x_0 = 0$。因此系统等效为在下列初始条件下作自由振动,即

$$\begin{cases} \dot{x}_0 = \dfrac{I}{m} = \dfrac{F(0)\mathrm{d}\tau}{m} \\ x_0 = 0 \end{cases} \qquad (4\text{-}63)$$

当小阻尼 $0 < \zeta < 1$ 时,初始位移等于零,导致式(3-54)中的 $\varphi = \pi/2$。此时,振幅与初始速度的关系为 $R = \dot{x}/\omega_\mathrm{d}$,参照式(3-54)得到

$$\mathrm{d}x = \frac{\dot{x}_0}{\omega_\mathrm{d}} \mathrm{e}^{-\zeta\omega_\mathrm{n}t} \sin\omega_\mathrm{d}t \qquad (4\text{-}64)$$

将式(4-63)中的 $\dot{x}_0$ 代入式(4-64),得系统在零初始条件,受冲量 $I = F(0)\mathrm{d}\tau$ 激励下的响应为

$$\mathrm{d}x = \frac{\dot{x}_0}{\omega_\mathrm{d}} \mathrm{e}^{-\zeta\omega_\mathrm{n}t} \sin\omega_\mathrm{d}t = \frac{F(0)\mathrm{d}\tau}{m\omega_\mathrm{d}} \mathrm{e}^{-\zeta\omega_\mathrm{n}t} \sin\omega_\mathrm{d}t = Ih(t) \qquad (4\text{-}65)$$

式中

$$h(t) = \frac{1}{m\omega_\mathrm{d}} \mathrm{e}^{-\zeta\omega_\mathrm{n}t} \sin\omega_\mathrm{d}t \qquad (4\text{-}66)$$

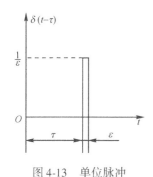

图 4-13　单位脉冲

若 $I = 1$,称为单位脉冲,在时间 $\tau = 0$ 时刻的单位脉冲记作 $\delta(t)$,在任意时刻 τ 的单位脉冲或 δ 函数(图4-13)的数学定义为

$$\delta(t - \tau) = \begin{cases} 0, & (t \ne \tau) \\ \infty, & (t = \tau) \end{cases}$$

其性质为

$$\int_{-\infty}^{\infty} \delta(t - \tau)\mathrm{d}t = 1 \qquad (4\text{-}67)$$

由式(4-65),系统对发生在 $\tau = 0$ 时刻单位脉冲 $\delta(t)$ 的响应为

$$\mathrm{d}x = h(t) \qquad (4\text{-}68)$$

式中,$h(t)$ 被称为单位脉冲响应。

如果单位脉冲作用在 $\tau \ne 0$ 的任意时刻,只要把式(4-66)中的 t 用 $(t-\tau)$ 替换,即

$$\mathrm{d}x = h(t - \tau) = \frac{1}{m\omega_\mathrm{d}} \mathrm{e}^{-\zeta\omega_\mathrm{n}(t-\tau)} \sin\omega_\mathrm{d}(t - \tau) \qquad (4\text{-}69)$$

2. 任意激励的响应(杜哈美积分)

有了单位脉冲响应后,就可以获得系统对任意激励力 $F(t)$ 响应的计算公式。为此,把任

意激励力 $F(t)$ 看成是一系列脉冲连续的作用,若时间 $t = \tau$ 时,系统受到冲量为 $I = F(\tau)\mathrm{d}\tau$ 的脉冲作用,在时间 $t > \tau$ 时的响应为

$$\mathrm{d}x = F(\tau)\mathrm{d}\tau h(t - \tau) \tag{4-70}$$

对于线性系统,叠加原理有效。当激励力 $F(t)$ 由 $\tau = 0$ 到 $\tau = t$ 连续作用下,系统的响应是时刻 t 以前所有脉冲作用的综合结果,因此可对式(4-70)积分得到

$$x(t) = \int_0^t F(\tau)h(t - \tau)\mathrm{d}\tau = \frac{1}{m\omega_\mathrm{d}}\int_0^t F(\tau)\mathrm{e}^{-\zeta\omega_\mathrm{n}(t-\tau)}\sin\omega_\mathrm{d}(t - \tau)\mathrm{d}\tau \tag{4-71}$$

式(4-71)称为杜哈美积分或卷积积分。应该注意,在公式(4-71)中,积分限 t 是考察位移响应的时间,是常量;而 τ 则是每个微小脉冲作用的时间,是变量。

若在激励力开始作用时,质量 m 已有初位移 x_0 和初始速度 $\dot{x}_0$,则式(4-71)应改为

$$x(t) = \left(x_0\cos\omega_\mathrm{d}t + \frac{\dot{x}_0 + \zeta\omega_\mathrm{n}x_0}{\omega_\mathrm{d}}\sin\omega_\mathrm{d}t\right)\mathrm{e}^{-\zeta\omega_\mathrm{n}t} + \frac{1}{m\omega_\mathrm{d}}\int_0^t F(\tau)\mathrm{e}^{-\zeta\omega_\mathrm{n}(t-\tau)}\sin\omega_\mathrm{d}(t - \tau)\mathrm{d}\tau$$

$$\tag{4-72}$$

式(4-72)是系统对瞬态激励的总响应。

若系统阻尼可以忽略不计,即 $\zeta = 0$, $\omega_\mathrm{d} = \omega_\mathrm{n}$, 则式(4-71)变为

$$x = \frac{1}{m\omega_\mathrm{n}}\int_0^t F(\tau)\sin\omega_\mathrm{n}(t - \tau)\mathrm{d}\tau \tag{4-73}$$

【例 4-10】 如图 2-11 所示的阻尼弹簧质量系统受到突加常力 F_0 的作用,求 $t \geqslant 0$ 时系统的响应。

解 将 $F(\tau) = F_0$ 代入式(4-71),得

$$x(t) = \frac{1}{m\omega_\mathrm{d}}\int_0^t F_0\mathrm{e}^{-\zeta\omega_\mathrm{n}(t-\tau)}\sin\omega_\mathrm{d}(t - \tau)\mathrm{d}\tau$$

令 $\tau' = t - \tau$,则 $\mathrm{d}\tau = -\mathrm{d}\tau'$,采用两次分部积分,得

$$x(t) = \frac{-F_0}{m\omega_\mathrm{d}}\int_t^0 \mathrm{e}^{-\zeta\omega_\mathrm{n}\tau'}\sin\omega_\mathrm{d}\tau'\mathrm{d}\tau'$$

$$= \frac{F_0}{m\omega_\mathrm{d}\omega_\mathrm{n}^2}[\omega_\mathrm{d} - \omega_\mathrm{d}\mathrm{e}^{-\zeta\omega_\mathrm{n}t}\cos\omega_\mathrm{d}t - \xi\omega_\mathrm{n}\mathrm{e}^{-\zeta\omega_\mathrm{n}t}\sin\omega_\mathrm{d}t]$$

$$= \frac{F_0}{k}\left[1 - \mathrm{e}^{-\zeta\omega_\mathrm{n}t}\left(\cos\omega_\mathrm{d}t + \frac{\zeta\omega_\mathrm{n}}{\omega_\mathrm{d}}\sin\omega_\mathrm{d}t\right)\right]$$

或

$$x(t) = \frac{F_0}{k}\left[1 - \frac{\mathrm{e}^{-\zeta\omega_\mathrm{n}t}}{\sqrt{1 - \zeta^2}}\cos(\omega_\mathrm{d}t - \varPhi)\right] \tag{1}$$

式中

$$\varPhi = \arctan\frac{\zeta}{\sqrt{1 - \zeta^2}}$$

如阻尼忽略不计,则 $\zeta = 0$, $\varPhi = 0$,式(1)退化为

$$x(t) = \frac{F_0}{k}(1 - \cos\omega_\mathrm{n}t) \tag{2}$$

将式(1)和式(2)画成如图 4-14(b)所示曲线,由图中可知,突加载荷 F_0 使弹簧静变形增加了 F_0/k,同时使系统产生振幅按

$$\frac{F_0}{k}\frac{e^{-\zeta\omega_n t}}{\sqrt{1-\zeta^2}}$$

规律衰减的振动。这种加力形式,常称为阶跃函数。与图 3-6 比较,阶跃函数只是将平衡位置移动 F_0/k 而已。

【例 4-11】 无阻尼弹簧质量系统受到如图 4-15 所示的矩形脉冲作用,且矩形脉冲可用 $F(t)=F_0,0\le t\le t_1$ 表示,求系统响应。

解　本例分两个阶段考虑:

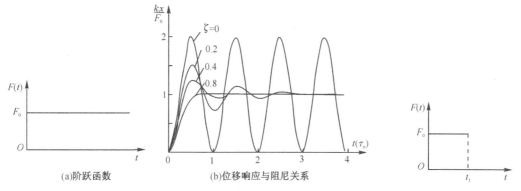

(a)阶跃函数　　　　　　　　(b)位移响应与阻尼关系

图 4-14　零初始条件时单自由度系统在阶跃激励下的响应　　　图 4-15　矩形脉冲

(1)当 $0\le t\le t_1$ 阶段,相当于系统在 $t=0$ 时受到常力 F_0 的作用,系统响应和上例相同,即

$$x(t)=\frac{F_0}{k}(1-\cos\omega_n t) \tag{3}$$

(2)在 $t\ge t_1$ 阶段,根据杜哈美积分有

$$\begin{aligned}
x(t)&=\frac{F_0}{m\omega_n}\int_0^{t_1}\sin\omega_n(t-\tau)\,\mathrm{d}\tau\\
&=-\frac{F_0}{k}\int_0^{t_1}\sin\omega_n(t-\tau)\,\mathrm{d}\big[\omega_n(t-\tau)\big]\\
&=\frac{F_0}{k}\big[\cos\omega_n(t-t_1)-\cos\omega_n t\big]\\
&=\frac{F_0}{k}\big[(\cos\omega_n t_1-1)\cos\omega_n t+\sin\omega_n t_1\sin\omega_n t\big]\\
&=R\cos(\omega_n t-\varphi)
\end{aligned} \tag{4}$$

式中

$$\begin{aligned}
R&=\frac{F_0}{k}\sqrt{(\cos\omega_n t_1-1)^2+(\sin\omega_n t_1)^2}\\
&=\frac{F_0}{k}\sqrt{2(1-\cos\omega_n t_1)}\\
&=\frac{2F_0}{k}\sin\frac{\omega_n t_1}{2}=\frac{2F_0}{k}\sin\frac{\pi t_1}{\tau_n}
\end{aligned}$$

$$\Phi = \arctan\left(\frac{\sin\omega_n t_1}{\cos\omega_n t_1 - 1}\right) + \pi$$

式中,τ_n 为系统自由振动周期。把式(3)和式(4)画成如图 4-16 的曲线,当常力 F_0 去除后,振幅随 $\sin(\pi t_1/\tau_n)$ 的值而改变。在 $t_1 = 0.25\tau_n$ 时,$R = \sqrt{2}F_0/k$,系统响应如图 4-16(a)。在 $t_1 = \tau_n/2$ 时,$R = 2F_0/k$,系统响应如图 4-16(b)。当 $t_1 = \tau_n$ 时,$R = 0$,即常力 F_0 去除后,系统静止不动。其响应如图 4-16(c)所示。

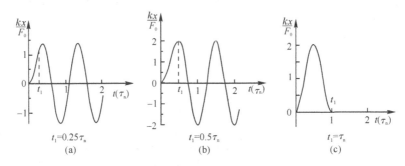

图 4-16　系统对矩形脉冲的响应

4.2.5　拉普拉斯变换法

拉普拉斯变换法是一种常用的数学工具,已广泛地应用于线性系统的研究中。除为求解线性微分方程,特别是常系数微分方程提供一种有效的方法外,它还可以将激励与响应的关系表达为简单的代数式。它既适用于瞬态振动,也适合于稳态振动。为求解任意激励作用下线性系统的响应,将方程(4-62)两边乘以 e^{-st},并从 0 到 ∞ 积分,得

$$m\int_0^\infty \ddot{x}(t)\mathrm{e}^{-st}\mathrm{d}t + c\int_0^\infty \dot{x}(t)\mathrm{e}^{-st}\mathrm{d}t + k\int_0^\infty x(t)\mathrm{e}^{-st}\mathrm{d}t = \int_0^\infty F(t)\mathrm{e}^{-st}\mathrm{d}t \qquad (4\text{-}74)$$

根据 4.1.3 节,式(4-74)可改写为

$$m\mathscr{L}\{\ddot{x}(t)\} + c\mathscr{L}\{\dot{x}(t)\} + k\mathscr{L}\{x(t)\} = \mathscr{L}\{F(t)\} \qquad (4\text{-}75)$$

先计算 $\mathscr{L}\{\dot{x}(t)\}$,即

$$\mathscr{L}\{\dot{x}(t)\} = \int_0^\infty \dot{x}(t)\mathrm{e}^{-st}\mathrm{d}t$$

把 $\dot{x}(t) = \mathrm{d}x/\mathrm{d}t$ 代入上式,并运用分部积分公式,得

$$\int_0^\infty \frac{\mathrm{d}x}{\mathrm{d}t}\mathrm{e}^{-st}\mathrm{d}t = x(t)\mathrm{e}^{-st}\Big|_0^\infty + \int_0^\infty sx(t)\mathrm{e}^{-st}\mathrm{d}t$$

$$= -x(0) + s\int_0^\infty x(t)\mathrm{e}^{-st}\mathrm{d}t$$

$$= s\bar{x}(s) - x(0) \qquad (4\text{-}76)$$

式中,$x(0)$ 为函数 $x(t)$ 在 $t = 0$ 时的值,也就是质量 m 的初位移。类似地,可得

$$\mathscr{L}\{\ddot{x}(t)\} = s^2\bar{x}(s) - sx(0) - \dot{x}(0) \qquad (4\text{-}77)$$

式中,$\dot{x}(0)$ 为质量 m 的初速度。

再对激励函数 $F(t)$ 进行变换,则

$$\bar{F}(s) = \mathscr{L}\{F(t)\} = \int_0^\infty \mathrm{e}^{-st}F(t)\mathrm{d}t \qquad (4\text{-}78)$$

把式(4-76)~式(4-78)代入式(4-75),得

$$m[s^2\bar{x}(s) - sx(0) - \dot{x}(0)] + c[s\bar{x}(s) - x(0)] + k\bar{x}(s) = \overline{F}(s)$$

或

$$\bar{x}(s) = \frac{\overline{F}(s) + (ms + c)x(0) + m\dot{x}(0)}{ms^2 + cs + k} \tag{4-79}$$

式(4-79)中右边可看作是一个广义激励的拉普拉斯变换。注意到它已经显含初始条件,因此,求出的解是完全解。如果主要研究激励力函数的作用,则 $x(0) = \dot{x}(0) = 0$,于是式(4-79)可写为

$$\bar{x}(s) = \frac{\overline{F}(s)}{ms^2 + cs + k} \tag{4-80}$$

或写成

$$\overline{Z}(s) = \frac{\overline{F}(s)}{\bar{x}(s)} = ms^2 + cs + k \tag{4-81}$$

式中,$\overline{Z}(s)$ 为机械阻抗,它反映系统的特征。机械阻抗 $\overline{Z}(s)$ 的倒数称为系统的机械导纳或传递函数,用 $\overline{H}(s)$ 表示,则

$$\overline{H}(s) = \frac{1}{\overline{Z}(s)} = \frac{\bar{x}(s)}{\overline{F}(s)} = \frac{1}{ms^2 + cs + k} \tag{4-82}$$

若令 $s = i\omega$,则 $\overline{H}(s)$ 变为 $\overline{H}(i\omega)$,拉普拉斯变换就转换为傅里叶变换,$\overline{H}(i\omega)$ 也称为"频响函数"。振动系统与激励和响应的关系已由图1-1 给出。

把式(4-82)改写为

$$\bar{x}(s) = \overline{H}(s)\overline{F}(s) \tag{4-83}$$

这里传递函数 $\overline{H}(s)$ 当作一个乘子,它与激励的拉普拉斯变换相乘就得到响应的拉普拉斯变换 $\bar{x}(s)$,然后从响应的拉普拉斯变换 $\bar{x}(s)$ 经拉普拉斯逆变换获得系统的瞬态响应

$$x(t) = \mathscr{L}^{-1}\{\bar{x}(s)\} = \mathscr{L}^{-1}\{\overline{H}(s)\overline{F}(s)\} \tag{4-84}$$

【例4-12】 试用拉普拉斯变换求单自由度弹簧-质量系统的单位脉冲响应。

解 系统运动方程为 $m\ddot{x} + kx = F(t)$,在 $x(0) = \dot{x}(0) = 0$ 的初始条件下对其两边做拉普拉斯变换得

$$(ms^2 + k)\bar{x}(s) = \overline{F}(s)$$

则传递函数为

$$\overline{H}(s) = \frac{\bar{x}(s)}{F(s)} = \frac{1}{m}\frac{1}{(s^2 + \omega_n^2)}$$

对上式求拉普拉斯逆变换可得单位脉冲响应,即

$$h(t) = \mathscr{L}^{-1}\overline{H}(s) = \mathscr{L}^{-1}\left[\frac{1}{m}\frac{1}{(s^2 + \omega_n^2)}\right] = \frac{1}{m\omega_n}\sin\omega_n t$$

结果与式(4-66)在 $\zeta = 0$ 的条件下相同。

【例 4-13】　用拉普拉斯变换求例 4-10 系统的响应(忽略阻尼,$F_0 = 1$)。

解　由表 4-1 查得单位阶跃函数的拉普拉斯变换为

$$\mathscr{L}\{F(t)\} = \mathscr{L}[u(t)] = \frac{1}{s}$$

由于本例的系统参数与上例相同,可把例 4-12 的 $\overline{H}(s)$ 代入式(4-83),得

$$\bar{x}(s) = \overline{H}(s) \cdot \overline{F}(s) = \frac{1}{m} \cdot \frac{1}{s^2 + \omega_n^2} \cdot \frac{1}{s} = \frac{1}{m\omega_n^2}\left(\frac{1}{s} - \frac{s}{s^2 + \omega_n^2}\right)$$

它的逆变换为

$$x(t) = \mathscr{L}^{-1}\{\bar{x}(s)\} = \frac{1}{m\omega_n^2}(1 - \cos\omega_n t)$$

计算结果与例 4-10 中 $F_0 = 1$ 时相同。

若系统有初始位移和初始速度,$x(0) = x_0$,$\dot{x}(0) = v_0$,则系统总响应的拉普拉斯变化为

$$\bar{x}(s) = \frac{\overline{F}(s) + (ms + c)x_0 + mv_0}{ms^2 + cs + k}$$

或

$$\bar{x}(s) = \frac{\overline{F}(s)}{m(s^2 + 2\zeta\omega_n s + \omega_n^2)} + \frac{(s + 2\zeta\omega_n)x_0}{s^2 + 2\zeta\omega_n s + \omega_n^2} + \frac{v_0}{s^2 + 2\zeta\omega_n s + \omega_n^2} \tag{4-85}$$

对式(4-85)右边三项分别作拉普拉斯逆变换,得系统总响应为

$$x(t) = \frac{1}{m\omega_d}\int_0^t F(\tau)e^{-\zeta\omega_n(t-\tau)}\sin\omega_d(t - \tau)\,d\tau + x_0 e^{-\zeta\omega_n t}\cos\omega_d t + \frac{v_0 + \zeta\omega_n x_0}{\omega_d}e^{-\zeta\omega_n t}\sin\omega_d t \tag{4-86}$$

4.3　二自由度系统

二自由度系统受到持续激励力作用时,所产生的受迫振动,在一定条件下,系统也会发生共振现象。

图 4-17 所示带黏性阻尼的系统,受简谐激励力 $\{F\}\,e^{i\omega t}$ 的作用,振动微分方程的一般形式为

$$\begin{bmatrix} m_{11} & m_{12} \\ m_{21} & m_{22} \end{bmatrix}\begin{Bmatrix} \ddot{x}_1 \\ \ddot{x}_2 \end{Bmatrix} + \begin{bmatrix} c_{11} & c_{12} \\ c_{21} & c_{22} \end{bmatrix}\begin{Bmatrix} \dot{x}_1 \\ \dot{x}_2 \end{Bmatrix} + \begin{bmatrix} k_{11} & k_{12} \\ k_{21} & k_{22} \end{bmatrix}\begin{Bmatrix} x_1 \\ x_2 \end{Bmatrix} = \begin{Bmatrix} F_1 \\ F_2 \end{Bmatrix}e^{i\omega t} \tag{4-87}$$

设方程(4-87)的一组特解为

$$\begin{Bmatrix} x_1 \\ x_2 \end{Bmatrix} = \begin{Bmatrix} X_1 \\ X_2 \end{Bmatrix}e^{i\omega t}$$

将上式代入式(4-87),消去不等于零的项 $e^{i\omega t}$ 后得

$$\begin{bmatrix} k_{11} - \omega^2 m_{11} + ic_{11}\omega & k_{12} - \omega^2 m_{12} + ic_{12}\omega \\ k_{21} - \omega^2 m_{21} + ic_{21}\omega & k_{22} - \omega^2 m_{22} + ic_{22}\omega \end{bmatrix}\begin{Bmatrix} X_1 \\ X_2 \end{Bmatrix} = \begin{Bmatrix} F_1 \\ F_2 \end{Bmatrix} \tag{4-88}$$

解式(4-88)表示的线性代数方程组,可得方程特解的系数,则系统的稳态响应为

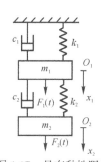

$$\begin{Bmatrix} x_1 \\ x_2 \end{Bmatrix} = \begin{Bmatrix} X_1 \\ X_2 \end{Bmatrix} e^{i\omega t} = \begin{Bmatrix} \dfrac{Z_{22}F_1 - Z_{12}F_2}{Z_{11}Z_{22} - Z_{12}^2} \\[3mm] \dfrac{-Z_{21}F_1 + Z_{11}F_2}{Z_{11}Z_{22} - Z_{12}^2} \end{Bmatrix} e^{i\omega t} \qquad (4\text{-}89)$$

式中

$$Z_{ij} = k_{ij} - \omega^2 m_{ij} + i\omega c_{ij}, \qquad (i,j = 1,2) \qquad (4\text{-}90)$$

式中,$[Z_{ij}]$ 称为阻抗矩阵,它代表系统的固有特征。

图 4-17　具有黏性阻尼的二自由度系统

4.3.1　无阻尼系统对简谐激励的响应

设图 4-17 中没有阻尼器,且质量 m_2 上没有作用力,则 $C = 0$,且 $F_2 = 0$。从式(4-90)得

$$Z_{11} = k_{11} - m_1\omega^2, \qquad Z_{22} = k_{22} - m_2\omega^2, \qquad Z_{12} = Z_{21} = k_{12} \qquad (4\text{-}91)$$

把式(4-91)代入式(4-89),得

$$\begin{cases} X_1 = \dfrac{(k_{22} - m_2\omega^2)F_1}{(k_{11} - m_1\omega^2)(k_{22} - m_2\omega^2) - k_{12}^2} \\[4mm] X_2 = \dfrac{-k_{12}F_1}{(k_{11} - m_1\omega^2)(k_{22} - m_2\omega^2) - k_{12}^2} \end{cases} \qquad (4\text{-}92)$$

从式(4-92)可以看出,适当地选择系统参数,可以使系统中质量 m_1 的位移幅值 X_1 为零。将系统参数代入式(4-92),可以画出系统稳态响应幅值 $X_1(\omega)$ 和 $X_2(\omega)$ 随激励力频率 ω 变化的曲线,从而可分析简谐激励下系统稳态响应的特性。

【例 4-14】　若图 4-18(a)所示的两质量弹簧系统中,质量 $m_1 = m_2 = m = 1\text{kg}$,弹簧刚度 $k_1 = 0$,$k_2 = 2k$,$k_3 = 3k$,$k = 100\text{N/m}$。设质量 m_1 上受到 $F_1 e^{i\omega t}$ 的激励,求系统稳态响应的振幅,并画出响应随频率变化的曲线。

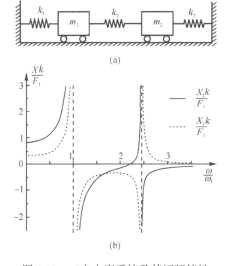

图 4-18　二自由度系统及其幅频特性

解 设系统的广义坐标 x_1 和 x_2 分别为质量 m_1 和 m_2 的位移,坐标原点在系统静平衡时质量 m_1 和 m_2 的位置。由视察法得系统的振动微分方程,即

$$\begin{bmatrix} m & 0 \\ 0 & m \end{bmatrix} \begin{Bmatrix} x_1 \\ x_2 \end{Bmatrix} + \begin{bmatrix} 2k & -2k \\ -2k & 5k \end{bmatrix} \begin{Bmatrix} x_1 \\ x_2 \end{Bmatrix} = \begin{Bmatrix} F_1 \\ 0 \end{Bmatrix} e^{i\omega t}$$

从系统的振动微分方程可以得到其阻抗矩阵 $[Z_{ij}]$,其中 $Z_{11} = 2k - \omega^2 m$,$Z_{22} = 5k - \omega^2 m$,$Z_{12} = Z_{21} = -2k$,代入式(4-92)得

$$X_1 = \frac{(5k - m\omega^2) F_1}{(2k - m\omega^2)(5k - m\omega^2) - (2k)^2} = \frac{(5k - m\omega^2) F_1}{m^2\omega^4 - 7mk\omega^2 + 6k^2}$$

$$X_2 = \frac{2k F_1}{(2k - m\omega^2)(5k - m\omega^2) - (2k)^2} = \frac{2k F_1}{m^2\omega^4 - 7mk\omega^2 + 6k^2}$$

X_1 和 X_2 的分母为特征行列式,则有

$$\Delta(\omega^2) = m^2\omega^4 - 7mk\omega^2 + 6k^2 = m^2(\omega^2 - \omega_1^2)(\omega^2 - \omega_2^2)$$

式中, $\omega_1^2 = k/m$;$\omega_2^2 = 6k/m$。因而,X_1 和 X_2 可写成

$$X_1 = \frac{F_1}{6k} \frac{5 - (\omega/\omega_1)^2}{[1 - (\omega/\omega_1)^2][1 - (\omega/\omega_2)^2]}$$

$$X_2 = \frac{F_1}{3k} \frac{1}{[1 - (\omega/\omega_1)^2][1 - (\omega/\omega_2)^2]}$$

式中,X_1 和 X_2 为稳态振幅。若以 ω/ω_1 为横坐标,无因次量 Xk/F_1 为纵坐标,则可画出如图 4-18(b)的幅频响应曲线。

4.3.2 无阻尼系统振动特性

1. 频率

由式(4-89)可知,二自由度系统受迫振动稳态响应频率与激励力频率 ω 相同。

2. 振幅

从式(4-92)可以看出,二自由度系统受迫振动稳态响应振幅取决于激励力幅值、频率以及系统本身的物理参数,F_1 越大,振幅 X_1、X_2 也越大,呈线性关系。为了分析响应幅值随无量纲激励力频率 ω/ω_1 变化的规律,从例 4-14 的图 4-18(b)中可以看出,当激励力频率 $\omega = 0$ 时,$X_1 = 5F_1/6k$,$X_2 = F_1/3k$,此时相当于系统受静力作用。当 $\omega = \omega_1$ 或 $\omega = \omega_2$ 时,系统出现共振现象,振幅 X_1、X_2 急剧增加,由于系统无阻尼,振幅趋于无穷。也就是说,在二自由度系统中,若激励力频率和系统任一固有频率接近时,系统都将产生共振。从图 4-18(b)可以明显看出系统有两个共振区。

3. 相位

从图 4-18(b)中看出,在 $0 \leqslant \omega \leqslant \omega_1$ 之间,X_1 和 X_2 均为正值,两质量 m_1 和 m_2 位移的方向相同。当 $\omega = \omega_1$ 时,出现第一次共振,两质量位移的相位都发生突变,两质量的位移同时改变方向,因而当激励力频率刚刚超过 ω_1 时,质量 m_1 和 m_2 位移的方向仍然相同。随着激励力频

率的增加,当 ω 接近 ω_2 时质量 m_1 和 m_2 的位移方向相反。当 $\omega = \omega_2$ 时,出现第二次共振,两质量位移的相位又一次突变,位移又都改变方向。X_1 由正变负,而 X_2 由负变正。根据这一特征,可以通过振动测试确定系统的固有频率。

4. 反共振特性

从图 4-18(b)中可以看出,当激励力频率在两个共振频率 ω_1 和 ω_2 之间,并有 $\omega = \sqrt{5}\,\omega_1$ 时,$X_1 k / F_1 = 0$,这个点称为反共振点,对应的频率称为反共振频率。反共振频率只存在于两共振频率之间,单自由度系统受迫振动没有反共振频率。

4.4 多自由度系统

多自由度系统和二自由度系统在求解简谐激励下的稳态响应上没有多大区别,只是由于矩阵阶数增加,求解变得更加复杂。一般地,对无阻尼系统应用直接法,对阻尼系统应用模态法。

4.4.1 无阻尼系统对简谐激励的响应(直接法)

直接法考虑如图 3-17 所示的三自由度系统,其中每个质量 m_i 上作用着外激励力 $F_i(t)$ $(i = 1, 2, 3)$,则振动微分方程可表示为

$$\begin{bmatrix} m_1 & 0 & 0 \\ 0 & m_2 & 0 \\ 0 & 0 & m_3 \end{bmatrix} \begin{Bmatrix} \ddot{x}_1 \\ \ddot{x}_2 \\ \ddot{x}_3 \end{Bmatrix} + \begin{bmatrix} k_1 + k_2 & -k_2 & 0 \\ -k_2 & k_2 + k_3 & -k_3 \\ 0 & -k_3 & k_3 + k_4 \end{bmatrix} \begin{Bmatrix} x_1 \\ x_2 \\ x_3 \end{Bmatrix} = \begin{Bmatrix} F_1(t) \\ F_2(t) \\ F_3(t) \end{Bmatrix} \tag{4-93}$$

由于式(4-93)是线性的,故叠加原理有效。因此,如果三个激励力的频率不同,求解此方程时,可先令 $F_2(t) = F_3(t) = 0$,求出系统对 $F_1(t)$ 的响应。然后再将此过程重复两次,分别求出系统对 $F_2(t)$ 和 $F_3(t)$ 的响应,再把获得的单一频率激励下的响应相叠加。下面举例说明此方法。

【例 4-15】 在图 3-17 所示系统中,已知有 $k_1 = k_2 = k_3 = k$,$k_4 = 2k$,$m_1 = m_2 = m_3 = m$,$F_1(t) = F_1 \sin\omega t$,$F_2(t) = F_2 e^{-it}$,$F_3 = 0$。求系统受迫振动的稳态响应。

解 将上述已知数据代入式(4-93),得系统的振动微分方程,即

$$\begin{bmatrix} m & 0 & 0 \\ 0 & m & 0 \\ 0 & 0 & m \end{bmatrix} \begin{Bmatrix} \ddot{x}_1 \\ \ddot{x}_2 \\ \ddot{x}_3 \end{Bmatrix} + \begin{bmatrix} 2k & -k & 0 \\ -k & 2k & -k \\ 0 & -k & 3k \end{bmatrix} \begin{Bmatrix} x_1 \\ x_2 \\ x_3 \end{Bmatrix} = \begin{Bmatrix} F_1 \sin\omega t \\ F_2 e^{-it} \\ 0 \end{Bmatrix}$$

先令 $F_2(t) = 0$,并设系统在激励力 $F_1(t)$ 作用下的稳态响应为

$$x_{j1}(t) = X_{j1} \sin\omega t, \qquad (j = 1, 2, 3)$$

将上式代入方程,得

$$\begin{bmatrix} 2k - m\omega^2 & -k & 0 \\ -k & 2k - m\omega^2 & -k \\ 0 & -k & 3k - m\omega^2 \end{bmatrix} \begin{bmatrix} X_{11} \\ X_{21} \\ X_{31} \end{bmatrix} = \begin{bmatrix} F_1 \\ 0 \\ 0 \end{bmatrix}$$

解上式,得

$$X_{11} = \frac{[(2k - m\omega^2)(3k - m\omega^2) - k^2]F_1}{|Z_1|}$$

$$X_{21} = \frac{k(3k - m\omega^2)F_1}{|Z_1|}$$

$$X_{31} = \frac{k^2 F_1}{|Z_1|}$$

式中, $|Z_1|$ 是系数矩阵行列式

$$|Z_1| = (2k - m\omega^2)^2(3k - m\omega^2) - 5k^3 + 2k^2 m\omega^2$$

同样地,再令 $F_1(t) = 0$,并设 $F_2(t) = F_2 e^{-it}$ 的响应为

$$x_{j2}(t) = X_{j2} e^{-it}, \qquad (j = 1,2,3)$$

代入原方程,得

$$\begin{bmatrix} 2k - m & -k & 0 \\ -k & 2k - m & -k \\ 0 & -k & 3k - m \end{bmatrix} \begin{bmatrix} X_{12} \\ X_{22} \\ X_{32} \end{bmatrix} = \begin{bmatrix} 0 \\ F_2 \\ 0 \end{bmatrix}$$

求解上述方程组,得

$$X_{12} = \frac{k(3k - m)F_2}{|Z_2|}$$

$$X_{22} = \frac{(2k - m)(3k - m)F_2}{|Z_2|}$$

$$X_{32} = \frac{k(2k - m)F_2}{|Z_2|}$$

式中, $|Z_2| = (2k - m)^2(3k - m) - 5k^3 + 2k^2 m$。因 $F_3(t) = 0$,故系统的受迫振动响应为

$$x_1(t) = X_{11}\sin\omega t + X_{12} e^{-it}$$

$$x_2(t) = X_{21}\sin\omega t + X_{22} e^{-it}$$

$$x_3(t) = X_{31}\sin\omega t + X_{32} e^{-it}$$

显然,上述求受迫振动响应的方法很直接,但过程冗长。当然,若借助计算机进行计算会更方便。

4.4.2　阻尼系统对简谐激励的响应(模态法)

阻尼系统微分方程的一般形式为

$$\boldsymbol{M}\{\ddot{x}\} + \boldsymbol{C}\{\dot{x}\} + \boldsymbol{K}\{x\} = \boldsymbol{F}(t) \tag{4-94}$$

对上述方程的求解,可先假定系统的阻尼为零,求出系统前几阶固有频率与振型(即求方程(3-107)特征值的问题)得到 $\omega_1, \{X\}_1, \cdots, \omega_n, \{X\}_n$,且 $n \ll N$,N 为系统的自由度数,n 为模态阶数。再利用坐标变换,由式(3-83)得

$$\{x\} = \boldsymbol{u}\{y\} = \left[\{X\}_1 \cdots \{X\}_n\right]\begin{Bmatrix} y_1 \\ \vdots \\ y_n \end{Bmatrix} \tag{4-95}$$

将式(4-95)代入式(4-94),并左乘 $\boldsymbol{u}^\mathrm{T}$,得

$$\boldsymbol{u}^\mathrm{T}\boldsymbol{M}\boldsymbol{u}\{\ddot{y}\} + \boldsymbol{u}^\mathrm{T}\boldsymbol{C}\boldsymbol{u}\{\dot{y}\} + \boldsymbol{u}^\mathrm{T}\boldsymbol{K}\boldsymbol{u}\{y\} = \boldsymbol{u}^\mathrm{T}\{F(t)\} \tag{4-96}$$

当系统具有比例阻尼时,根据正交性条件,可得式(4-96)表示的一组解耦微分方程,共 n 个,即

$$M_i \ddot{y}_i + C_i \dot{y}_i + K_i y_i = F_i(t), \quad (i = 1, 2, \cdots, n) \tag{4-97}$$

式中

$$
\begin{aligned}
M_i &= \{X\}_i^\mathrm{T} \boldsymbol{M} \{X\}_i, & K_i &= \{X\}_i^\mathrm{T} \boldsymbol{K} \{X\}_i \\
C_i &= \{X\}_i^\mathrm{T} \boldsymbol{C} \{X\}_i = \alpha M_i + \beta K_i, & F_i(t) &= \{X\}_i^\mathrm{T} \{F(t)\}
\end{aligned} \tag{4-98}
$$

式(4-97)这类方程的解,可以按本章求解单自由度系统响应的方法进行,然后通过式(4-95)回到原坐标。

【例 4-16】　图 4-19 所示三自由度无阻尼系统中,只有中间一个质量上作用有简谐激励力 $F_2(t) = F\sin\omega t$。试用模态法求系统的稳态响应。

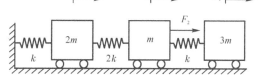

图 4-19　三自由度系统

解　用视察法直接写出系统的振动微分方程为

$$\begin{bmatrix} 2m & 0 & 0 \\ 0 & m & 0 \\ 0 & 0 & 3m \end{bmatrix}\begin{bmatrix} \ddot{x}_1 \\ \ddot{x}_2 \\ \ddot{x}_3 \end{bmatrix} + \begin{bmatrix} 3k & -2k & 0 \\ -2k & 3k & -k \\ 0 & -k & k \end{bmatrix}\begin{bmatrix} x_1 \\ x_2 \\ x_3 \end{bmatrix} = \begin{bmatrix} 0 \\ F\sin\omega t \\ 0 \end{bmatrix}$$

设相应齐次方程组的解为

$$\begin{bmatrix} x_1 \\ x_2 \\ x_3 \end{bmatrix} = \begin{bmatrix} X_1 \\ X_2 \\ X_3 \end{bmatrix}\mathrm{e}^{i\omega t}$$

代入相应的齐次方程组,并消去不恒等于零的指数函数得

$$\begin{bmatrix} 3k - 2m\omega^2 & -2k & 0 \\ -2k & 3k - m\omega^2 & -k \\ 0 & -k & k - 3m\omega^2 \end{bmatrix}\begin{bmatrix} X_1 \\ X_2 \\ X_3 \end{bmatrix} = \begin{bmatrix} 0 \\ 0 \\ 0 \end{bmatrix}$$

解得

$$\omega_1^2 = 0.1052\frac{k}{m}, \qquad \omega_1 = 0.3243\sqrt{\frac{k}{m}}$$

$$\omega_2^2 = 0.8086\frac{k}{m}, \qquad \omega_2 = 0.8992\sqrt{\frac{k}{m}}$$

$$\omega_3^2 = 3.920\frac{k}{m}, \qquad \omega_3 = 1.980\sqrt{\frac{k}{m}}$$

$$\{X\}_1 = \begin{bmatrix} 1 \\ 1.395 \\ 2.038 \end{bmatrix}, \qquad \{X\}_2 = \begin{bmatrix} 1 \\ 0.6914 \\ -0.4849 \end{bmatrix}, \qquad \{X\}_3 = \begin{bmatrix} 1 \\ -2.420 \\ 0.2249 \end{bmatrix}$$

则系统的主刚度(模态刚度)和主质量(模态质量)分别为

$$\{X\}_1^{\mathrm{T}} \boldsymbol{K} \{X\}_1 = 1.725k, \qquad \{X\}_1^{\mathrm{T}} \boldsymbol{M} \{X\}_1 = 16.41m$$

$$\{X\}_2^{\mathrm{T}} \boldsymbol{K} \{X\}_2 = 2.574k, \qquad \{X\}_2^{\mathrm{T}} \boldsymbol{M} \{X\}_2 = 3.183m$$

$$\{X\}_3^{\mathrm{T}} \boldsymbol{K} \{X\}_3 = 31.39k, \qquad \{X\}_3^{\mathrm{T}} \boldsymbol{M} \{X\}_3 = 8.008m$$

通过坐标变换解耦的 3 个方程为

$$16.41m\ddot{y}_1 + 1.725k\, y_1 = 1.395F\sin\omega t$$

$$3.183m\ddot{y}_2 + 2.574k\, y_2 = 0.6914F\sin\omega t$$

$$8.008m\ddot{y}_3 + 31.39k\, y_3 = -2.420F\sin\omega t$$

对应于 y_1 的稳态响应为

$$y_1 = \frac{1.395F\sin\omega t}{1.725k - 16.41m\omega^2}$$

或

$$y_1 = \frac{0.8087F\sin\omega t}{k\left[1 - (\omega/\omega_1)^2\right]}$$

类似地有

$$y_2 = \frac{0.2686F\sin\omega t}{k\left[1 - (\omega/\omega_2)^2\right]}$$

$$y_3 = \frac{-0.07709F\sin\omega t}{k\left[1 - (\omega/\omega_3)^2\right]}$$

所以

$$x_1 = \left[\frac{0.8087}{1 - (\omega/\omega_1)^2} + \frac{0.2686}{1 - (\omega/\omega_2)^2} - \frac{0.07709}{1 - (\omega/\omega_3)^2}\right]\frac{F\sin\omega t}{k}$$

$$= X_1 \sin\omega t$$

同样有

$$x_2 = 1.395y_1 + 0.6914y_2 - 2.420y_3$$

$$x_3 = 2.038y_1 - 0.4849y_2 + 0.2249y_3$$

习　题

4-1　如图 4-20 所示,质量为 m 的油缸与刚度为 k 的弹簧相连,通过阻尼系数为 c 的黏性阻尼器以运动规律 $y = A\sin\omega t$ 的活塞给予激励,求油缸运动的振幅以及它相对于活塞的相位。

4-2　如图 4-21 所示,质量可忽略的直角刚性杆可绕铰链 O 自由转动(忽略摩擦阻力),长度为 L 的铅垂杆端部有集中质量 m,长度为 a 的水平杆由阻尼器支承,同时又与一弹簧相连,弹簧的另一端有简谐位移扰动 $A\cos\omega t$。试导出系统的振动微分方程,并求系统的稳态响应。

4-3　求图 4-22 所示弹簧-质量系统在库仑阻尼和简谐激励力 $F_0 \sin \omega t$ 作用下的振幅。在什么条件下运动能继续？

4-4　一重物悬挂在刚度 $k = 3\text{kN/m}$ 的弹簧下，测得系统振动的准周期为 1s，系统阻尼比为 0.2，当外力 $F = 20\cos 3t$ （N）作用于系统上时，求系统稳态振动的振幅和相位。

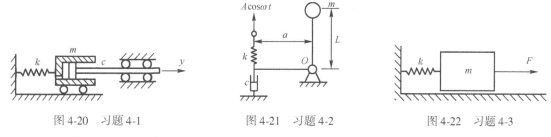

图 4-20　习题 4-1　　　　　图 4-21　习题 4-2　　　　　图 4-22　习题 4-3

4-5　带结构阻尼的单自由度系统，若刚度和阻尼的作用可用复数形式 $k = k_0\, \text{e}^{\text{i}2\beta}$ 表示，系统的等效质量为 m，求系统在简谐激励下的响应。

4-6　具有黏性阻尼的弹簧-质量系统在简谐力作用下作受迫振动。求加速度幅值达到最大值时的频率比和放大因子。

4-7　弹性支承的车辆沿高低不平的道路运行可用图 4-23 所示单自由度系统模拟。若每经过距离为 L 的路程，路面的高低按简谐规律变化一次，试求出车辆振幅与运行速度 v 之间的关系，并确定最不利的运行速度。

4-8　图 4-24 所示系统中，集中质量 $m = 20\text{kg}$，弹簧刚度 $k = 3.5\text{kN/m}$，阻尼器的黏性阻尼系数为 $c = 0.2\text{kN·s/m}$，凸轮的转速为 60r/min，行程为 0.01m。试求系统的稳态响应 $x(t)$。

4-9　如图 4-25 所示，一个弹簧-质量系统从倾斜角为 30° 的光滑斜面下滑。求弹簧从开始接触挡板到脱开挡板的时间。

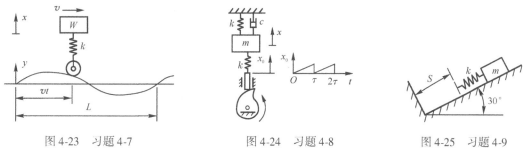

图 4-23　习题 4-7　　　　　图 4-24　习题 4-8　　　　　图 4-25　习题 4-9

4-10　如图 4-26 所示，一弹簧-质量系统，从 $t = 0$ 时，突加一个 F_0 力，以后该力保持不变。试用杜哈美积分求系统的响应，并概略图示之。

4-11　如图 4-27 所示，一弹簧-质量系统，从 $t = 0$ 开始作用一不变的 F_0 力，作用时间为 t_0。求系统在 $t < t_0$ 和 $t > t_0$ 两种情况下的响应，并找出 $t > t_0$ 时最大位移与 t_0/τ 的关系。如果 t_0 与系统自振周期 τ 相比很小，最大位移为多少？请与脉冲响应函数比较。

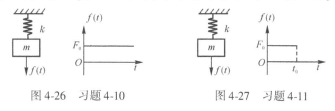

图 4-26　习题 4-10　　　　　图 4-27　习题 4-11

4-12　如图 4-28 所示,一单自由度无阻尼弹簧-质量系统,受到图示力的激励,请用杜哈美积分求系统在 $t < t_1$ 和 $t > t_1$ 两种情况下的响应,并概略图示之。

4-13　试用拉普拉斯变换方法解题 4-10。

4-14　试用拉普拉斯变换方法解题 4-11。

4-15　扭振系统参数如图 4-29 所示,求系统在简谐激励下的稳态响应。

4-16　如图 4-30 所示,转动惯量为 J 的飞轮通过四个刚度为 k 的弹簧与转动惯量为 J_d 并能在轴上自由转动的扭转减振器相连。试建立系统作扭转振动的微分方程。若在飞轮上作用一简谐变化的扭矩 $T \sin \omega t$,求:①系统的稳态响应;②飞轮不动时 J_d 的固有频率;③使连接减振器后系统的固有频率为激振频率 ω 的 1.2 倍时,J_d 与 J 的比值。

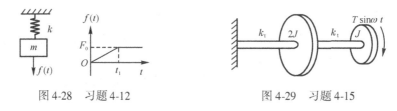

图 4-28　习题 4-12　　　　　　　　　　图 4-29　习题 4-15

4-17　求图 4-31 所示有阻尼两自由度系统的稳态响应。

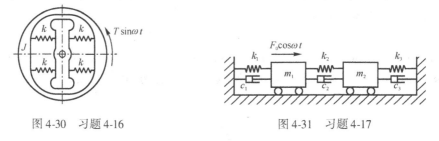

图 4-30　习题 4-16　　　　　　　　　　图 4-31　习题 4-17

4-18　机器-基础系统运行时振动较大,是否加固基础就能减小振动?为什么?

第5章 离散系统振动理论的应用

5.1 单自由度系统阻尼比和固有频率的确定

前面4章中叙述了单自由度系统自由振动和受迫振动的基本理论,应用这些理论可以确定系统的固有特性,如阻尼比、固有频率等。

5.1.1 利用系统自由振动特性

当一个给定系统阻尼值未知时,就需用实验方法来测定。式(3-54)是单自由度系统具有弱阻尼时的位移响应,其振幅衰减有一定规律可循。

1. 对数衰减率

将式(3-54)两边对时间求导,得

$$\dot{x}(t) = -R e^{-\zeta \omega_n t} \omega_d \sin(\omega_d t - \varphi) - \zeta \omega_n e^{-\zeta \omega_n t} R\cos(\omega_d t - \varphi) \tag{5-1}$$

当 $\dot{x}(t) = 0$ 时,取 $x(t)$ 极值,有

$$\omega_d \sin(\omega_d t - \varphi) = -\zeta \omega_n \cos(\omega_d t - \varphi) \tag{5-2}$$

或

$$\tan(\omega_d t - \varphi) = -\frac{\zeta}{\sqrt{1 - \zeta^2}} \tag{5-3}$$

由式(5-3)可知,两相邻极大值发生的时间差为 $t = 2\pi/\omega_d$,此时,两相邻极大值之比为

$$\frac{x_n}{x_{n+1}} = \frac{R\cos(\omega_d t_n - \varphi) e^{-\zeta \omega_n t_n}}{R\cos\{\omega_d[t_n + (2\pi/\omega_d)] - \varphi\} e^{-\zeta \omega_n[t_n + (2\pi/\omega_d)]}}$$

$$= e^{\zeta \omega_n \frac{2\pi}{\omega_d}} = e^{\frac{2\pi\zeta}{\sqrt{1-\zeta^2}}} \tag{5-4}$$

式中,两相邻极大值之比 x_n/x_{n+1} 称为衰减率。对式(5-4)两边取自然对数,并记为 δ,则式(5-4)可表示为

$$\delta = \ln \frac{x_n}{x_{n+1}} = \frac{2\pi\zeta}{\sqrt{1 - \zeta^2}} \tag{5-5}$$

式中,δ 称为对数衰减率。由式(5-5)可知,系统的对数衰减率由系统的阻尼比唯一确定。

当阻尼比较小时,x_n 和 x_{n+1} 很接近,要精确测定两相邻极大值比较困难。因此,较好的方法是用第一个极大值与相隔几个准周期的极大值之比来计算对数衰减率,即

$$\frac{x_1}{x_n} = \frac{R\cos(\omega_d t_1 - \varphi) e^{-\zeta \omega_n t_1}}{R\cos\left\{\omega_d\left[t_1 + (n-1)\frac{2\pi}{\omega_d}\right] - \varphi\right\} e^{-\zeta \omega_n\left[t_1 + (n-1)\frac{2\pi}{\omega_d}\right]}} = e^{\zeta \omega_n \frac{2\pi}{\omega_d}(n-1)}$$

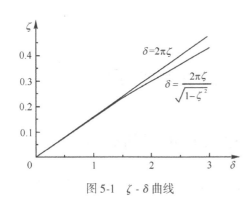

图 5-1　ζ - δ 曲线

两边取对数得

$$\ln \frac{x_1}{x_n} = (n-1)\frac{2\pi\zeta}{\sqrt{1-\zeta^2}}$$

$$\delta = \frac{1}{n-1}\ln \frac{x_1}{x_n} = \frac{2\pi\zeta}{\sqrt{1-\zeta^2}} \tag{5-6}$$

由式(5-5)或式(5-6)可得阻尼比,即

$$\zeta = \frac{\delta}{\sqrt{4\pi^2 + \delta^2}} \tag{5-7}$$

当阻尼较小时,近似有

$$\zeta \approx \frac{\delta}{2\pi} \tag{5-8}$$

图 5-1 为式(5-7)和式(5-8)的 ζ - δ 曲线的比较。

2. 面积法

单自由度系统具有弱阻尼时的位移响应随时间衰减的曲线如图 3-6 所示,可以看出其准周期为 $2\pi/\omega_d$,它的上下包络线方程为

$$x(t) = \pm Re^{-\zeta\omega_n t} \tag{5-9}$$

设在 0 至 τ 时刻之间位移响应的上包络线与时间轴之间的面积为 A,则

$$A = \int_0^\tau Re^{-\zeta\omega_n t}\mathrm{d}t = -\frac{R}{\zeta\omega_n}\left(e^{-\zeta\omega_n\tau}-1\right) \tag{5-10}$$

式(5-10)两边除以 $R\tau$,可得无因次量面积 $\bar{A}$,即

$$\bar{A} = \frac{A}{R\tau} = -\frac{1}{\zeta\omega_n\tau}\left(e^{-\zeta\omega_n\tau}-1\right) = \frac{1-e^{-\alpha}}{\alpha} \tag{5-11}$$

式中,$\alpha = \zeta\omega_n\tau$。

这是一个简单而实用的阻尼比测量方法,它适用于单自由度系统。此方法的步骤如下:

(1) 用实验方法记录振动曲线(可用示波器或其他测量手段)。

(2) 做出振动曲线的包络线。

(3) 选取某一时间 τ,用作图法求得面积 A,然后,由式(5-11)求出 A 与长方形面积 $R\tau$ 的比值 $\bar{A}$。

(4) 式(5-11)中 $\bar{A}$ 和 α 的关系如表 5-1 所列,由表 5-1 查得 α 值,最后按 $\zeta = \alpha/(\omega_n\tau)$ 求得阻尼比 ζ 的值。

表 5-1　α 与无因次面积 $\bar{A}$ 的关系

α	0.020	0.104	0.215	0.334	0.464	0.606	0.761	0.934	1.260
$\bar{A}$	0.99	0.95	0.90	0.85	0.80	0.75	0.70	0.65	0.60
α	1.344	1.594	1.885	2.232	2.657	3.197	3.756	4.965	5.235
$\bar{A}$	0.55	0.50	0.45	0.40	0.35	0.30	0.25	0.20	0.19

3. 固有频率

利用对数衰减率或面积法获得系统的阻尼比 ζ 后,可根据系统作阻尼自由振动时测得的

准周期 $\tau_d = 2\pi/\omega_d$，用式（3-52）以及式（3-36）和式（3-37）计算系统的固有角频率和固有频率。

随着实验手段发展及电子计算机的广泛应用，获得自由振动衰减曲线及其峰值不必用手工测量方法，测量信号通过 A/D 转换可直接获得位移随时间变化的数据（数字量），避免手工测量引起的误差。有了位移随时间变化的数据，也可用最小二乘法进行曲线拟合，得到阻尼比 ζ 等参数。

对于实际系统，如果测得的相邻极大值之比不是常数，说明系统的阻尼与黏性阻尼模型有一定误差。若误差较大，则必须修改阻尼模型。

【例 5-1】　建筑工地上的提升机突然停止后，钢丝绳上重物的振幅在 10 个循环后减小 50%，求系统的阻尼比。

解　提升机钢丝绳与重物可简化为一个单自由度系统。由题意 $x_{n+10} = x_n \times 50\%$，对数衰减率为

$$\delta = \frac{1}{10}\ln\frac{x_n}{x_{n+10}} = \frac{1}{10}\ln\frac{x_n}{x_n 50\%} = 0.0693147$$

阻尼比为

$$\zeta = \frac{\delta}{\sqrt{4\pi^2 + \delta^2}} = \frac{0.0693147}{\sqrt{4\pi^2 + 0.0693147^2}} = 0.0110311$$

用近似公式计算

$$\zeta \approx \frac{\delta}{2\pi} = 0.0110317$$

可见误差很小。

5.1.2　应用系统受迫振动理论

1. 共振和 Q 因子

利用试验确定系统固有频率时，可以利用第 4 章单自由度系统在简谐激励下发生共振的特性。关于共振有以下 4 种不同的定义：

（1）位移、速度或加速度幅值达到最大值时发生共振。对于受简谐激励的系统，若阻尼可以忽略不计，上述 3 个量在同一频率达到最大值。但在系统具有黏性阻尼的情况下，它们达到最大值时的频率往往有所不同。

（2）当系统的激励力与位移响应之间的相位差 Φ 等于 90°时系统发生共振。一般在测量相位角 Φ 时，若系统无阻尼，则相频特性曲线在共振前后发生一次突变，如图 4-1 所示。

（3）当激励频率 ω 等于 ω_n 或 ω_d 时发生共振。这点是最直观的，系统响应特性和定义（1）相同。

（4）在位移、速度、加速度幅值分别保持常数的情况下，考察激励力幅 F 随激励频率 ω 的变化曲线，当激励力幅达到最小的频率时，认为系统发生共振，如图 5-2 所示。

根据以上 4 种共振的定义可测定系统的固有频率。用不同定义，得到的共振频率往往略有不同。当阻尼较小时，测量误差在工程允许的范围内。当然在振动试验确定系统固有频率时采用定义（4）最安全，但实现较为困难，所以实际应用最多的还是第（1）种共振的定义。

对具有黏性阻尼的系统，由式（4-26）知，当 $\omega = \omega_n$ 时，放大因子为

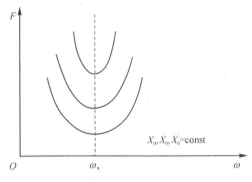

图 5-2 $F\text{-}\omega$ 曲线

$$\mathcal{M} = \frac{1}{2\zeta}$$

为了描述机械系统在共振区附近的特性,借用电路理论的概念,把共振($\omega = \omega_n$)时的放大因子称为 Q 因子,又称为品质因子。

对于具有黏性阻尼的系统,在简谐激励下系统响应也是简谐的,系统的最大动能为

$$V_{max} = mX_0^2\omega^2/2$$

式中,X_0 是振幅。由式(4-41a)可知,系统每循环耗散的能量 $E = \pi c\omega X_0^2$,系统最大动能与系统在一周内耗能之比为

$$\frac{V_{max}}{E} = \frac{\frac{1}{2}m\omega^2 X_0^2}{\pi c\omega X_0^2} = \frac{1}{2\pi}\frac{m\omega}{c} \tag{5-12}$$

而系统最大势能为 $U_{max} = kX_0^2/2$,则系统最大势能与系统在一周内耗能之比为

$$\frac{U_{max}}{E} = \frac{kX_0^2/2}{\pi c\omega X_0^2} = \frac{1}{2\pi}\frac{k}{c\omega} \tag{5-13}$$

当系统共振($\omega = \omega_n$)时,系统最大动能与最大势能相等,即 $V_{max} = U_{max}$。由式(5-12)和式(5-13)可以从能量角度定义品质因子 Q,即 Q 因子为共振时系统最大动能或最大势能与系统在一周内耗能之比的 2π 倍,即

$$Q = \frac{m\omega_n}{c} = \frac{k}{c\omega_n} = \frac{1}{2\zeta} \tag{5-14a}$$

因此,利用系统共振时的特性,若能测得共振($\omega = \omega_n$)时系统放大因子的值,就可以得到系统的阻尼比。

类似地,对具有结构阻尼的系统,由式(4-59b)和 Q 因子的定义,共振($\omega = \omega_n$)时,系统的放大因子 $\mathcal{M}$ 和 Q 因子为

$$\mathcal{M} = 1/\eta = Q \tag{5-14b}$$

2. 半功率带宽

一般地,由于系统运行在共振($\omega = \omega_n$)状态时,系统的位移响应很大,较长时间运行在系统的共振状态容易引起系统的破坏。因此,实际试验工作中并不建议通过直接测量共振时的放大因子去获得系统的阻尼比。

考察系统受到力幅为常量 F_0、频率为 ω 的激励力时，系统位移响应幅值 X_0 随频率变化的曲线如图 5-3 所示。若共振（$\omega = \omega_n$）峰值为 $X_{0\max}$，由于功率与振幅平方成正比，功率为共振时的一半，振幅为 $X_{0\max}/\sqrt{2}$，曲线上对应的两个交点 1 和 2 称为半功率点，半功率点对应的频率为 ω_1 和 ω_2，而频率差（$\omega_2 - \omega_1$），则称为半功率带宽。

对黏性阻尼，共振（$\omega = \omega_n$）时，由式（4-23）可得系统的响应，它接近响应的最大值，即

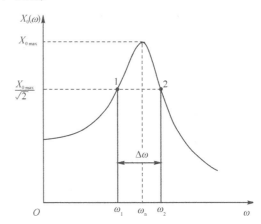

$$X_{0\max} \approx \frac{F_0}{k} \frac{1}{2\zeta}$$

因此，在半功率点处有

$$\frac{X_{0\max}}{\sqrt{2}} \approx \frac{1}{\sqrt{2}} \frac{F_0}{k} \frac{1}{2\zeta} = \frac{F_0}{k \sqrt{(1 - \bar{\omega}^2)^2 + (2\zeta\bar{\omega})^2}}$$

或

$$\bar{\omega}^4 - 2(1 - 2\zeta^2)\bar{\omega}^2 + (1 - 8\zeta^2) = 0$$

解上述代数方程，得

$$\bar{\omega}^2 = (1 - 2\zeta^2) \pm 2\zeta \sqrt{1 + \zeta^2}$$

图 5-3　共振频率附近的幅频特性曲线

当小阻尼（$\zeta \ll 1$）时，可略去 ζ^2 项，上式变成

$$\bar{\omega}^2 = 1 \pm 2\zeta$$

或

$$\left(\frac{\omega_1}{\omega_n}\right)^2 = 1 - 2\zeta, \qquad \left(\frac{\omega_2}{\omega_n}\right)^2 = 1 + 2\zeta$$

将两式相减，得

$$\frac{\omega_2^2 - \omega_1^2}{\omega_n^2} = 4\zeta$$

一般而言，ω_n 应介于 ω_1 和 ω_2 之间，并接近于 ω_1 和 ω_2 的均值，即

$$\omega_n \approx \frac{\omega_2 + \omega_1}{2}$$

故

$$\frac{\omega_2^2 - \omega_1^2}{\omega_n^2} = \frac{(\omega_2 + \omega_1)(\omega_2 - \omega_1)}{\omega_n} \approx 2 \frac{\omega_2 - \omega_1}{\omega_n} = 4\zeta$$

半功率带宽与系统阻尼比的关系为

$$\frac{\Delta\omega}{\omega_n} = 2\zeta \tag{5-15a}$$

式中，$\Delta\omega = \omega_2 - \omega_1$。$Q$ 因子与阻尼比及半功率带宽的关系为

$$Q = \frac{1}{2\zeta} = \frac{\omega_n}{\Delta\omega} \tag{5-15b}$$

类似地，对具有结构阻尼的系统，Q 因子与损耗因子及半功率带宽的关系为

$$Q = \frac{1}{\eta} = \frac{\omega_n}{\Delta\omega} \tag{5-15c}$$

在振动测量中,常用增益 L_x 表示振动幅值与基准振幅相比增大(或减小)的量。若以最大振幅为基准,则在半功率点处的增益为

$$L_x = 10 \lg \frac{X_0^2(\omega_1)}{X_{0max}^2} = 10 \lg \frac{X_0^2(\omega_2)}{X_{0max}^2} \quad (dB) \tag{5-16}$$

将 $X(\omega_1) = X_0/\sqrt{2}$ 代入式(5-16)得

$$L_x = 10 \lg \left(\frac{X_{max}/\sqrt{2}}{X_{max}} \right)^2 = 10 \lg \frac{1}{2} = -3 \quad (dB) \tag{5-17}$$

因此,测量单自由度系统的共振频率,并在共振频率附近测量位移响应的振幅下降3dB时(图5-3)所对应的频率差(半功率带宽),从而求得系统的固有频率和阻尼比。

求解固有频率和阻尼比的方法还有矢量法、模态圆(Nyquist 图)法等,这里不一一介绍,读者可参阅有关书籍。

5.2 旋 转 失 衡

机械设备中(如气轮机、鼓风机和电动机等)最常见的振源之一是旋转失衡。旋转失衡是指机器中转子质心与旋转中心不重合(即偏心)引起的振动。这种不平衡的存在,导致机器振动值超差,引起轴承、联轴器等部件过早损坏。

图 5-4 为旋转机械存在不平衡时系统力学模型的简图。其中,机器的质量为 M,转子质量为 m,偏心距为 e,转子转动角速度为 ω。机器水平方向运动受到约束,只允许作垂直运动,故可看作一个单自由度系统。

取系统静平衡时转子的旋转中心(几何中心)位置为广义坐标原点,广义坐标 x 表示机器非旋转部件质量 $M-m$ 在铅垂方向运动的位移,向上为正,故偏心质量的位移为 $x + e\sin\omega t$。若系统具有黏性阻尼,振动微分方程为

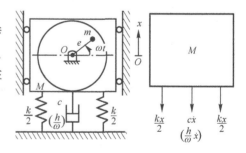

图 5-4　旋转失衡

$$(M-m)\ddot{x} + m\frac{d^2}{dt^2}(x + e\sin\omega t) + c\dot{x} + kx = 0$$

或

$$M\ddot{x} + c\dot{x} + kx = me\omega^2\sin\omega t \tag{5-18}$$

式中,$me\omega^2$ 是激励力幅值。系统稳态响应的幅值类似于式(4-23),而相位与式(4-24)相同,即

$$X_0 = \frac{me\omega^2}{k\sqrt{(1-\bar{\omega}^2)^2 + (2\zeta\bar{\omega})^2}} = \frac{me\bar{\omega}^2}{M\sqrt{(1-\bar{\omega}^2)^2 + (2\zeta\bar{\omega})^2}}$$

或表示成无量纲的形式

$$\frac{MX_0}{me} = \frac{\bar{\omega}^2}{\sqrt{(1-\bar{\omega}^2)^2 + (2\zeta\bar{\omega})^2}} = \mathscr{M}\bar{\omega}^2 \tag{5-19a}$$

$$\Phi = \arctan\frac{2\zeta\bar{\omega}}{1-\bar{\omega}^2} \tag{5-19b}$$

图5-5 表示以频率比 $\bar{\omega}$ 为横坐标,以 $MX_0/(me)$ 和 Φ 为纵坐标的旋转失衡频率响应曲线。

从图中可以看出,在低速旋转时(即 $\overline{\omega} \ll 1$),激励力 $me\overline{\omega}^2$ 较小,振幅起始于零。当 $\overline{\omega} = 1$ 时,系统发生共振。放大因子 $\mathscr{M} = 1/2\zeta$,即 $MX_0/(me) \to 1/(2\zeta)$,机器的振幅为 $X_0 = me/(2\zeta M)$,而机器的位移与离心力之间的相位差为 $\pi/2$,当机器通过平衡位置向上运动时,不平衡质量 m 在旋转中心的正上方。

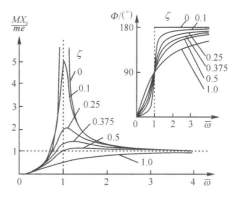

图 5-5　旋转失衡频率响应曲线

在高转速时(即 $\overline{\omega} \gg 1$),$MX_0/(me) \to 1.0$,振幅 $X_0 \approx me/M$。me/M 是机器偏离平衡位置的幅值,而转速 ω 的轻微变化不会改变这一振幅,即保持一常数。它与激励频率和系统中的阻尼无关。当机器运动到最高点时,偏心质量 m 刚好在最下方,相位差为 π。

在实际工程中,对有些机械,如破碎机、搅拌机等,人们有意在轴上加偏心质量以达到破碎和搅拌的效果。

当系统中具有结构阻尼时,旋转失衡位移响应的公式可对比方程(4-49)的解式(4-58)和式(4-59)得到。

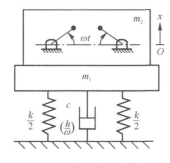

图 5-6　偏心激振器模型

【例 5-2】　如图 5-6 所示,一偏心激振器的两轴作反方向转动,每个轮的旋转失衡为 $4.5\mathrm{kg} \cdot \mathrm{cm}$。用它来测定结构的振动特性,激振器($m_2$)和结构($m_1$)的总质量为 180kg。转速为 900r/min,偏心质量处于旋转中心的正上方时,结构向上通过静平衡位置,其振幅为 2.5cm。试求:①整个系统的固有频率和阻尼因子;②1200r/min 时机器的振动;③转速为 1200r/min,结构向上通过静平衡位置时,偏心块的相位角。

解　(1) 当转速为 900r/min 时,偏心块位于顶点时 $\omega t = \pi/2$;结构向上通过静平衡位置,则 $\omega t - \Phi = 0$;因此有 $\Phi = \pi/2$。所以 $\omega = \omega_n$,这时出现共振,有

$$\omega = \omega_n = (900/60) \times 2\pi = 30\pi \ (\mathrm{rad/s})$$

共振($\omega = \omega_n$)时,有 $F_0/(kX_0) = 2\zeta$,且

$$\zeta = \frac{F_0}{2kX_0} = \frac{2me\omega_n^2}{2M\omega_n^2 X_0} = \frac{4.5}{180 \times 2.5} = 0.01$$

(2) 当转速为 1200r/min 时,即 $\omega = (1200/60) \times 2\pi = 40\pi \ (\mathrm{rad/s})$,$\omega/\omega_n = 4/3$,其振幅为

$$X_0 = \frac{2 \times \dfrac{4.5}{180} \times \left(\dfrac{4}{3}\right)^2}{\sqrt{\left(1 - \left(\dfrac{4}{3}\right)^2\right)^2 + \left(2 \times 0.01 \times \dfrac{4}{3}\right)^2}} = \frac{0.088}{0.778} = 0.114 \ (\mathrm{cm})$$

(3) 相位角为

$$\Phi = \arctan \frac{2\zeta\overline{\omega}}{1 - \overline{\omega}^2} = \arctan \frac{2 \times 0.01 \times 4/3}{1 - (4/3)^2} = \arctan(-0.0343)$$

所以得 $\Phi = -2°$ 或 178°。

当结构通过其平衡位置时 $x = X_0\sin(\omega t - \Phi) = 0$,所以 $\omega t - \Phi = 0$,$\omega t = \Phi = 178°$。

5.3　旋转轴的临界转速

旋转机械中,当转轴在某个转速附近运行时,机器会引起剧烈振动,以致造成轴承和轴损坏。该转速在数值上往往很接近轴的横向振动频率。引起剧烈振动的特定转速通常称为临界转速,以 n_c 来表示。

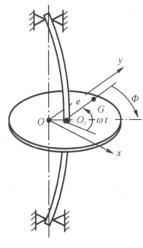

图 5-7　单盘转子模型

先分析如图 5-7 所示单盘转子。它是一根支承在两个轴承上的竖轴,中间装有质量为 m 的圆盘。设圆盘的几何中心为 O_1,质心为 G,偏心距 $e = O_1G$,轴支承中心的连线与圆盘的交点为 O。当转子静止时,圆盘的几何中心 O_1 与 O 重合。

再建立直角坐标系 xOy,则圆盘的重心坐标为 $x + e\cos\omega t$ 与 $y + e\sin\omega t$。另设轴在 O_1 处 x 和 y 方向的刚度均为 k,黏性阻尼系数为 c,则在 x 和 y 方向的运动微分方程为

$$m\frac{\mathrm{d}^2}{\mathrm{d}t^2}(x + e\cos\omega t) + kx + c\dot{x} = 0$$

$$m\frac{\mathrm{d}^2}{\mathrm{d}t^2}(y + e\sin\omega t) + ky + c\dot{y} = 0$$

或

$$\begin{cases} m\ddot{x} + c\dot{x} + kx = me\omega^2\cos\omega t \\ m\ddot{y} + c\dot{y} + ky = me\omega^2\sin\omega t \end{cases} \tag{5-20}$$

设式(5-20)的稳态响应为

$$\begin{cases} x(t) = A_x\cos(\omega t - \varPhi) \\ y(t) = A_y\sin(\omega t - \varPhi) \end{cases} \tag{5-21}$$

将式(5-21)代入式(5-20),得稳态响应,即

$$\begin{cases} x(t) = \dfrac{me\omega^2\cos(\omega t - \varPhi)}{\sqrt{(k - m\omega^2)^2 + (c\omega)^2}} = \dfrac{e\bar{\omega}^2\cos(\omega t - \varPhi)}{\sqrt{(1 - \bar{\omega}^2)^2 + (2\zeta\,\bar{\omega})^2}} \\[4mm] y(t) = \dfrac{me\omega^2\sin(\omega t - \varPhi)}{\sqrt{(k - m\omega^2)^2 + (c\omega)^2}} = \dfrac{e\bar{\omega}^2\sin(\omega t - \varPhi)}{\sqrt{(1 - \bar{\omega}^2)^2 + (2\zeta\,\bar{\omega})^2}} \end{cases} \tag{5-22}$$

式中,$\varPhi$ 是 O_1G 超前 OO_1 的相位角,即

$$\varPhi = \arctan\frac{c\omega}{k - m\omega^2} = \arctan\frac{2\zeta\,\bar{\omega}}{1 - \bar{\omega}^2} \tag{5-23}$$

显然,圆盘在 x、y 方向作等幅等频的简谐振动,彼此相位差 $\pi/2$,两者合成后,形心 O_1 的轨迹是一个圆,圆心为坐标原点 O,由此求得轴中点 O_1 的动挠度为

$$OO_1 = R = \sqrt{x^2 + y^2} = \frac{me\omega^2}{\sqrt{(k - m\omega^2)^2 + (c\omega)^2}}$$

$$= \frac{e\bar{\omega}^2}{\sqrt{(1 - \bar{\omega}^2)^2 + (2\zeta\,\bar{\omega})^2}} \tag{5-24}$$

因此,转子的运动是绕形心 O_1 点自转,同时又绕支承中心 O 作公转,它们的角速度都是 ω,这种运动称为同步正回旋。

分析单盘转子位移与激励力矢量之间相位角 Φ 与频率比 $\bar{\omega}$ 的关系,如图 5-8 所示。从图中看出:当 $\bar{\omega} < 1$ 时,质心 G 在几何中心 O_1 的外侧,$\Phi < \pi/2$;当 $\bar{\omega} > 1$ 时,质心 G 和回旋中心 O 处在几何中心 O_1 的同一侧,$\pi/2 < \Phi < \pi$;当 $\bar{\omega} = 1$ 时,$\Phi = \pi/2$,轴弯曲的横向位移接近最大值 $R = e/2\zeta$,这时轴的转速称为临界转速 $n_c = 60\omega_n/(2\pi)$。若不考虑其他因素,其值与轴不转时横向弯曲振动频率相等。

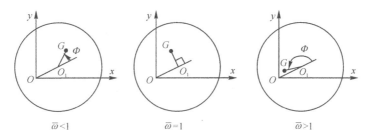

图 5-8　单盘转子三心之间的位置

应该指出,尽管临界转速在数值上和转轴的横向振动固有频率相同,但轴上的应力却完全不同。作回旋运动的转轴外侧始终受到拉应力,内侧受到压应力;而不转的轴作横向弯曲振动时,转轴外侧和内侧均受到交变应力的作用。实际上这是两种不同的物理现象,工程上常不加区分。

【例 5-3】　某转子试验台,如图 5-9 所示。已知圆盘质量 $M = 100\text{kg}$,轴径 $\phi = 100\text{mm}$,长度 $l = 600\text{mm}$,弹性模量 $E = 2.1 \times 10^{11}\text{N/m}^2$,密度 $\rho = 7.8 \times 10^3\text{kg/m}^3$。求转轴的临界转速。

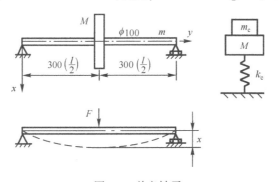

图 5-9　单盘转子

解　转子弯曲刚度为

$$k = \frac{48EI}{l^3} = \frac{48 \times 2.1 \times 10^{11} \times \pi \times 0.1^4}{0.6^3 \times 64} = 2.29 \times 10^8\,(\text{N/m})$$

轴的等效质量为

$$m_e = m \times \frac{17}{35} = \frac{\pi \times 0.1^2}{4} \times 0.6 \times 7.8 \times 10^3 \times \frac{17}{35} = 17.85\,(\text{kg})$$

系统总质量为

$$M + m_e = 100 + 17.87 = 117.87\,(\text{kg})$$

临界转速为

$$n_c = \frac{60}{2\pi}\sqrt{\frac{k}{M + m_e}} = \frac{30}{\pi}\sqrt{\frac{2.29 \times 10^8}{117.87}} = 13310\,(\text{r/min})$$

5.4　隔　振　原　理

振动不仅会影响机器本身的工作精度和使用寿命,甚至使零部件损坏,也会传递给周围的仪器设备,使它们也产生振动,无法正常工作。因此,有效地采用隔振技术是现代工业中的重要课题。

所谓隔振,就是在振源和设备或其他物体之间用弹性或阻尼装置连接,使振源产生的大部分能量由隔振装置吸收,以减小振源对设备的干扰。

隔振可分为两类:一类为主动隔振(积极隔振);另一类为被动隔振(消极隔振)。

5.4.1　力传递率

本身是振源的机器安装在刚性的地基上,它的振动将通过地基不折不扣地传递给周围的设备。为减小机器对周围设备的影响,必须在机器和地基之间加隔振装置,这是一种主动隔振措施。

图 5-10 是机器通过弹性装置安装在地基上的示意图。其中 m 表示机器的质量,k 为弹性装置的刚度,c(或 h/ω)为弹性装置的阻尼。当机器的振幅为 X_0 时,它传递到底座上的力有两部分:一部分通过弹簧传递到地基上,即弹簧力 kX_0;另一部分是由阻尼器传到地基上的力,即阻尼力 $c\omega X_0$(或 hX_0)。机器的受力分析和力矢量的关系如图 5-10 所示,传递到地基上的力幅 F_T 是上述两力的矢量和,即

$$F_T = \sqrt{(kX_0)^2 + (c\omega X_0)^2} = kX_0\sqrt{1 + (2\zeta\bar{\omega})^2} \tag{5-25}$$

由式(4-23)可知

$$F_0 = kX_0/\mathcal{M} = kX_0\sqrt{(1 - \bar{\omega}^2)^2 + (2\zeta\bar{\omega})^2}$$

代入式(5-25)得

$$F_T = \frac{F_0\sqrt{1 + (2\zeta\bar{\omega})^2}}{\sqrt{(1 - \bar{\omega}^2)^2 + (2\zeta\bar{\omega})^2}} \tag{5-26}$$

定义力传递率为

$$S = \frac{\text{通过弹性支承传递的力幅}}{\text{刚性支承传递的力幅}} = \frac{F_T}{F_0}$$

由式(5-26)得

$$S = \frac{\sqrt{1 + (2\zeta\bar{\omega})^2}}{\sqrt{(1 - \bar{\omega}^2)^2 + (2\zeta\bar{\omega})^2}} \tag{5-27}$$

当阻尼忽略不计,$\zeta = 0$,有

$$S = \frac{1}{|1 - \bar{\omega}^2|} \tag{5-28}$$

将式(5-27)画成力传递率曲线,如图 5-11 所示。从图中可见,当 $\bar{\omega} \ll 1$,$S \approx 1$。当系统的固有频率远大于激励频率时,隔振效果几乎没有;当 $\bar{\omega} < \sqrt{2}$,$S > 1$,不但没有什么隔振效果,反而会将原来的振动放大。当 $\bar{\omega} \approx 1$ 时,系统还要产生较大的共振振幅。因此,隔振器应避免在这一放大区工作。

在 $\bar{\omega} > \sqrt{2}$ 的区域, $S < 1$, 振动隔离才有可能,称为隔振区。这个概念对隔振设计者是很重要的。应该注意,在这个区域,阻尼不应过大,否则对隔振不利。

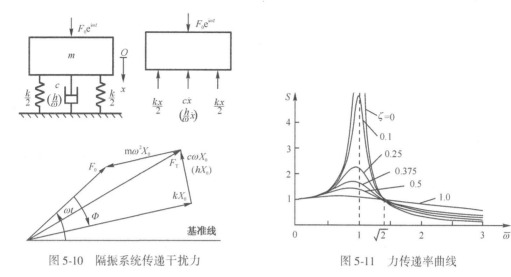

图 5-10　隔振系统传递干扰力　　　　　　　图 5-11　力传递率曲线

5.4.2　位移传递率

有时候,振源来自地基的运动,为了减小外界振动对设备的影响,需要在设备与地基之间安装隔振装置,这是一种被动隔振措施。设地基作简谐振动,如图5-12所示,且系统具有黏性阻尼,则运动微分方程为

$$m\ddot{x} = -k(x-y) - c(\dot{x}-\dot{y})$$

或

$$m\ddot{x} + c\dot{x} + kx = ky + c\dot{y} \tag{5-29}$$

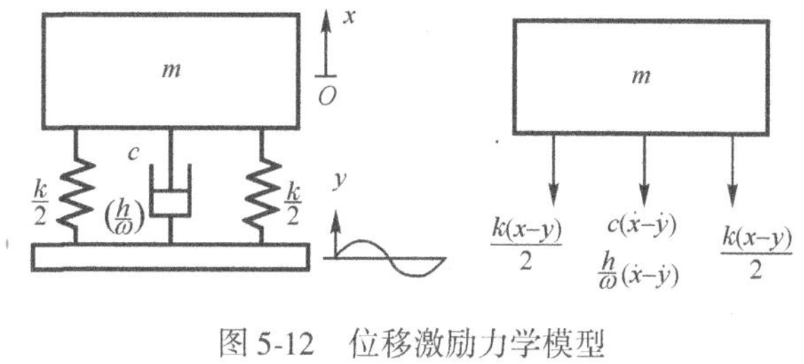

图 5-12　位移激励力学模型

设底座的简谐位移为

$$y = Ye^{i\omega t}$$

质量 m 受迫振动的稳态响应为

$$x = Xe^{i(\omega t - \Phi)}$$

把 x、y 的表达式代入式(5-29),得

$$(k - m\omega^2 + ic\omega)Xe^{i(\omega t - \Phi)} = (k + ic\omega)Ye^{i\omega t}$$

或

$$\frac{X}{Y}\mathrm{e}^{-\mathrm{i}\Phi} = \frac{k + \mathrm{i}c\omega}{k - m\omega^2 + \mathrm{i}c\omega} \tag{5-30}$$

位移传递率定义为

$$S = \frac{\text{系统质量的位移幅值}}{\text{底座的位移幅值}} = \frac{X}{Y}$$

则

$$S = \frac{X}{Y} = \frac{\sqrt{1 + (2\zeta\,\overline{\omega})^2}}{\sqrt{(1 - \overline{\omega}^2)^2 + (2\zeta\,\overline{\omega})^2}} \tag{5-31}$$

计算相位差 Φ 时,式(5-30)改写成

$$\mathrm{e}^{-\mathrm{i}\Phi} = \cos\Phi - \mathrm{i}\sin\Phi = \frac{Y}{X}\frac{\left[k(k - m\omega^2) + c^2\omega^2\right] - \mathrm{i}mc\omega^3}{(k - m\omega^2)^2 + c^2\omega^2}$$

由此得

$$\tan\Phi = \frac{\sin\Phi}{\cos\Phi} = \frac{mc\omega^3}{k(k - m\omega^2) + c^2\omega^2} = \frac{2\zeta\,\overline{\omega}^3}{1 - \overline{\omega}^2 + (2\zeta\,\overline{\omega})^2}$$

或

$$\Phi = \arctan\frac{2\zeta\,\overline{\omega}^3}{1 - \overline{\omega}^2 + (2\zeta\,\overline{\omega})^2} \quad (\text{或加 }\pi) \tag{5-32}$$

由式(5-27)和式(5-31)可知,当振源为简谐激励时,力传递率和位移传递率表达式相同。

　　若隔振效果以百分比计算,隔振效率 ψ 定义为

$$\psi = (1 - S) \times 100\% \tag{5-33}$$

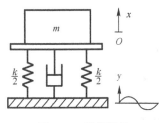

图 5-13　仪器隔振

【例 5-4】　某精密仪器安装在橡胶隔振垫上,如图 5-13 所示。已知系统的阻尼因子 $\zeta = 0.125$,系统固有频率 $f_{\mathrm{n}} = 3.8\mathrm{Hz}$。地面简谐运动最大位移 $Y = 2\mu\mathrm{m}$,地面最大速度 $\dot{Y} = 0.1256\mathrm{mm/s}$。求仪器的最大位移 X 和隔振效率。

　　解　由已知条件得

$$\omega = \frac{\dot{Y}}{Y} = \frac{\dot{y}_{\max}}{y_{\max}} = \frac{0.1256}{2 \times 10^{-3}} = 62.8\,(\mathrm{rad/s})$$

所以

$$\omega_{\mathrm{n}} = 2\pi f_{\mathrm{n}} = 3.8 \times 2 \times \pi = 23.9\,(\mathrm{rad/s})$$

$$\overline{\omega} = \frac{\omega}{\omega_{\mathrm{n}}} = \frac{62.8}{23.9} = 2.63 > \sqrt{2}$$

将以上数据代入式(5-31),得

$$S = \sqrt{\frac{1 + (2 \times 0.125 \times 2.63)^2}{(1 - 2.63^2)^2 + (2 \times 0.125 \times 2.63)^2}} = 0.2$$

最大位移为

$$X = SY = 0.2 \times 2 = 0.4\,(\mu\mathrm{m})$$

隔振效率为

$$\psi = (1 - S) \times 100\% = (1 - 0.2) \times 100\% = 80\%$$

【例 5-5】　某一仪器质量为 $8 \times 10^3 \mathrm{kg}$，用 8 个弹簧（每边 4 个）并联成为隔振系统。已知地面振动规律为 $y = 0.1\sin\pi t(\mathrm{cm})$，仪器容许的振幅 $X = 0.01\mathrm{cm}$，不计阻尼。试设计每个弹簧的刚度系数。

解　传递率为

$$S = \frac{X}{Y} = \frac{0.01}{0.1} = 0.1$$

不计阻尼情况下，从式（5-28）得

$$S = \frac{1}{|1 - \bar{\omega}^2|} = 0.1$$

解得 $\bar{\omega} = \sqrt{11}$，又有

$$\bar{\omega} = \frac{\omega}{\omega_\mathrm{n}} = \frac{\pi}{\sqrt{k/m}}$$

系统刚度为

$$k_e = \frac{\pi^2 m}{\bar{\omega}^2} = \frac{3.14^2 \times 8 \times 10^3}{11} = 7.18(\mathrm{kN/m})$$

每个弹簧刚度系数为

$$k = k_e/8 = 8.98(\mathrm{N/cm})$$

5.5　动力吸振器

根据 4.3 节对二自由度系统受迫振动特性的分析发现，当激励频率 $\omega^2 = k_{22}/m_2$ 时，质量 m_1 的振幅等于零。这意味着只要适当地选择系统的参数，就可使系统中有的质量作受迫振动，而有的质量保持不动。无阻尼动力吸振器就是应用这个原理而设计的。

5.5.1　无阻尼动力吸振器

机器-动力吸振器的力学模型如图 5-14 所示。设机器质量 m_1 和弹簧 k_1 组成的单自由度系统受简谐激励的作用，振幅较大。为了减小机器的振动，把质量 m_2 和弹簧 k_2 作为附加系统连接到原受迫振动系统上组成两自由度系统。由 4.3.1 节的分析可知，此系统稳态响应的振幅由式（4-92）给出

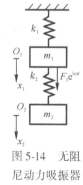

图 5-14　无阻尼动力吸振器

$$\begin{cases} X_1 = \dfrac{(k_{22} - m_2\omega^2)F_1}{(k_{11} - m_1\omega^2)(k_{22} - m_2\omega^2) - k_{12}^2} \\[4mm] X_2 = \dfrac{-k_{12}F_1}{(k_{11} - m_1\omega^2)(k_{22} - m_2\omega^2) - k_{12}^2} \end{cases}$$

整理并作简化，得

$$\begin{cases} X_1 = \dfrac{1}{\Delta}\left[\dfrac{F_1}{k_{11}}\left(1 - \dfrac{m_2}{k_{22}}\omega^2\right)\right] \\[4mm] X_2 = \dfrac{1}{\Delta}\left[-\dfrac{F_1}{k_{11}}\dfrac{k_{12}}{k_{22}}\right] \end{cases} \tag{5-34}$$

式中

$$\Delta = \left(1 - \frac{m_1}{k_{11}}\omega^2\right)\left(1 - \frac{m_2}{k_{22}}\omega^2\right) - \frac{k_{12}^2}{k_{11}k_{22}}$$

从式(5-34)可看出,当 ω 等于某一个值 ω_A 时,X_1 等于零,ω_A 称为吸振角频率。这个现象在工程中得到应用。从图5-14可知,$k_{22} = k_2$,由式(5-34)得吸振角频率为

$$\omega_A = \sqrt{k_2/m_2}$$

一般地,使 m_2 和 k_2 组成的单自由度系统固有角频率等于吸振角频率,则有 $X_1 = 0$,即机器不发生振动。故由 m_2 和 k_2 组成的附加系统称为动力吸振器。令

$$\eta = \frac{\omega}{\sqrt{k_1/m_1}}, \qquad \nu = \sqrt{\frac{k_2}{m_2} \cdot \frac{m_1}{k_1}}, \qquad \mu = \frac{m_2}{m_1} \qquad (5\text{-}35)$$

将式(5-35)代入式(5-34),得

$$X_1 = \frac{F_1}{k_1} \cdot \frac{\nu^2 - \eta^2}{\bar{\Delta}}, \qquad X_2 = \frac{F_1}{k_1} \cdot \frac{\nu^2}{\bar{\Delta}} \qquad (5\text{-}36)$$

式中

$$\bar{\Delta} = \eta^4 - (1 + \nu^2 + \mu\nu^2)\eta^2 + \nu^2$$

当 $\omega = \omega_A$,即 $\eta = \nu$ 时。由式(5-36)知

$$\begin{cases} X_1 = 0 \\ X_2 = -\dfrac{F_1}{k_1} \cdot \dfrac{1}{\mu\nu^2} = -\dfrac{F_1}{k_2} \end{cases} \qquad (5\text{-}37)$$

由式(5-37)看出,当机器质量 m_1 的振幅为零($X_1 = 0$)时,吸振器 m_2 的位移为 $-(F_1/k_2)\mathrm{e}^{\mathrm{i}\omega t}$,机器质量 m_1 受到弹簧 k_2 的作用力为 $-F_1\mathrm{e}^{\mathrm{i}\omega t}$,这个力正好和激励力大小相等,方向相反。而质量 m_2 受到弹簧 k_2 的作用力为 $F_1\mathrm{e}^{\mathrm{i}\omega t}$,也就是说,机器上的激励力由吸振器的质量 m_2 承受了,从而达到消除机器质量 m_1 振动的目的。

要求得 X_1 和 X_2,必须知道 μ 和 ν 的值。若取 $\nu = 1, \mu = 0.2$,则有

$$\bar{\Delta} = \eta^4 - (2 + \mu)\eta^2 + 1$$

令 $\bar{\Delta} = 0$,可得系统的两个共振频率 $\eta_1 \approx 0.8$ 和 $\eta_2 \approx 1.25$。图5-15是机器-吸振器系统的幅频特性曲线,图中

$$\mathscr{M}_1 = \frac{|X_1|}{F_1/k_1}, \qquad \mathscr{M}_2 = \frac{|X_2|}{F_1/k_1}$$

对不同的 μ 和 ν 值,可得到一系列类似于图5-15的曲线。

从图5-15中可以清楚看到,要达到吸振的目的,必须使 $\eta = \nu (= 1.0)$,即 $\omega = \omega_A$。由图5-15中的实线看出,当 ω 在 ω_A 附近变化,即 η 在1.0附近变动时,$\mathscr{M}_1 - \eta$ 曲线变化相当陡。这说明 ω 偏离 ω_A 时,吸振器基本上作用不大。也就是说无阻尼吸振器,仅对 $\omega = \omega_A$ 这一干扰频率有效。因此,无阻尼动力吸振器的使用范围受到限制。

注意到图5-15中在 $\omega = \omega_A$ 的两侧有两个共振峰,为了使机器能在 $\omega = \omega_A$ 处安全运转,希望两个共振频率相隔较远,即 μ 值要选择适当。

【例5-6】 某工业用洗衣机,质量为3600kg,洗衣时转速为60r/min,脱水时为420r/min,脱水运动时振动剧烈,经实测振幅的峰-峰值为1mm,试设计一动力吸振器。

解 这是一个工程实际问题。将洗衣机四周挡板与其他部分隔开,并在洗衣机下加4根撑脚,如图5-16所示,但振幅仍很大,实测振幅为0.8mm。

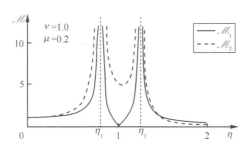

图 5-15　机器-吸振器系统的幅频特性曲线

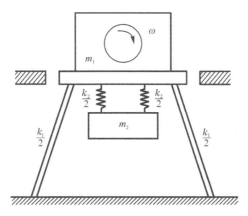

图 5-16　加吸振器后洗衣机模型

若采用动力吸振器,从以上分析知,无阻尼吸振器只对某一特定频率有效,故选择脱水时频率 7Hz 为吸振器频率 ω_A,但同时考虑不应在洗衣频率 1Hz 处产生共振。

首先取 $\mu = 0.15$,则吸振器质量为

$$m_2 = \mu m_1 = 0.15 \times 3360 = 504 (\text{kg})$$

将 m_2 做成 $1.1\text{cm} \times 0.6\text{cm} \times 0.32\text{cm}$ 的空心盒,内装混凝土,m_2 的制作完全取决于结构形状及空间位置。吸振器刚度为

$$k_2 = m_2 \times \omega^2 = 504 \times (2\pi \times 7)^2 = 970 (\text{kN/m})$$

采用簧片式可调节弹簧来实现这个刚度。再取 $\nu = 1.0$,使式(5-36)中的 $\bar{\Delta} = 0$,解方程

$$\bar{\Delta} = \eta^4 - (2.15)\eta^2 + 1 = 0$$

得到加上附加系统后两自由度系统的两个无量纲固有频率 $\eta_1 = 0.825, \eta_2 = 1.212$。从 $\nu = 1.0$ 可知

$$\sqrt{\frac{k_1}{m_1}} = \sqrt{\frac{k_2}{m_2}} = \omega_A$$

洗衣时机器转速为 1Hz,即 $\omega = 2\pi f = 2\pi$,无量纲得激励力频率

$$\eta = \omega \sqrt{\frac{m_1}{k_1}} = \frac{\omega}{\omega_A} = \frac{1}{7} = 0.143$$

故洗衣机安装动力吸振器后,洗衣时不会在 1Hz 处产生共振,且在整个运行转速范围内洗衣机的最大振幅 $X_1 = 0.2\text{mm}$。

5.5.2　阻尼动力吸振器

在图 5-14 所示无阻尼动力吸振器的质量与机器之间加一个黏性阻尼器,可组成附加系统为弹簧-质量-阻尼器的阻尼动力吸振器-机器系统,如图 5-17 所示。系统的振动微分方程可通过视察法直接写出,也可以从式(4-87)表示的二自由度系统受迫振动微分方程的一般形式获得。令式(4-87)中 $F_2 = 0$,则有

$$\begin{bmatrix} m_1 & 0 \\ 0 & m_2 \end{bmatrix} \begin{Bmatrix} \ddot{x}_1 \\ \ddot{x}_2 \end{Bmatrix} + \begin{bmatrix} c_2 & -c_2 \\ -c_2 & c_2 \end{bmatrix} \begin{Bmatrix} \dot{x}_1 \\ \dot{x}_2 \end{Bmatrix} + \begin{bmatrix} k_1 + k_2 & -k_2 \\ -k_2 & k_2 \end{bmatrix} \begin{Bmatrix} x_1 \\ x_2 \end{Bmatrix} = \begin{Bmatrix} F_1 \\ 0 \end{Bmatrix} \mathrm{e}^{\mathrm{i}\omega t} \quad (5\text{-}38)$$

通常,只对质量 m_1 的振幅感兴趣,采用与上一节同样的方法,得质量 m_1 稳态响应的幅值为

$$X_1 = \frac{F_1}{k_1} \left\{ \frac{(\nu^2 - \eta^2) + \mathrm{i}(2\zeta_2 \eta \nu)}{\eta^4 - (1 + \nu^2 + \mu\nu^2)\eta^2 + \nu^2 + \mathrm{i}(2\zeta_2 \eta \nu)[1 - (1 + \mu)\eta^2]} \right\} \quad (5\text{-}39)$$

式中, $\zeta_2 = c_2/c_c = c_2/2\sqrt{m_2 k_2}$,其他符号同式(5-35)。可看出,当 $\zeta_2 = 0$(即 $c_2 = 0$)时,式(5-39)的虚数部分等于零,式(5-39)回复到式(5-36)。

假定式(5-39)中取 $\mu = 0.05$,$\nu = 1.0$,对不同的阻尼比 ζ_2 做出质量 m_1 无量纲位移(动力放大因子) $\mathscr{M}_1 = |X_1 k_1/F_1|$ 随无量纲激励力频率 η 变化的曲线如图 5-18 所示。由图可见,不论 ζ_2 的值为多少,所有的曲线都通过 P、Q 两点。表明阻尼对这两个激励频率下质量 m_1 的振幅无影响。另外(在图中没有明显表示出来)从式(5-39)很容易看出,当 $\eta = 0$ 时,振幅 $|X_1 k_1/F_1| = \mathscr{M}_1 = 1.0$,这个情况与图 5-15 也是相同的。

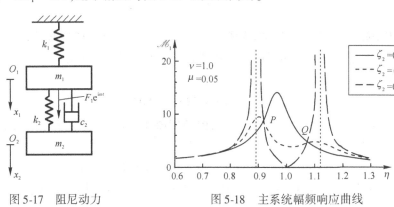

图 5-17　阻尼动力　　　　　　图 5-18　主系统幅频响应曲线
　　　　　　吸振器

下面求 P、Q 两点处的值。若令 $\zeta_2 = 0$ 时的 $\mathscr{M}_1$ 和 $\zeta_2 = \infty$ 时的 $\mathscr{M}_1$ 值相等,可以求出 P 点和 Q 点的横坐标值 $\eta_{P,Q}$。

当 $\zeta_2 = \infty$,从式(5-39)得

$$\mathscr{M}_1 = \left| \frac{X_1 k_1}{F_1} \right| = \frac{\pm 1}{1 - (1 + \mu)\eta^2} \quad (5\text{-}40)$$

令式(5-40)与 $\zeta_2 = 0$ 时(虚部为零)的式(5-39)相等,即

$$\frac{\pm 1}{1 - (1 + \mu)\eta^2} = \frac{\nu^2 - \eta^2}{\eta^4 - (1 + \nu^2 + \mu\nu^2)\eta^2 + \nu^2}$$

上式等号左边若取正号,则解出 $\eta = 0$,这时吸振无意义。故取负号,展开上式得

$$\eta^4 - (1 + \nu^2 + \mu\nu^2)\eta^2 + \nu^2 = (\nu^2 - \eta^2)(1 + \mu)\eta^2 - (\nu^2 - \eta^2)$$

或

$$\eta^4 - 2\left[\frac{1 + (1 + \mu)\nu^2}{2 + \mu}\right]\eta^2 + \frac{2\nu^2}{2 + \mu} = 0 \tag{5-41}$$

解代数方程(5-41)可得 η_P、η_Q，就能确定 P、Q 两点的放大因子 $(\mathscr{M}_1)_{P,Q}$ 为

$$(\mathscr{M}_1)_{P,Q} = \frac{\pm 1}{1 - (1 + \mu)\eta_{P,Q}^2} \tag{5-42}$$

这里需要说明一点,式(5-42)中有 ± 的原因是 $(1 + \mu)\eta_Q^2$ 一般大于1,而 $\mathscr{M}_1$ 是复数的模,必须为正。

　　研究工作表明,为了使 P、Q 两点等高,要适当选择 ν 值;使 $\mathscr{M}_1$ 的最大值在 P、Q 两点上,就要选择 ζ_2 值。首先确定最佳频率比 ν。

1. 最佳频率比和质量比的确定

　　通常,欲使 P、Q 位于同一高度,则由式(5-42)得

$$1 - (1 + \mu)\eta_P^2 = -[1 - (1 + \mu)\eta_Q^2]$$

或

$$\eta_P^2 + \eta_Q^2 = \frac{2}{1 + \mu} \tag{5-43}$$

由韦达定理知,式(5-41)两根之和等于负1乘第二项的系数,即

$$\eta_P^2 + \eta_Q^2 = 2\left[\frac{1 + (1 + \mu)\nu^2}{2 + \mu}\right] \tag{5-44}$$

从式(5-44)和式(5-43)可得最佳的 ν 和 μ 为

$$\begin{cases} \nu_{\text{opt}} = 1/(1 + \mu) \\ \mu_{\text{opt}} = (1 - \nu)/\nu \end{cases} \tag{5-45}$$

将式(5-45)代入式(5-41),得

$$\eta_{P,Q}^2 = \nu\left(1 \mp \sqrt{\frac{1 - \nu}{1 + \nu}}\right) = \frac{1}{1 + \mu}\left(1 \mp \sqrt{\frac{\mu}{2 + \mu}}\right) \tag{5-46}$$

即

$$(\mathscr{M}_1)_{P,Q} = \sqrt{(2 + \mu)/\mu} = \sqrt{\frac{1 + \nu}{1 - \nu}} \tag{5-47}$$

2. 最佳阻尼比

　　从图 5-18 可以看到,当 ζ_2 值较大时,P、Q 间将有一个峰值;而 ζ_2 较小时,该峰值将消失,但在 P、Q 之外仍会有较高峰值。为了优化吸振器,必须适当地选择阻尼,使幅频响应曲线的峰值落在 P、Q 之间,且等于 P、Q 点的幅值(图5-19)。通常这个峰值点 R 的频率选为 $\eta_R = 1$ 或 $\eta_R = \nu$。这两种情况下得到的最佳阻尼比为

$$\zeta_{\text{opt}} = \sqrt{1 - \nu^2}/2$$

或

$$\zeta_{opt} \approx \left(1 - \frac{3}{4}\mu\right)\sqrt{\mu/2} \tag{5-48}$$

由式(5-46)取 $\eta_{P,Q}^2$ 的平均值使得

$$\eta_R^2 = \frac{1}{1 + \mu}$$

最佳阻尼值为

$$\zeta_{opt} = \frac{\sqrt{2}}{2}(1 - \nu^2)$$

$$\zeta_{opt} \approx \sqrt{\frac{\mu}{2}}\left(1 - \frac{1}{2}\mu\right) \tag{5-49}$$

显然,从式(5-48)得到的 ζ_{opt} 和式(5-49)得到的在数值上不相等,但当 μ 值较小时,两者相差不大。

从以上推出的公式(5-47)可知,μ 值越大,系统稳态响应的幅值 X_1 的最大值越小,也就是说,吸振器质量 m_2 越大,减振效果越好。但实际工程上,受到各种条件的限制,μ 值不宜取得过大,一般取 $\mu < 0.25$ 为宜。

应该注意,当系统有阻尼时,反共振点的响应并不等于零,而有一定数值,如图 5-18 和图 5-19 所示。

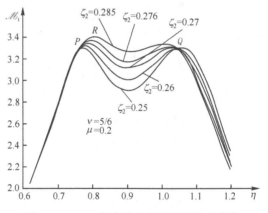

图5-19 P、Q 两点的主系统幅频响应曲线

【例5-7】 图 5-17 所示的系统中,已知 $m_1 = 20 \times 10^3 \text{kg}$,$k_1 = 10^7 \text{N/m}$,试设计阻尼动力吸振器。

解 按以上分析的步骤,首先取质量比 $\mu = 0.2$,吸振器质量

$$m_2 = 20 \times 10^3 \times 0.2 = 4 \times 10^3 (\text{kg})$$

由式(5-45)得最佳的频率比为

$$\nu_{opt} = \frac{1}{1 + \mu} = \frac{1}{1.2} = 0.833$$

根据频率比的定义

$$\nu = \sqrt{\frac{m_1}{k_1} \cdot \frac{k_2}{m_2}} = \sqrt{\frac{1}{0.2} \cdot \frac{k_2}{k_1}} = 0.833$$

解得附加系统的刚度

$$k_2 = 0.14k_1 = 1.4 \times 10^6 (\text{N/m})$$

从式(5-48)得

$$\zeta_{\text{opt}} = \sqrt{1 - \nu^2}/2 \approx 0.277$$

由式(5-49)得最佳的阻尼比

$$\zeta_{\text{opt}} = \sqrt{\frac{\mu}{2}\left(1 - \frac{1}{2}\mu\right)} = 0.285$$

取 $\zeta_2 = 0.28$,则有

$$\mu_1 = \sqrt{\frac{2 + \mu}{\mu}} = \sqrt{11} = 3.22$$

以上结果均表示在图 5-19 上。由图可见,在整个频段内不出现幅值很大的响应。

5.6　振 动 控 制

振动控制是一个涉及领域非常广泛的工程问题,所谓振动控制是指采用某种措施使机械或结构在动力载荷作用下的响应不超过某一限量,以满足工程要求。

振动控制的明显特点是面向不同的实际结构,采用不同的控制机理。

按振动控制对外部能量需求来划分,振动控制可分为:被动控制、主动控制、半主动控制和混合控制。除被动控制外,其他三种控制方式中的控制力全部或部分地根据反馈信号按照某种事先设计的控制律实时产生。

被动控制是在结构中设计振动控制装置,以达到隔离、调谐、吸能耗能、减振的目的。例如,应用 5.4 节的隔振原理进行振动隔离;应用第 4 章系统在简谐激励下振动特性,通过调整系统固有角频率以避开共振,或快速通过共振区;应用共振区内阻尼控制系统响应的原理,用增加阻尼耗散能量来降低响应;用动力吸振器来吸收振动能量,以减小主系统的振幅。

被动控制的主要特点是不需要外部能源、技术简单、造价低、性能可靠。在被动控制中,控制力无需反馈控制,其主要优点是成本低、不消耗外部能量、不会影响结构的稳定性。缺点是不能随着环境、激励源、控制要求的变化调节振动控制系统特性,因此,有时难以适应变工况机械系统的振动控制要求。

主动控制的主要特点是需要外部能源提供次级激励,抵消初级激励产生的振动,一般能取得更好的振动控制效果,对环境有较强的适应力,但依赖外部的控制系统和能源。与开环控制相比,具有负反馈的闭环控制系统的效果好,但稳定性差。

混合控制是指用主动控制来补充和改善被动控制性能的方案,由于混合了被动控制,因此减小了全主动控制方案中对能量的要求。半主动控制中通常包含某种对能量需求很低的可控设备,如可变节流孔阻尼器和变刚度隔振系统等,作用时所需的外部能量通常比主动控制小得多。一些初步研究表明混合控制与半主动控制的性能大大优于被动控制,甚至可达到或超过主动控制的性能,并在稳定性与适用性方面优于后者。目前,主动控制和半主动控制是振动控制研究的热点之一。

振动控制应该按照控制精度、应用场景等的特点和限制,确定合理指标,采用不同的控制方案。如稳定平台,控制目的是消除振动,使平台系统尽可能保持稳定;而土木结构中,控制目

的是减少振动和保证安全,并不要求完全消除振动。在高精度应用中常采用精密的智能结构,如 Steward 六自由度稳定平台,可采用 Terfonol-D 等磁滞伸缩材料,尺寸与重量都比较小,在控制器设计时,常采取比较复杂的控制策略,以达到微米级或纳米级精度的控制效果,而相对地,对控制能量要求不大。相反,在一些低精度结构控制中,如高层建筑等超大尺寸、重量的对象,控制规律要具有相对简单、高可靠性和低控制能量等特点。

需要提醒的是,振动控制不仅仅局限于控制振动的幅值、速度和加速度的控制,有些情况下,振动力或振动能量的控制更重要。例如,汽车发动机悬置设计,控制目标不是发动机振动,而是减小发动机传递给车身的振动力或者振动能量,降低车身振动及其辐射噪声,提高乘用舒适性。

此外,从结构是否含有智能材料的角度划分,可分为智能控制与非智能控制;从振动控制系统性质划分,可以分为线性控制和非线性控制。

总之,机械结构及其激励力类型繁多,控制目标多样,实现手段丰富,振动控制往往是多学科交叉的理论与工程问题,吸引了动力学、机械工程、土木工程、航空航天、船舶与海洋等领域的国内外学者不断研究,取得了丰富成果,其中不少新技术解决了很多工程实际中振动控制难题。同时,根据现实中的振动控制工程需求,又不断提出新的课题,期待后人研究探索。

习　　题

5-1　具有黏性阻尼的弹簧-质量系统,使质量偏离平衡位置然后释放。如果每一循环振幅减小 5%,那么系统所具有的等效黏性阻尼系数占临界阻尼系数的百分之几?

5-2　一振动系统具有下列参数:质量 $m = 17.5\text{kg}$,弹簧刚度 $k = 70.0\text{N/cm}$,黏性阻尼系数 $c = 0.70\text{N·s/cm}$。求:① 阻尼比 ζ; ② 有阻尼固有频率; ③ 对数衰减率; ④ 任意二相临极大值的比值。

5-3　某单自由度系统中,等效质量 $m = 1\text{kg}$,等效刚度 $k = 5\text{kN/m}$,在振动 5 周后振幅降为初始振幅的 25%。求系统的等效黏性阻尼系数 c。

5-4　带黏性阻尼的单自由度系统,质量 $m = 5\text{kg}$,等效刚度 $k = 10\text{kN/m}$,其任意两相邻极大值的比为 1:0.98,求:① 系统的有阻尼固有频率; ② 对数衰减率; ③ 阻尼系数 c; ④ 阻尼比 ζ。

5-5　机器质量为 453.4kg,安装时使支承弹簧产生的静变形为 5.08mm,若机器的旋转失衡为 0.2308kg·m。求:① 在 1200r/min 时传给地面的力; ② 在同一速度下的动振幅(假定阻尼可以忽略)。

5-6　如果题 5-5 的机器安装在质量为 1136kg 的大混凝土基础上,增加基础下面弹簧的刚度使弹簧静变形为 5.08mm,则动振幅将是多少?

5-7　质量为 113kg 的精密仪器通过橡皮衬垫装在基础上,基础受到频率为 20Hz、振幅为 15.24cm/s² 加速度激励,设橡皮衬垫具有参数:$k = 2802\text{N/cm}$,$\zeta = 0.10$。问:传给精密仪器的加速度是多少?

5-8　如图 5-20 所示,惯性激振器用来测定一重 180N 结构振动特性。当激振器的转速为 900r/min 时,闪光测频仪显示激振器的偏心质量在正上方,而结构正好通过静平衡位置向上移动,此时振幅为 0.01m,若每个激振器的偏心质量矩为 0.01kg·m(共 2 个),求:① 结构的固有频率; ② 结构的阻尼比; ③ 当转速为 1200r/min 时的振幅。

5-9 如图 5-21 所示,机器重 2500kN,弹簧刚度 $k = 800kN/m$,阻尼比 $\zeta = 0.1$,干扰力频率与发动机转速相等。试问:① 在多大转速下,传递给基础的力幅大于激振力幅; ② 传递力幅为激振力幅 20% 时的转速是多大?

5-10 一仪器要与发动机的频率从 $1600 \sim 2200r/min$ 范围实现振动隔离,若要隔离 85%,仪器安装在隔振装置上时,隔振装置的静变形应为多少?

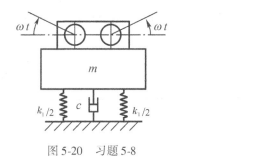 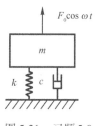

图 5-20 习题 5-8   图 5-21 习题 5-9

5-11 如图 5-22 所示,悬挂系统的固有频率为 0.5Hz,箱子从 0.5m 高处落下,求所需的振荡空间。

5-12 如图 5-23 所示,某筛煤机的筛子以 600r/min 的频率作往复运动,机器重 500kN,基频为 400r/min。若装上一个重 125kN 的吸振器以限制机架的振动,求吸振器的弹簧刚度 k_2 及该系统的两个固有频率。

5-13 为了消除某管道在机器转速为 232r/min 的强烈振动,在管道上安装弹簧-质量系统吸振器。某次试验用调谐于 232r/min 的质量为 2kg,吸振器使系统产生了 198r/min 和 272r/min 两个固有频率。若要使该系统的固有频率在 $160 \sim 320r/min$ 之外,问吸振器的弹簧刚度应为多少?

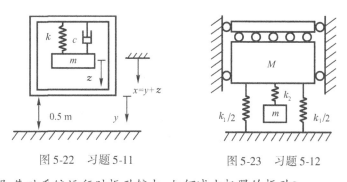

图 5-22 习题 5-11   图 5-23 习题 5-12

5-14 某机器-基础系统运行时振动较大,如何减小机器的振动?

5-15 举例说明日常生活中由于振动引起的问题,试用学到的知识加以解决。

5-16 举例说明日常生活中利用振动解决的问题,或完成的工作。利用学到的振动理论设计某利用振动的装置。

第6章 连续系统

严格地讲,任何机器零件和结构元件都是由质量和刚度连续分布的弹性体所组成的,需要无限多个坐标来描述其运动,因此,它们是无限多个自由度的连续系统。对有些问题,为了便于分析和计算,将它们简化并离散成有限个自由度的系统。但在某些情况下,工程设计要求一些零部件按弹性体作振动分析,不能作离散化处理。这就需要研究工程上常用的弹性体,如杆、轴、梁、板壳等,求出它们在一定边界条件下的固有特性及它们受迫振动的响应。

本章将研究这些质量和弹性连续分布、几何形状简单的弹性体,并假设它们是均匀的和各向同性的,应力和应变之间的关系服从胡克定律。

6.1 杆的纵向振动

6.1.1 运动微分方程

设有一根均质等截面直杆,如图 6-1 所示,图中 $u(x,t)$ 为轴向位移,$F(x,t)$ 为作用在横截面上的轴向力,ε 为单位长度伸长量,A 为直杆的横截面积,E 为拉压弹性模量,ρ 为质量密度。

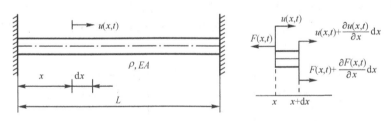

图 6-1 杆微段的位移

设杆微段 $\mathrm{d}x$ 两端所受的拉力分别为 $F(x,t)$ 和 $F(x,t)+[\partial F(x,t)/\partial x]\mathrm{d}x$,两端面受力之差为 $[\partial F(x,t)/\partial x]\mathrm{d}x$,而左端面($x$ 处)的拉力与端面位移的关系为

$$F(x,t) = AE\varepsilon = AE\partial u(x,t)/\partial x$$

同样,微段 $\mathrm{d}x$ 在 $x+\mathrm{d}x$ 截面处的振动位移是 $u(x,t)+[\partial u(x,t)/\partial x]\mathrm{d}x$。由牛顿第二定律表达的杆微段的轴向力与轴向加速度之间的关系为

$$\rho A\mathrm{d}x \frac{\partial^2 u(x,t)}{\partial t^2} = F(x,t) + \frac{\partial F(x,t)}{\partial x}\mathrm{d}x - F(x,t) = AE\frac{\partial^2 u(x,t)}{\partial x^2}\mathrm{d}x$$

或

$$\frac{\partial^2 u(x,t)}{\partial x^2} = \frac{1}{a^2}\frac{\partial^2 u(x,t)}{\partial t^2} \tag{6-1}$$

式中,$a^2 = E/\rho$,对一定材料的杆来说,a 是一个常数。

方程(6-1)为等截面杆纵向自由振动微分方程,这是一个包含 x 和 t 两个自变量的偏微分方程,称为波动方程。可以证明式中 a 是杆中纵波沿杆的轴线方向传播的速度。

6.1.2 微分方程的解

根据前面对多自由度系统无阻尼自由振动特性的讨论,当系统按某一个固有频率振动时,系统中各质点同时经过系统的静平衡位置,也同时到达偏离平衡位置的最大值,即系统上各质点的振幅有一定的比例,它与时间无关。连续系统可看作自由度趋向于无穷的多自由度系统,它有类似的特性,因此可设方程(6-1)的解为

$$u(x,t) = X(x)\Phi(t) \tag{6-2}$$

式中,$X(x)$为振型函数,与时间变量t无关;而$\Phi(t)$为时间的函数,与杆的位置x无关。将式(6-2)代入式(6-1),得

$$\Phi(t)\frac{d^2X(x)}{dx^2} = \frac{1}{a^2}X(x)\frac{d^2\Phi(t)}{dt^2} \tag{6-3}$$

式(6-3)两边同除以$X(x)\Phi(t)$,则式(6-3)改写为

$$\frac{a^2}{X(x)}\frac{d^2X(x)}{dx^2} = \frac{1}{\Phi(t)}\frac{d^2\Phi(t)}{dt^2} \tag{6-4}$$

从式(6-4)可以看出,方程左边的值依赖于空间变量,而右边的值依赖于时间变量,因此,只有当方程的左边和方程的右边等于同一个常数,式(6-4)才能成立。为了使解在时域内是有限的,并且可得到满足边界条件的非零解,设常数为$-\omega^2$,则有

$$\frac{d^2\Phi(t)}{dt^2} + \omega^2\Phi(t) = 0 \tag{6-5}$$

$$\frac{d^2X(x)}{dx^2} + \frac{\omega^2}{a^2}X(x) = 0 \tag{6-6}$$

这使方程式(6-1)中的变量x和t分离,并得到两个二阶线性常微分方程。上列方程的解为

$$\Phi(t) = A_1\cos\omega t + B_1\sin\omega t \tag{6-7}$$

$$X(x) = C_1\cos\omega(x/a) + D_1\sin\omega(x/a) \tag{6-8}$$

式中,$X(x)$为杆纵向自由振动的振型函数;ω为杆纵向自由振动的固有角频率。

将式(6-7)和式(6-8)代入式(6-2),得到杆纵向自由振动的解

$$u(x,t) = \left[C_1\cos\omega(x/a) + D_1\sin\omega(x/a)\right](A_1\cos\omega t + B_1\sin\omega t)$$
$$= \left(C\cos\frac{\omega x}{a} + D\sin\frac{\omega x}{a}\right)\sin(\omega t + \varphi) \tag{6-9}$$

式中,C、D、ω、φ为四个待定常数,由杆的两个边界条件和两个初始条件决定。

现考察两端自由的杆,分析其固有角频率及主振型。由于杆的两端自由,因此其边界条件为在任何时刻杆的两端应变为零,即

$$\left.\frac{\partial u}{\partial x}\right|_{x=0} = 0 \quad 和 \quad \left.\frac{\partial u}{\partial x}\right|_{x=l} = 0$$

将两个边界条件分别代入式(6-9),得

$$\left.\frac{\partial u}{\partial x}\right|_{x=0} = D\frac{\omega}{a}\sin(\omega t + \varphi) = 0 \tag{6-10}$$

$$\left.\frac{\partial u}{\partial x}\right|_{x=l} = \left(D\frac{\omega}{a}\cos\frac{\omega l}{a} - C\frac{\omega}{a}\sin\frac{\omega l}{a}\right)\sin(\omega t + \varphi) = 0 \tag{6-11}$$

对式(6-10),因$\sin(\omega t + \varphi)$不恒等于零,故$D=0$;由式(6-11)得

$$-C\frac{\omega}{a}\sin\frac{\omega l}{a} = 0$$

此时 C 不能为零,否则就得到 $u(x,t)=0$ 的非振动解,因此必有

$$\sin\frac{\omega l}{a} = 0 \qquad\qquad (6\text{-}12)$$

式(6-12)为杆纵向振动的频率方程,它有无限多个固有频率。由式(6-12)得

$$\frac{\omega l}{a} = i\pi$$

杆固有角频率为

$$\omega_i = \frac{i\pi a}{l} = \frac{i\pi}{l}\sqrt{\frac{E}{\rho}}, \qquad (i = 1,2,\cdots) \qquad (6\text{-}13)$$

由于 $X(x)$ 幅值的任意性,对应于 ω_i 的振型可取

$$X_i(x) = C_i\cos\frac{i\pi x}{l} \qquad\qquad (6\text{-}14)$$

令 $i=1,2,3$, 分别代入式(6-13)和式(6-14),求得前 3 非零阶固有频率和相应的主振型,即

当 $i=1$ 时, $\qquad \omega_1 = \frac{\pi}{l}\sqrt{\frac{E}{\rho}}, \qquad X_1(x) = C_1\cos\frac{\pi x}{l}$

当 $i=2$ 时, $\qquad \omega_2 = \frac{2\pi}{l}\sqrt{\frac{E}{\rho}}, \qquad X_2(x) = C_2\cos\frac{2\pi x}{l}$

当 $i=3$ 时, $\qquad \omega_3 = \frac{3\pi}{l}\sqrt{\frac{E}{\rho}}, \qquad X_3(x) = C_3\cos\frac{3\pi x}{l}$

以上 3 阶主振型如图 6-2 所示,可以看出,随着频率阶数的增加,节点数也随之增加。

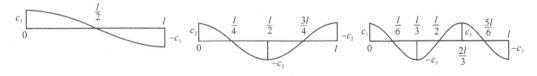

图 6-2　杆纵向振动主振型

【例 6-1】　图 6-3 为简化后的船舶推进轴系力学模型,求其纵向振动固有频率及主振型。

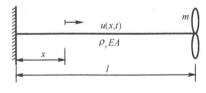

图 6-3　船舶推进轴系

解　由模型可知,边界条件为

$$u\Big|_{x=0} = 0 \qquad\qquad (6\text{-}15a)$$

在 $x=l$ 处,轴向拉伸力必须等于振动质量 m 的惯性力,即

$$AE\left(\frac{\partial u}{\partial x}\right)_{x=l} = -m\left(\frac{\partial^2 u}{\partial t^2}\right)_{x=l} \tag{6-15b}$$

将式(6-15a)代入式(6-9)得 $C=0$。由式(6-15b)得

$$AE\frac{\omega}{a}\cos\frac{\omega l}{a} = m\omega^2\sin\frac{\omega l}{a}$$

或

$$\frac{AE}{am\omega} = \tan\frac{\omega l}{a} \tag{6-15c}$$

令 $\alpha = \rho A l/m$，$\beta = \omega l/a$，则式(6-15c)改写为

$$\alpha = \beta\tan\beta \tag{6-15d}$$

式(6-15d)为超越方程，解式(6-15d)得各阶固有频率为

$$\omega_i = \frac{a\beta_i}{l} \tag{6-15e}$$

对一个确定轴系，a 是已知值，若取弹性模量 $E = 2.1\times10^{11}\,\mathrm{N/m^2}$，质量密度 $\rho = 7.85\times10^3$ $\mathrm{kg/m^3}$，则

$$a = \sqrt{\frac{E}{\rho}} = \sqrt{\frac{2.1\times10^{11}}{7.85\times10^3}} = 5.2\times10^3\,(\mathrm{m/s})$$

固有频率为

$$\omega_i = \frac{a\beta_i}{l} \approx 5.2\times10^3\frac{\beta_i}{l}\,(\mathrm{rad/s})$$

将方程 $\beta\tan\beta = \alpha$ 以表格形式给出，如表 6-1 所示。表中 β_1 与系统的基频 ω_1 相对应。振型函数为 $X_i(x) = D_i\sin\dfrac{\omega_i x}{l}$。

表 6-1　超越方程 β_1 与 α 的关系

α	0.01	0.10	0.30	0.50	0.70	0.90	1.00	1.50
β_1	0.10	0.31	0.52	0.65	0.75	0.83	0.86	0.99
α	2.00	3.00	4.00	5.00	10.0	20.0	100.0	∞
β_1	1.08	1.20	1.26	1.31	1.43	1.50	1.55	$\pi/2$

对于直杆纵向振动的典型边界条件，如两端固定，两端自由等，均可用同样的方法进行计算，结果列于表 6-2 中。

表 6-2　均匀直杆典型边界条件下的角频率与振型函数

边界条件	频率方程	主振型函数
一端固定 一端自由	$\omega_i = \dfrac{(2i-1)\pi}{2l}\sqrt{\dfrac{E}{\rho}}$	$X_i(x) = D_i\sin(2i-1)\dfrac{\pi x}{2l},\quad i=1,2,\cdots$
两端固定	$\omega_i = \dfrac{i\pi}{l}\sqrt{\dfrac{E}{\rho}}$	$X_i(x) = D_i\sin\dfrac{i\pi x}{l},\quad i=1,2,\cdots$
两端自由	$\omega_i = \dfrac{i\pi}{l}\sqrt{\dfrac{E}{\rho}}$	$X_i(x) = C_i\cos\dfrac{i\pi x}{l},\quad i=1,2,\cdots$

6.2 轴的扭转振动

6.2.1 运动微分方程

如图 6-4 所示长度为 dx 的等截面直圆微轴段，$\theta(x,t)$为扭转角，$T(x,t)$为扭矩，J为单位长度轴段绕纵轴的转动惯量，I_p为轴截面的极惯性矩，ρ为质量密度，G为材料的剪切模量。

由材料力学可知，扭矩与扭角的关系为

$$T(x,t)=GI_p\frac{\partial\theta(x,t)}{\partial x}$$

微轴段经过长度 dx 后扭矩的变化量为

$$\frac{\partial T(x,t)}{\partial x}\mathrm{d}x=GI_p\frac{\partial^2\theta(x,t)}{\partial x^2}\mathrm{d}x$$

则 $x+\mathrm{d}x$ 截面上的内扭矩为

$$T(x,t)+\frac{\partial T(x,t)}{\partial x}\mathrm{d}x=T(x,t)+GI_p\frac{\partial^2\theta(x,t)}{\partial x^2}\mathrm{d}x$$

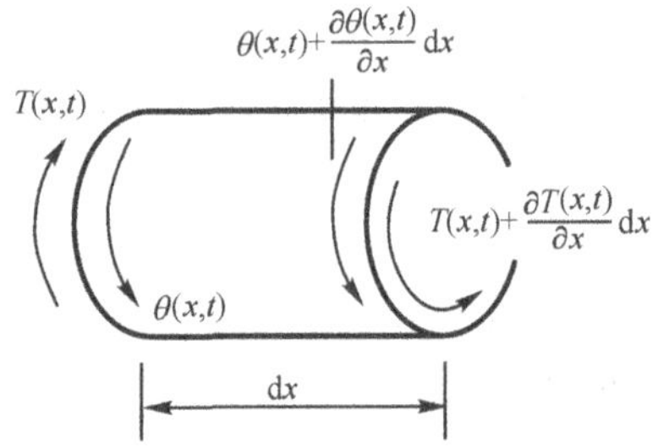

图 6-4 轴单元受力分析

微轴段圆柱形的转动惯量 J 为

$$J=\rho I_p\mathrm{d}x$$

根据图 6-4 所示的单元体受力分析，由质系动量矩定理得

$$\rho I_p\mathrm{d}x\frac{\partial^2\theta(x,t)}{\partial t^2}=\left[T(x,t)+GI_p\frac{\partial^2\theta(x,t)}{\partial x^2}\mathrm{d}x\right]-T(x,t)$$

$$\rho\frac{\partial^2\theta(x,t)}{\partial t^2}=G\frac{\partial^2\theta(x,t)}{\partial x^2}\tag{6-16}$$

令 $b=\sqrt{G/\rho}$ 则式(6-16)改写为

$$\frac{\partial^2\theta(x,t)}{\partial x^2}=\frac{1}{b^2}\frac{\partial^2\theta(x,t)}{\partial t^2}\tag{6-17}$$

式(6-17)是轴作扭转振动的偏微分方程。同式(6-1)的形式完全一样，式中 b 是扭转波的传播速度，也是一个常数。$J=I_p\rho$ 只适合于圆形截面的情况。

6.2.2 微分方程的解

由于轴的扭转振动方程与杆的纵向振动运动方程的形式完全一样，对照式(6-1)，可直接写出式(6-17)的解为

$$\begin{aligned}\theta(x,t)&=\left(A_1\sin\frac{\omega x}{b}+B_1\cos\frac{\omega x}{b}\right)(C_1\sin\omega t+D_1\cos\omega t)\\&=\left(A\sin\frac{\omega x}{b}+B\cos\frac{\omega x}{b}\right)\sin(\omega t+\varphi)\end{aligned}\tag{6-18}$$

式(6-18)中，ω 代表轴扭振的固有角频率，A、B、ω、φ 是待定常数。式(6-18)也可写成

$$\theta(x,t)=\Theta(x)(C\sin\omega t+D\cos\omega t)\tag{6-19a}$$

式中, $\Theta(x)$ 为圆轴扭振的振型函数, 即

$$\Theta(x) = A\sin\frac{\omega}{b}x + B\cos\frac{\omega x}{b} \tag{6-19b}$$

【例 6-2】　图 6-5 表示的系统中, 长度为 l 的等截面圆轴两端带有两个圆盘, 它们的转动惯量分别为 J_1 和 J_2, 轴的扭转刚度为 GI_p, 轴两端都是自由边界条件。计算轴系扭转振动的固有频率和主振型。

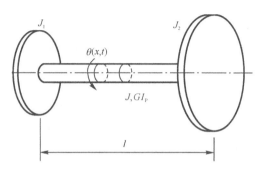

图 6-5　轴系扭转系统

解　由图可知, 系统的边界条件为

$$J_1\left[\frac{\partial^2\theta(x,t)}{\partial t^2}\right]_{x=0} = GI_p\left[\frac{\partial\theta(x,t)}{\partial x}\right]_{x=0}$$

$$J_2\left[\frac{\partial^2\theta(x,t)}{\partial t^2}\right]_{x=l} = -GI_p\left[\frac{\partial\theta(x,t)}{\partial x}\right]_{x=l}$$

将式 (6-18) 代入边界条件, 得

$$-J_1\omega^2 B = A\frac{\omega}{b}GI_p$$

$$-\omega^2\left(A\sin\frac{\omega l}{b} + B\cos\frac{\omega l}{b}\right)J_2 = -\frac{\omega}{b}GI_p\left(A\cos\frac{\omega l}{b} - B\sin\frac{\omega l}{b}\right)$$

消去 A 和 B, 得

$$J_2\omega^2\left(\cos\frac{\omega l}{b} - \frac{\omega b}{GI_p}J_1\sin\frac{\omega l}{b}\right) = -\frac{\omega}{b}GI_p\left(\frac{\omega b}{GI_p}J_1\cos\frac{\omega l}{b} + \sin\frac{\omega l}{b}\right)$$

令 $\frac{\omega l}{b}=\beta$, $R_1 = \frac{J_1}{J_0} = \frac{J_1}{\rho l I_p}$, $R_2 = \frac{J_2}{J_0} = \frac{J_2}{\rho l I_p}$ (J_0 是轴绕自身中心线的转动惯量), 可得

$$\beta R_2(1 - R_1\beta\tan\beta) = -(\tan\beta + R_1\beta)$$

或

$$\tan\beta = \frac{(R_1 + R_2)\beta}{R_1 R_2\beta^2 - 1} \tag{6-20}$$

式 (6-20) 就是系统的频率方程, 它是一个超越方程, 有无穷多个解 β_i ($i = 1, 2, \cdots$)。而 $\omega_i = \beta_i b/l$ ($i = 1, 2, \cdots$) 为系统的各阶固有频率。把 ω_i 代入式 (6-19b), 这时 $B = B_i$, 就可得响应各阶的主振型, 即

$$\Theta_i = B_i\cos\frac{\omega_i x}{b} - R_1\beta_i\sin\frac{\omega_i x}{b}, \qquad (i = 1, 2, \cdots) \tag{6-21}$$

上述推导说明连续系统的各阶固有频率和主振型完全取决于系统的边界条件, 亦即边界条件

决定弹性体自由振动的解。

若 R_1 和 R_2 很小或轴两端无盘,表示两端自由的轴作自由振动,即有

$$\tan\beta = 0 \tag{6-22}$$

从而

$$\beta_i = i\pi, \qquad (i = 1,2,\cdots) \tag{6-23}$$

式(6-22)为两端自由的圆轴自由振动固有频率方程。

6.3　梁的横向振动

6.3.1　运动微分方程

设细长直梁作横向弯曲振动,如图 6-6(a)所示。若梁的横向位移 $y = y(x,t)$ 仅由弯曲引起,这种梁模型称为"欧拉-伯努利梁"。设:$Q(x,t)$ 为剪力,$M(x,t)$ 为弯矩,$I(x,t)$ 为梁截面绕中性轴的惯性矩,$A(x)$ 为梁的截面积,ρ 为材料的质量密度,E 为材料的杨氏模量。对图 6-6(b)中梁的微单元体,按牛顿第二定律有

$$\rho A(x)\frac{\partial^2 y(x,t)}{\partial t^2}\mathrm{d}x = -\left[Q(x,t) + \frac{\partial Q(x,t)}{\partial x}\mathrm{d}x\right] + Q(x,t) + q(x,t)\mathrm{d}x$$

或

$$\rho A(x)\frac{\partial^2 y(x,t)}{\partial t^2} = -\frac{\partial Q(x,t)}{\partial x} + q(x,t) \tag{6-24}$$

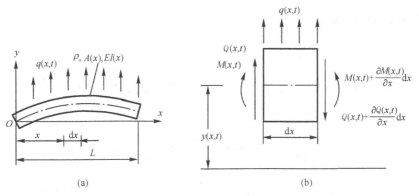

图 6-6　弯曲梁受力分析

另外,由梁微元体对右端面任意点的力矩平衡,有

$$-Q(x,t)\mathrm{d}x + \frac{\partial M(x,t)}{\partial x}\mathrm{d}x = 0$$

或

$$\frac{\partial M(x,t)}{\partial x} = Q(x,t), \qquad \frac{\partial Q(x,t)}{\partial x} = \frac{\partial^2 M(x,t)}{\partial x^2} \tag{6-25}$$

由材料力学可知

$$M = EI\frac{\partial^2 y(x,t)}{\partial x^2} \tag{6-26}$$

式中，EI 为梁的抗弯刚度。将式(6-26)代入式(6-25)，当梁为等截面，A 和 EI 为常数时

$$\frac{\partial Q(x,t)}{\partial x} = \frac{\partial^2 M(x,t)}{\partial x^2} = \frac{\partial^2}{\partial x^2}\left[EI\frac{\partial^2 y(x,t)}{\partial x^2}\right] = EI\frac{\partial^2 y(x,t)}{\partial x^4} \tag{6-27}$$

由式(6-24)和式(6-27)得

$$EI\frac{\partial^4 y(x,t)}{\partial x^4} + \rho A\frac{\partial^2 y(x,t)}{\partial t^2} = q(x,t) \tag{6-28}$$

式(6-28)称为欧拉-伯努利梁方程。定义

$$a = \sqrt{\frac{EI}{\rho A}} \tag{6-29}$$

当梁作自由振动时，$q(x,t)=0$，则有

$$\frac{\partial^4 y(x,t)}{\partial x^4} + \frac{1}{a^2}\frac{\partial^2 y(x,t)}{\partial t^2} = 0 \tag{6-30}$$

6.3.2　微分方程的解

求解式(6-30)四阶齐次微分方程。设解的形式为

$$y(x,t) = Y(x)\Phi(t) \tag{6-31}$$

将式(6-31)对 x 和 t 分别求四次偏导和二次偏导

$$\frac{\partial^4 y(x,t)}{\partial x^4} = \Phi(t)\frac{\mathrm{d}^4 Y(x)}{\mathrm{d}x^4}, \qquad \frac{\partial^2 y(x,t)}{\partial t^2} = Y(t)\frac{\mathrm{d}^2\Phi(t)}{\mathrm{d}t^2}$$

把以上两式代入式(6-30)，整理得

$$\frac{a^2}{Y(x)}\frac{\mathrm{d}^4 Y(x)}{\mathrm{d}x^4} = -\frac{1}{\Phi(t)}\cdot\frac{\mathrm{d}^2\Phi(t)}{\mathrm{d}t^2}$$

必须把分离常数设为 $+\omega^2$，方能使方程成立，即

$$\frac{a^2}{Y(x)}\frac{\mathrm{d}^4 Y(x)}{\mathrm{d}x^4} = -\frac{1}{\Phi(t)}\frac{\mathrm{d}^2\Phi(t)}{\mathrm{d}t^2} = 常数 = \omega^2 \tag{6-32}$$

由此导出

$$\frac{\mathrm{d}^2\Phi(t)}{\mathrm{d}t^2} + \omega^2\Phi(t) = 0 \tag{6-33}$$

$$\frac{\mathrm{d}^4 y(x)}{\mathrm{d}x^4} - \frac{\omega^2}{a^2}Y(x) = 0 \tag{6-34}$$

方程(6-33)的解为

$$\Phi(t) = A_1\sin\omega t + B_1\cos\omega t \tag{6-35}$$

方程(6-34)可改写为

$$\frac{\mathrm{d}^4 Y(x)}{\mathrm{d}x^4} - \beta^4 Y(x) = 0 \tag{6-36}$$

式中

$$\beta^4 = \frac{\omega^2}{a^2} = \frac{\rho A}{EI}\omega^2 \tag{6-37}$$

　　方程(6-36)的解的形式为 e^{sx}，从而有特征方程 $s^4 - \beta^4 = 0$，根为 $s_{1,2} = \pm i\beta$，$s_{3,4} = \pm\beta$。因此有

$$Y(x) = C\sin\beta x + D\cos\beta x + E\sinh\beta x + F\cosh\beta x \tag{6-38}$$

式中，C、D、E、F 为待定常数。由边界条件得到梁的频率方程，通过求其根 β_i 进而确定固有频率 ω_i，即

$$\omega_i = \beta_i^2 \sqrt{\frac{EI}{\rho A}} \tag{6-39}$$

　　常用的边界条件为：

（1）简支端：$y = 0, M = 0$，有 $Y = \dfrac{d^2 Y}{dx^2} = 0$。

（2）固定端：$y = 0, \theta = \dfrac{dY}{dx} = 0$，有 $Y = \dfrac{dY}{dx} = 0$。

（3）自由端：$M = 0, Q = 0$，有 $\dfrac{d^2 Y}{dx^2} = \dfrac{d^3 Y}{dx^3} = 0$。

以两端固定的梁为例，边界条件为

$$Y\bigg|_{x=0} = 0, \qquad \frac{dY}{dx}\bigg|_{x=0} = 0$$

$$Y\bigg|_{x=l} = 0, \qquad \frac{dY}{dx}\bigg|_{x=l} = 0$$

将边界条件代入式(6-38)，得

$$\begin{aligned}
&C + E = 0 \\
&D + F = 0 \\
&C\sin\beta l + D\cos\beta l + E\sinh\beta l + F\cosh\beta l = 0 \\
&C\cos\beta l - D\sin\beta l + E\cosh\beta l + F\sinh\beta l = 0
\end{aligned} \tag{6-40}$$

消去 C、D、E、F 可得

$$\cos\beta l \cosh\beta l = 1 \tag{6-41}$$

这就是两端固定梁的频率方程，式中的 βl 只能用数值计算求出。于是振型函数可写为

$$Y_i(x) = A_i(\cos\beta_i x - \cosh\beta_i x) + (\sin\beta_i x - \sinh\beta_i x) \tag{6-42}$$

式中，A_i 为 $\beta_i l$ 的函数，即

$$A_i = -\frac{\sin\beta_i l - \sinh\beta_i l}{\cos\beta_i l - \cosh\beta_i l} = \frac{\cos\beta_i l - \cosh\beta_i l}{\sin\beta_i l + \sinh\beta_i l}$$

另外还可将式(6-39)改为

$$\omega_i = \frac{\beta_i^2 l^2 \pi^2}{l^2 \pi^2} \sqrt{\frac{EI}{\rho A}} = \left(\frac{\beta_i l}{\pi}\right)^2 \frac{\pi^2}{l^2} \sqrt{\frac{EI}{\rho A}} = a_i \omega^* \tag{6-43}$$

式中

$$a_i = \left(\frac{\beta_i l}{\pi}\right)^2, \qquad \omega^* = \left(\frac{\pi}{l}\right)^2 \sqrt{\frac{EI}{\rho A}} \tag{6-44}$$

对不同的边界条件，相应的频率方程、振型函数和前 4 阶 $\beta_i l$ 的值如表 6-3 所示。

表 6-3　不同边界条件下欧拉-伯努利梁的频率方程、振型函数和前 4 阶 $\beta_i l$ 的值

边界条件	频率方程和振型函数	$\beta_i l$
$O \rule{3cm}{0.4pt} l$	$\cos\beta l \cosh\beta l = 1$ $Y(x) = A_i(\cos\beta_i x + \cosh\beta_i x) + (\sin\beta_i x + \sinh\beta_i x)$ $A_i = -\dfrac{\sin\beta_i l - \sinh\beta_i l}{\cos\beta_i l - \cosh\beta_i L} = \dfrac{\cos\beta_i l - \cosh\beta_i l}{\sin\beta_i l + \sinh\beta_i l}$	$\beta_1 l = 4.730\,04$ $\beta_2 l = 7.853\,21$ $\beta_3 l = 10.995\,61$ $\beta_4 l = 14.137\,17$
$O \rule{3cm}{0.4pt} l$	$\tan\beta l = \tanh\beta l$ $Y(x) = A_i \sin\beta_i x + \sinh\beta_i x$ $A_i = \dfrac{\sinh\beta_i l}{\sin\beta_i l} = \dfrac{\cosh\beta_i l}{\cos\beta_i l}$	$\beta_1 l = 3.926\,60$ $\beta_2 l = 7.068\,58$ $\beta_3 l = 10.210\,18$ $\beta_4 l = 13.351\,77$
$O \rule{3cm}{0.4pt} l$	$\sin\beta l = 0$ $Y(x) = A_i \sin\beta_i x$ $A_i =$ 常数	$\beta_1 l = 3.141\,59$ $\beta_2 l = 6.283\,19$ $\beta_3 l = 9.424\,78$ $\beta_4 l = 12.566\,37$
$O \rule{3cm}{0.4pt} l$	$\cos\beta l \cosh\beta l = -1$ $Y(x) = A_i(\cos\beta_i x - \cosh\beta_i x) + (\sin\beta_i x - \sinh\beta_i x)$ $A_i = -\dfrac{\sin\beta_i l + \sinh\beta_i l}{\cos\beta_i l + \cosh\beta_i L} = \dfrac{\cos\beta_i l + \cosh\beta_i l}{\sin\beta_i l - \sinh\beta_i l}$	$\beta_1 l = 1.875\,10$ $\beta_2 l = 4.694\,09$ $\beta_3 l = 7.854\,76$ $\beta_4 l = 10.995\,54$
$O \rule{3cm}{0.4pt} l$	$\tan\beta l = \tanh\beta l$ $Y(x) = A_i(\cos\beta x - \cosh\beta x) + (\sin\beta x - \sinh\beta x)$ $A_i = -\dfrac{\sin\beta_i l - \sinh\beta_i l}{\cos\beta_i l - \cosh\beta_i l} = \dfrac{\cos\beta_i l - \cosh\beta_i l}{\sin\beta_i l + \sinh\beta_i l}$	$\beta_1 l = 3.926\,60$ $\beta_2 l = 7.068\,53$ $\beta_3 l = 10.210\,18$ $\beta_4 l = 13.351\,77$
$O \rule{3cm}{0.4pt} l$	$\cos\beta l \cosh\beta l = 1$ $Y(x) = A_i(\cos\beta_i x - \cosh\beta_i x) + (\sin\beta_i x - \sinh\beta_i x)$ $A_i = -\dfrac{\sin\beta_i l - \sinh\beta_i l}{\cos\beta_i l - \cosh\beta_i L} = \dfrac{\cos\beta_i l - \cosh\beta_i l}{\sin\beta_i l + \sinh\beta_i l}$	$\beta_1 l = 4.730\,04$ $\beta_2 l = 7.853\,21$ $\beta_3 l = 10.995\,61$ $\beta_4 l = 14.137\,17$

　　以上所述梁的端点都是刚性支承。当端点是弹性支承时,则剪力和弯矩可按弹簧刚度的大小作相应的改变。

6.3.3　主振型的正交性

　　和多自由度离散系统一样,连续系统包括梁振动在内也存在主振型的正交性。

　　设 $Y_m(x)$ 和 $Y_n(x)$ 为对应于 m 和 n 阶固有角频率 ω_m 和 ω_n 的振型函数,由式(6-36)得

$$\begin{cases} \dfrac{\mathrm{d}^4 Y_m(x)}{\mathrm{d}x^4} = \omega_n^2 \dfrac{\rho A}{EI} Y_m(x) \\ \dfrac{\mathrm{d}^2 Y_n(x)}{\mathrm{d}x^4} = \omega_n^2 \dfrac{\rho A}{EI} Y_n(x) \end{cases} \tag{6-45}$$

将式(6-45)中的第一式乘以 $Y_n(x)$,第二式乘以 $Y_m(x)$ 后相减。再从 0 到 l 对 x 进行积分,得

$$(\omega_m^2 - \omega_n^2)\frac{\rho A}{EI}\int_0^l Y_m(x)Y_n(x)\mathrm{d}x = \int_0^l\left[Y_n(x)\frac{\mathrm{d}^4 Y_m(x)}{\mathrm{d}x^4} - Y_m(x)\frac{\mathrm{d}^4 Y_n(x)}{\mathrm{d}x^4}\right]\mathrm{d}x$$

$$= Y_n(x)\frac{\mathrm{d}^3 Y_m(x)}{\mathrm{d}x^3}\bigg|_0^l - Y_m(x)\frac{\mathrm{d}^3 Y_n(x)}{\mathrm{d}x^3}\bigg|_0^l - \frac{\mathrm{d}Y_n}{\mathrm{d}x}\cdot\frac{\mathrm{d}^2 Y_m(x)}{\mathrm{d}x^2}\bigg|_0^l + \frac{\mathrm{d}Y_m(x)}{\mathrm{d}x}\frac{\mathrm{d}^2 Y_n(x)}{\mathrm{d}x^2}\bigg|_0^l$$

$$(6-46)$$

当表 6-3 中 3 种支承条件作任意组合时,式(6-46)右边恒等于零。因此,当 $m \neq n$ 时,$\omega_m \neq \omega_n$,由此得正交关系为

$$\int_0^l \rho A Y_m(x) Y_n(x)\mathrm{d}x = 0 \tag{6-47}$$

$$\int_0^l EI\frac{\mathrm{d}^2 Y_m(x)}{\mathrm{d}x^2}\frac{\mathrm{d}^2 Y_n(x)}{\mathrm{d}x^2}\mathrm{d}x = 0 \tag{6-48}$$

当 $m = n = i$ 时,若 $Y_i(x)$ 为正则化的振型函数,则有

$$K_i = \int_0^l EI\left[\frac{\mathrm{d}^2 Y_i(x)}{\mathrm{d}x^2}\right]^2\mathrm{d}x = \omega_i^2 \tag{6-49}$$

$$m_i = \int_0^l \rho A Y_i^2(x)\mathrm{d}x = 1 \tag{6-50}$$

式(6-48)~式(6-50)的关系表示了欧拉-伯努利梁振型函数的正交性。

6.3.4　剪切变形与转动惯量的影响

　　若梁的横向位移不仅由弯曲引起,或由剪力引起的横向位移不可忽略,那么梁作横向振动的方程会复杂一些。

　　图 6-7 表示梁微段的变形,当剪切变形为零时梁微段的中心线将与截面的法线重合,保持截面不转动,由于剪力的作用使梁微段歪斜,梁中心线的斜率因剪切变形而减小。

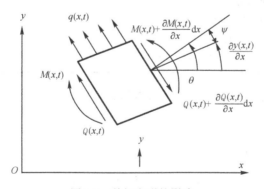

图 6-7　剪切变形的影响

　　分析剪力与变形的关系,设弯曲产生的斜率为 $\theta(x,t)$,剪切角为 $\psi(x,t)$,则梁挠度曲线的斜率为 $\theta(x,t) - \psi(x,t) = \partial y(x,t)/\partial x$,即

$$\psi(x,t) = \theta(x,t) - \partial y(x,t)/\partial x \tag{6-51}$$

式中,$\psi(x,t)$ 称为斜率损失。从材料力学关于梁的两个基本方程,即

$$\begin{cases} M(x,t) = EI(x) \dfrac{\partial \theta(x,t)}{\partial x} \\[2mm] \theta(x,t) - \dfrac{\partial y(x,t)}{\partial x} = \dfrac{Q(x,t)}{\gamma A(x)G} \end{cases} \quad (6\text{-}52)$$

式中,γ 为取决于横截面形状的常数;$A(x)$ 为梁截面面积;G 为材料的剪切模量。

根据 d'Alembert 原理,对图 6-7 中的梁单元建立力和力矩平衡方程,则有

$$\begin{cases} \rho A(x) \dfrac{\partial^2 y(x,t)}{\partial t^2} = -\dfrac{\partial Q(x,t)}{\partial x} + q(x,t) \\[2mm] \rho I(x) \dfrac{\partial^2 \theta(x,t)}{\partial t^2} = \dfrac{\partial M(x,t)}{\partial x} - Q(x,t) \end{cases} \quad (6\text{-}53)$$

把式(6-52)、式(6-51)代入式(6-53),经简化后得等截面直梁的振动方程为

$$EI \frac{\partial^4 y(x,t)}{\partial x^4} + \rho A \frac{\partial^2 y(x,t)}{\partial t^2} - \rho I \left(1 + \frac{E}{\gamma G}\right) \frac{\partial^4 y(x,t)}{\partial^2 x \partial t^2} + \frac{\rho^2 I \partial^4 y(x,t)}{\gamma G \partial^4 t}$$

$$= q(x,t) + \frac{\rho I}{\gamma AG} \frac{\partial^2 q(x,t)}{\partial t^2} - \frac{EI}{\gamma AG} \frac{\partial^2 q(x,t)}{\partial x^2} \quad (6\text{-}54)$$

当 $q \equiv 0$,即梁作自由振动时,有

$$EI \frac{\partial^4 y(x,t)}{\partial x^4} + \rho A \frac{\partial^2 y(x,t)}{\partial t^2} - \rho I \left(1 + \frac{E}{\gamma G}\right) \frac{\partial^4 y(x,t)}{\partial^2 x \partial t^2} + \frac{\rho^2 I \partial^4 y(x,t)}{\gamma G \partial^4 t} = 0 \quad (6\text{-}55)$$

式(6-55)称为"铁摩辛柯梁振动方程"。式中,第四和第五项是分别考虑剪切变形和转动惯量影响的附加项。

为了分析剪切变形和转动惯量的效应,下面研究长为 l、两端简支的等截面直梁的振动。借助于表 6-3 中简支欧拉-伯努利梁的第 i 阶振型的形式,可设铁摩辛柯梁振动方程的解为

$$y_i(x,t) = A_i \sin \frac{i\pi x}{l} \cos \omega_i t \quad (6\text{-}56)$$

将式(6-56)代入式(6-55),得频率方程为

$$EI \left(\frac{i\pi}{l}\right)^4 - \rho A \omega_i^2 - \rho I \left(1 + \frac{E}{\gamma G}\right) \left(\frac{i\pi}{l}\right)^2 \omega_i^2 + \frac{I \rho^2 \omega_i^4}{\gamma G} = 0 \quad (6\text{-}57)$$

式(6-57)中,最后一项与其他几项相比一般很小,可略去不计,于是求得 ω_i 的近似值为

$$\omega_i = \sqrt{\frac{EI}{\rho A}} \left(\frac{i\pi}{l}\right)^2 \left[1 - \frac{1}{2}\left(\frac{I}{A}\right)\left(1 + \frac{E}{\gamma G}\right)\left(\frac{i\pi}{l}\right)^2\right] \quad (6\text{-}58)$$

式(6-58)的第一项是"欧拉-伯努利梁"的固有频率,第二项是剪切变形和转动惯量效应。

一般来说,对于短而粗的梁必须考虑旋转惯量和剪切变形的效应,故需要式(6-55)或式(6-58),求受迫响应时,则采用式(6-54)。但在工程上应用这些方程显得太复杂,故常常略去上述两者效应。通常当 $l/h > 10$(l 为梁长,h 为梁截面高)时应用式(6-28)的误差可忽略。在这一情况下,算出的梁的固有频率将略大于精确值。

假设 $G = 3E/8$,并取一矩形截面杆,其 $\gamma = 0.833$,得 $E/(\gamma G) \approx 3.2$,可见剪切引起的修正是旋转惯量引起的 3.2 倍。假定 l/i 是梁高 h 的 10 倍,则可得

$$\frac{1}{2}\left(\frac{i\pi}{l}\right)^2 \left(\frac{I}{A}\right) = \frac{1}{2}\left(\frac{\pi^2}{12}\right)\left(\frac{1}{100}\right) \approx 0.004$$

所以旋转惯量和剪切变形的总修正为

$$0.004 \times (1 + 3.2) \approx 1.7\%$$

这个估计值与前面"当 $l/h > 10$ 时误差可忽略"的提法一致。需要注意的是,计算梁振动的高阶频率时,频率阶数越高,忽略剪切变形和旋转惯量影响引起的误差越大。

6.4　薄板的横向振动

在工程应用中,板是经常遇到的一种基本结构,因此板的振动问题早已引起重视。

6.4.1　薄板振动微分方程

所谓平板是两个平行面和垂直于这两个平行面的柱面或棱柱所围的物体。两个平行面之

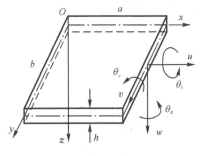

图 6-8　薄板的位移

间的对称面称为中面,板的厚度 h 为上下平行面之间与中面垂直方向的距离。如果板厚 h 远小于中面的最小尺寸 a,工程上认为当 h 小于 $a/6$ 时,这个板就称为薄板。如图 6-8 所示,以板变形前的中面为 xOy 平面建立直角坐标系,规定 u、v、w 分别为沿 x、y、z 三个方向的线位移,θ_x、θ_y、θ_z 分别为绕 x、y、z 三个轴线的角位移。在直角坐标系中,沿用弹性力学中的规定,六个应力分量为 σ_x、σ_y、σ_z、τ_{xy}、τ_{yz} 和 τ_{zx},六个应变分量为 ε_x、ε_y、ε_z、γ_{xy}、γ_{yz} 和 γ_{zx}。

1. 弹性薄板横向振动的基本假设

(1) 直法线假设,认为变形前垂直于中面的直线在板变形后仍然是直线,并与中面垂直。意味着板内变形状态只取决于中面挠曲面形状,使三维问题简化为两维问题。

(2) 忽略与中面垂直的法向应力。

(3) 只考虑质量移动的惯性力,忽略质量转动的惯性力矩。

(4) 当板作微振动时,中面内各点均没有平行于中面的位移,即 $(u)|_{z=0} = 0$,$(v)_{z=0} = 0$,或 $(\varepsilon_x)_{z=0} = 0$,$(\varepsilon_y)_{z=0} = 0$,$(\gamma_{xy})_{z=0} = 0$。一般认为 z 方向的位移 $w < (1/5)h$ 时,符合微振动条件。

根据上述薄板横向振动的假设,板的应力分量 $\sigma_z \ll \tau_{zx} \ll \sigma_x$,且有 $\gamma_{zx} = \gamma_{yz} = 0$。

2. 几何方程和物理方程

根据以上假设,中面各点横向位移为 $w(x, y, t)$ 时,板上任意一点沿 x、y、z 三个方向的位移分量 u、v、w 分别为

$$\begin{cases} u = -z \dfrac{\partial w}{\partial x} \\[2mm] v = -z \dfrac{\partial w}{\partial y} \\[2mm] w = w \end{cases} \tag{6-59}$$

根据弹性力学,从应变和位移的几何关系可得到薄板各点的三个主要应变分量为

$$\begin{cases} \varepsilon_x = \dfrac{\partial u}{\partial x} = -z\dfrac{\partial^2 w}{\partial x^2} \\[2mm] \varepsilon_y = \dfrac{\partial v}{\partial y} = -z\dfrac{\partial^2 w}{\partial y^2} \\[2mm] \gamma_{xy} = \dfrac{\partial v}{\partial x} + \dfrac{\partial u}{\partial y} = -2z\dfrac{\partial^2 w}{\partial x\partial y} \end{cases} \tag{6-60}$$

式(6-60)表明薄板内应变分量沿厚度方向是线性变化的。

由广义胡克定律知,应力与应变有如下关系

$$\begin{cases} \sigma_x = \dfrac{E}{1-\nu^2}(\varepsilon_x + \nu\varepsilon_y) = -\dfrac{Ez}{1-\nu^2}\left(\dfrac{\partial^2 w}{\partial x^2} + \nu\dfrac{\partial^2 w}{\partial y^2}\right) \\[3mm] \sigma_y = \dfrac{E}{1-\nu^2}(\varepsilon_y + \nu\varepsilon_x) = -\dfrac{Ez}{1-\nu^2}\left(\dfrac{\partial^2 w}{\partial y^2} + \nu\dfrac{\partial^2 w}{\partial x^2}\right) \\[3mm] \tau_{xy} = G\gamma_{xy} = \dfrac{E\gamma_{xy}}{2(1+\nu)} = -\dfrac{Ez}{1+\nu}\cdot\dfrac{\partial^2 w}{\partial x\partial y} \end{cases} \tag{6-61}$$

式中,ν 为材料的泊松比,E 为材料的弹性模量。

3. 薄板的内力

薄板微单元的受力分析如图 6-9 所示。由于定义板内各点的弯矩分别为截面上正应力和水平剪应力对中面的合力矩,因此有

$$\begin{cases} M_x = \displaystyle\int_{-\frac{h}{2}}^{\frac{h}{2}} \sigma_x z\mathrm{d}z \\[3mm] M_y = \displaystyle\int_{-\frac{h}{2}}^{\frac{h}{2}} \sigma_y z\mathrm{d}z \\[3mm] M_{xy} = \displaystyle\int_{-\frac{h}{2}}^{\frac{h}{2}} \tau_{xy} z\mathrm{d}z \end{cases} \tag{6-62}$$

剪力分别为 Q_x 和 Q_y。

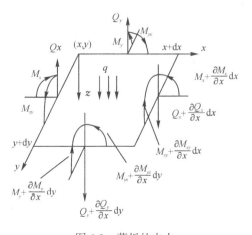

图 6-9　薄板的内力

把式(6-61)代入式(6-62)有

$$\begin{cases} M_x = -\dfrac{Eh^3}{12(1-\nu^2)}\left(\dfrac{\partial^2 w}{\partial x^2} + \nu\dfrac{\partial^2 w}{\partial y^2}\right) = -D\left(\dfrac{\partial^2 w}{\partial x^2} + \nu\dfrac{\partial^2 w}{\partial y^2}\right) \\[2mm] M_y = -\dfrac{Eh^3}{12(1-\nu^2)}\left(\dfrac{\partial^2 w}{\partial y^2} + \nu\dfrac{\partial^2 w}{\partial x^2}\right) = -D\left(\dfrac{\partial^2 w}{\partial y^2} + \nu\dfrac{\partial^2 w}{\partial x^2}\right) \\[2mm] M_{xy} = -\dfrac{Eh^3}{12(1+\nu)}\left(\dfrac{\partial^2 w}{\partial x\partial y}\right) = -D(1-\nu)\left(\dfrac{\partial^2 w}{\partial x\partial y}\right) \end{cases} \tag{6-63}$$

考虑板微单元的动力平衡,并根据假设 3,忽略微单元质量的转动惯量,则有

$$\begin{cases} \dfrac{\partial M_x}{\partial x} + \dfrac{\partial M_{yx}}{\partial y} - Q_x = 0 \\[2mm] \dfrac{\partial M_{xy}}{\partial x} + \dfrac{\partial M_y}{\partial y} - Q_y = 0 \\[2mm] \dfrac{\partial Q_x}{\partial x} + \dfrac{\partial Q_y}{\partial y} + q - \rho h\dfrac{\partial w}{\partial t^2} = 0 \end{cases} \tag{6-64}$$

把式(6-63)代入式(6-64)可以解得剪力的表达式,即

$$\begin{cases} Q_x = -\dfrac{Eh^3}{12(1-\nu^2)}\dfrac{\partial}{\partial x}\left(\dfrac{\partial^2 w}{\partial x^2} + \dfrac{\partial^2 w}{\partial y^2}\right) = -D\dfrac{\partial}{\partial x}\left(\dfrac{\partial^2 w}{\partial x^2} + \dfrac{\partial^2 w}{\partial y^2}\right) \\[2mm] Q_y = -\dfrac{Eh^3}{12(1-\nu^2)}\dfrac{\partial}{\partial y}\left(\dfrac{\partial^2 w}{\partial x^2} + \dfrac{\partial^2 w}{\partial y^2}\right) = -D\dfrac{\partial}{\partial y}\left(\dfrac{\partial^2 w}{\partial x^2} + \dfrac{\partial^2 w}{\partial y^2}\right) \end{cases} \tag{6-65}$$

式中,D 为板的抗弯刚度,$D = Eh^3/12(1-\nu^2)$。

4. 微分方程和边界条件

把式(6-65)代入式(6-64)的第三式得

$$D\left(\dfrac{\partial^4 w}{\partial x^4} + 2\dfrac{\partial^4 w}{\partial x^2\partial y^2} + \dfrac{\partial^4 w}{\partial y^4}\right) + \rho h\left(\dfrac{\partial^2 w}{\partial t^2}\right) = q(x,y,t) \tag{6-66}$$

当系统无外载荷时,得薄板的自由振动方程,即

$$D\left(\dfrac{\partial^4 w}{\partial x^4} + 2\dfrac{\partial^4 w}{\partial x^2\partial y^2} + \dfrac{\partial^4 w}{\partial y^4}\right) + \rho h\left(\dfrac{\partial^2 w}{\partial t^2}\right) = 0 \tag{6-67}$$

对于边界 S 上转角未给定的情况(简支边或自由边),边界条件为

$$-D\left[\left(\dfrac{\partial^2 w}{\partial x^2} + \nu\dfrac{\partial^2 w}{\partial y^2}\right)\cos^2\theta + \left(\dfrac{\partial^2 w}{\partial y^2} + \nu\dfrac{\partial^2 w}{\partial x^2}\right)\sin^2\theta + 2(1-\nu)\dfrac{\partial^2 w}{\partial x\partial y}\sin\theta\cos\theta\right] = M_n \tag{6-68}$$

式中,M_n 为边界各点的弯矩;θ 为边界的外法线与 x 轴的夹角。

对于边界 S 上位移未给定的情况(自由边),若 Q_n 为边界各点的剪力,则边界条件为

$$-D\left[\dfrac{\partial}{\partial x}\left(\dfrac{\partial^2 w}{\partial x^2} + \dfrac{\partial^2 w}{\partial y^2}\right)\cos\theta + \dfrac{\partial}{\partial y}\left(\dfrac{\partial^2 w}{\partial x^2} + \dfrac{\partial^2 w}{\partial y^2}\right)\sin\theta\right]$$

$$-D\dfrac{\partial}{\partial s}\left[\left(\dfrac{\partial^2 w}{\partial y^2} + \nu\dfrac{\partial^2 w}{\partial x^2}\right)\sin\theta\cos\theta - \left(\dfrac{\partial^2 w}{\partial x^2} + \nu\dfrac{\partial^2 w}{\partial y^2}\right)\sin\theta\cos\theta\right.$$

$$\left.+ (1-\nu)\dfrac{\partial^2 w}{\partial x\partial y}(\cos^2\theta - \sin^2\theta)\right] = Q_n - \dfrac{\partial M_{ns}}{\partial s} \tag{6-69}$$

对于边界 S 上转角 θ 给定的情况(固定边),边界条件为

$$\frac{\partial w}{\partial n} = 0 \tag{6-70}$$

对于边界 S 上位移 w 给定的情况(简支边或固定边),边界条件为

$$w = 0 \tag{6-71}$$

6.4.2 矩形板振动

下面讨论等厚度矩形薄板的自由振动。设板的厚度和边长分别为 h、a 和 b,此时板振动的微分方程(6-67)可改写为

$$\frac{\partial^4 w}{\partial x^4} + 2\frac{\partial^4 w}{\partial x^2 \partial y^2} - \frac{\partial^4 w}{\partial y^4} + \frac{\rho h}{D}\frac{\partial^2 w}{\partial t^2} = 0 \tag{6-72}$$

考虑到边界无外力作用,式(6-68)~式(6-71)表示的边界条件可简写为:

固定端为

$$w = 0, \qquad \frac{\partial w}{\partial x} = 0, \qquad (x = 0,\text{和 } x = a)$$

$$w = 0, \qquad \frac{\partial w}{\partial y} = 0, \qquad (y = 0,\text{和 } y = b)$$

简支端为

$$w = 0, \qquad \frac{\partial^2 w}{\partial x^2} = 0, \qquad (x = 0,\text{和 } x = a)$$

$$w = 0, \qquad \frac{\partial^2 w}{\partial y^2} = 0, \qquad (y = 0,\text{和 } y = b)$$

自由端为

$$\frac{\partial^2 w}{\partial x^2} + \nu\frac{\partial^2 w}{\partial y^2} = 0, \qquad \frac{\partial^3 w}{\partial x^3} + (2-\nu)\frac{\partial^3 w}{\partial x \partial y^2} = 0, \qquad (x = 0, x = a)$$

$$\frac{\partial^2 w}{\partial y^2} + \nu\frac{\partial^2 w}{\partial x^2} = 0, \qquad \frac{\partial^3 w}{\partial y^3} + (2-\nu)\frac{\partial^3 w}{\partial x^2 \partial y} = 0, \qquad (y = 0, y = b)$$

$$\tag{6-73}$$

实际结构的四边可由上述 3 种情况的各种组合构成。例如,四边简支,两边简支两边固定,或一边固定三边自由等。

设方程(6-72)的解为

$$w = z(x,y)\mathrm{e}^{\mathrm{i}\omega t} \tag{6-74}$$

式中,z 是振型函数;ω 为固有频率。将式(6-74)代入式(6-72),得

$$\frac{\partial^4 z}{\partial x^4} + 2\frac{\partial^4 z}{\partial x^2 \partial y^2} + \frac{\partial^4 z}{\partial y^4} - k^4 z = 0 \tag{6-75}$$

式中

$$k^4 = \frac{\rho h}{D}\omega^2 \tag{6-76}$$

显然对于不同的边界条件,板有不同的振型函数及固有频率。下面讨论两种边界条件板的自由振动。

1)四边简支矩形板

对四边简支矩形板的横向振动,可设振型函数为

$$z_{i,j} = A_{i,j}\sin\frac{i\pi x}{a}\sin\frac{j\pi y}{b} \tag{6-77}$$

可证明,当 $i,j = 1,2,\cdots$ 为整数时,边界条件总能满足。将式(6-77)代入方程式(6-75),得

$$\left[\left(\frac{i\pi}{a}\right)^4 + 2\left(\frac{i\pi}{a}\right)^2\left(\frac{j\pi}{b}\right)^2 + \left(\frac{j\pi}{b}\right)^4 - k^4\right]A_{i,j} = 0 \tag{6-78}$$

由式(6-78)得频率方程为

$$k^4 = \left[\left(\frac{i\pi}{a}\right)^2 + \left(\frac{j\pi}{b}\right)^2\right]^2 \tag{6-79}$$

由式(6-79)和式(6-76)可得四边简支矩形板的固有频率为

$$\omega_{i,j} = \frac{\pi^2}{a^2}\left(i^2 + \frac{a^2 j^2}{b^2}\right)\sqrt{\frac{D}{\rho h}}, \qquad (i,j = 1,2,\cdots) \tag{6-80}$$

对方板,$a = b$,代入式(6-80)可得它的固有频率。每个固有频率都为重根,即 $\omega_{ij} = \omega_{ji}$。这是一个特例,同时对方板来说,同一频率可能出现不同的节线位置。其节线方程为

$$A_{i,j}\sin\frac{i\pi x}{a}\sin\frac{j\pi y}{a} + A_{j,i}\sin\frac{j\pi x}{a}\sin\frac{i\pi y}{a} = 0 \tag{6-81}$$

这种现象类似于其他重根时的场合。

2)两对边简支另外两对边任意的矩形板

若矩形板 $x = 0$,$x = a$ 处为简支,可设振型函数为

$$z_{i,j} = \sin\frac{i\pi x}{a}G_{i,j}(y), \qquad (i,j = 1,2,\cdots) \tag{6-82}$$

式中,$G_{i,j}(y)$ 为 y 的待定函数。将式(6-82)代入式(6-75),可得关于 $G_{i,j}(y)$ 的方程,即

$$\frac{\mathrm{d}^4 G_{i,j}}{\mathrm{d}y^4} - \frac{2i^2\pi^2}{a^2}\frac{\mathrm{d}^2 G_{i,j}}{\mathrm{d}y^2} + \left(\frac{i^4\pi^4}{a^4} - k_{i,j}^4\right)G_{i,j} = 0 \tag{6-83}$$

令 $G_{i,j} = \mathrm{e}^{sy}$ 代入式(6-83)可得它的特征方程

$$s^4 - 2i^2\frac{\pi^2}{a^2}s^2 + \frac{i^4\pi^4}{a^4} - k_{i,j}^4 = 0 \tag{6-84}$$

则方程的根为

$$\begin{cases} s_{1,3} = \pm\sqrt{\dfrac{i^2\pi^2}{a^2} - k_{i,j}^2} \\[3mm] s_{2,4} = \pm\sqrt{\dfrac{i^2\pi^2}{a^2} + k_{i,j}^2} \end{cases} \tag{6-85}$$

式中,s_1,s_3 是实根或虚根,而 s_2,s_4 必为实根。若 s_1,s_3 为实根,方程(6-83)的解可写为

$$G_{i,j}(y) = A_{i,j}\sinh s_1 y + B_{i,j}\cosh s_1 y + C_{i,j}\sinh s_2 y + D_{i,j}\cosh s_2 y \tag{6-86}$$

若 s_1 和 s_3 为虚根,则

$$G_{i,j}(y) = A_{i,j}\sin s_1 y + B_{i,j}\cos s_1 y + C_{i,j}\sinh s_2 y + D_{i,j}\cosh s_2 y \tag{6-87}$$

式中,常数 $A_{i,j}$,$B_{i,j}$,$C_{i,j}$,$D_{i,j}$ 之间的比例以及特征值 $k_{i,j}$ 均由板在 $y = 0$,$y = b$ 两边边界条件来确定。

习 题

6-1 一根长度为 L 的均匀棒一端固定,另一端自由。证明该均匀棒的纵向振动的频率是 $f = (n + 1/2)C/2L$,式中 $C = E/\rho$ 是棒内纵向波的速度,$n = 0,1,2,\cdots$。

6-2　确定一根长度为 L、中央夹牢、两端自由的均匀杆扭转振动时的固有频率表达式。

6-3　转动惯量为 J 的均匀轴,两端各带一个转动惯量为 J 的圆盘,组成扭转振动系统。试确定系统的固有频率,把系统转化成带有终端惯量的扭转弹簧后校核系统的基频。

6-4　确定一根两端自由的均质杆横向振动时固有频率的表达式。

6-5　$50\text{mm} \times 50\text{mm} \times 300\text{mm}$ 的混凝土试验梁支撑在离端部 $0.224L$ 的两点上,发现 1690Hz 时共振。若混凝土的密度是 1530kg/m^3,试确定试验梁的弹性模量,假设梁是细长的。

第 7 章　机械噪声控制的声学基础

7.1　声波波动方程

7.1.1　基本概念

1. 声波方程概念

声波波动方程(简称声波方程)是描述声波波动的数学形式,是声波动量(又称声场变量,如声压、质点振速等)的控制方程。由于声波动量是空间位置与时间的函数,其控制方程的形式是偏微分方程。若知道某一空间区域内的声波方程,以及初始条件和边界条件,就可以具体求出相应空间区域内所关心的声场变量,如声压随时间、空间变量的变化规律,从而完全掌握声场的特性。

2. "质点"的概念

在声学中"质点"的概念可理解为"大小可变的微团",或称为体积元。它满足以下三个条件,即从微观上看足够大,包含极大数量的分子,可视为连续,微团内分子做无规运动,总体平均速度为零;从宏观上看质点的体积足够小,质点内各部分物理特性参数,如密度、温度、压力、振动速度等视为均匀一致;同时质点既具有质量,能运动存储动能,又具有弹性,可压缩存储势能。

3. 描述声场的基本物理量

描述声场的基本物理量除了声压 p 外还有三个:质点振动速度 u,密度增量 ρ' 和温度增量 T'。设平衡状态下空气压强为 P_0,平均流速为 U_0,密度为 ρ_0,绝对温度为 T_0,声场中某点某一时刻的绝对参数分别为 $p(x,y,z,t)$, $U(x,y,z,t)$,$\rho(x,y,z,t)$ 和 $T(x,y,z,t)$。定义声场变量为叠加在平衡状态参数上的脉动量为

$$p(x,y,z,t) = P(x,y,z,t) - P_0$$
$$u(x,y,z,t) = U(x,y,z,t) - U_0$$
$$\rho'(x,y,z,t) = \rho(x,y,z,t) - \rho_0$$
$$T'(x,y,z,t) = T(x,y,z,t) - T_0$$

由于声压测量比较容易实现,而通过声压可以间接地求出质点振速等其他参数,如利用欧拉方程就可以从声压求得该点的质点振速,所以声压成为最常用的基本参数。

4. 四个基本假设

在理论分析中需要对媒质中的声传播过程做出一些合理的简化假设,忽略次要因素,在推导理想流体媒质中的声波方程时用了以下四个基本假设:

(1) 媒质为理想流体,不存在黏性。声波在这种理想流体中传播时无能量损耗。

（2）媒质是均匀连续的，无声扰动时媒质在宏观上处于静止状态。

（3）声波传播过程是绝热过程。即使在较低频率下，声波传播过程中体积压缩和膨胀过程的周期比热容传导需要的时间短得多，媒质还来不及与毗邻部分进行热量交换，故假定绝热过程是合理的。这样根据热力学状态方程可知，压强 P 仅为密度 ρ 的函数，可以不考虑温度这个参数。只需用三个参数来描述声场：声压、振速和密度增量。

（4）媒质中传播的是小振幅压力波，各声学参量都是一阶微量，远小于平衡状态的参数。

7.1.2　三个基本方程

根据流体介质的守恒原理和关于声波动的上述基本假设，可以推导出关于三个声波动量相互关系的三个基本方程。下面推导一维情况下的方程，即只考虑 x 方向上的运动。

1. 运动方程

运动方程表示压力 p 与质点振速 u 之间的关系，应用牛顿第二运动定律获得，如图 7-1 所示。在媒质中取一体积元（简称体元），分析在声波作用下该体积元的运动情况。

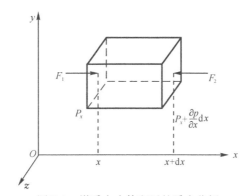

图 7-1　媒质中小体积元的受力分析

设媒质原为静止，$U_0 = 0$，声波存在时媒质中声压随 x 而异，因此作用在体积元左侧面和右侧面上的力是不等的，其合力为

$$F = F_1 - F_2 = (P_0 + p_x) \cdot \mathrm{d}s - \left(P_0 + p_x + \frac{\partial p}{\partial x}\mathrm{d}x\right) \cdot \mathrm{d}s = -\mathrm{d}s\frac{\partial p}{\partial x}\mathrm{d}x$$

根据牛顿第二运动定律，有

$$F = ma = \rho \cdot \mathrm{d}s \cdot \mathrm{d}x \cdot \frac{\mathrm{d}u_x}{\mathrm{d}t}$$

以上两式相等，经整理得

$$\rho \cdot \frac{\mathrm{d}u_x}{\mathrm{d}t} = -\frac{\partial p}{\partial x} \tag{7-1}$$

这就是有声扰动时媒质的运动方程，描述了声场中 p 与 u 之间的关系。由此方程改写便得到著名的欧拉方程，即

$$u_x = -\frac{1}{\rho}\int\frac{\partial p}{\partial x}\mathrm{d}t \tag{7-2}$$

根据前面的基本假设得

$$\rho = \rho_0 + \rho'$$

又有

$$\frac{\mathrm{d}u_x}{\mathrm{d}t} = \frac{\partial u_x}{\partial t} + u_x \frac{\partial u_x}{\partial x}$$

上式右边第一项为当地加速度,第二项称为迁移加速度。代入式(7-1),忽略二阶及二阶以上微量后,可得理想流体线性化的一维运动方程,即

$$\rho_0 \frac{\partial u_x}{\partial t} = -\frac{\partial p}{\partial x} \tag{7-3}$$

2. 连续方程

连续方程是根据质量守恒方程推出的,描述媒质密度增量 ρ' 与质点振速 u 之间的关系。在声波作用下媒质会被压缩或伸张,此时媒质中任一地点体积元中密度变化所引起的质量增量必等于流体流进流出该体元框架的质量之差,如图7-2所示。当声波通过时,左侧面单位时间内流入质量为 $\rho \cdot u_x \cdot \mathrm{d}s$,同一时间右侧面流出的质量为 $-\left[\rho \cdot u_x + \frac{\partial(\rho \cdot u_x)}{\partial x}\mathrm{d}x\right] \cdot \mathrm{d}s$,设单位时间内该体元框架内密度变化率为 $\frac{\partial \rho}{\partial t}$,设框架内既无产生质量的"源"又无耗散质量的"漏",根据质量守恒定律可得

$$-\frac{\partial(\rho \cdot u_x)}{\partial x}\mathrm{d}x\mathrm{d}s = \frac{\partial \rho}{\partial t}\mathrm{d}x\mathrm{d}s$$

整理得

$$-\frac{\partial}{\partial x}(\rho u_x) = \frac{\partial \rho}{\partial t} \tag{7-4}$$

把 $\rho = \rho_0 + \rho'$ 代入式(7-4),忽略二阶及二阶以上微量,得理想流体中一维连续方程为

$$-\rho_0 \frac{\partial u_x}{\partial x} = \frac{\partial \rho'}{\partial t} \tag{7-5}$$

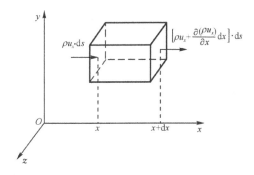

图7-2　空间体元框架内的质量流

3. 状态方程

根据基本假设,声波传播过程是绝热过程。对于理想气体,绝热过程存在 $P/\rho^\gamma =$ 常数的关系(γ 为比热容比,是气体定压比热容与定容比热容之比),因此可认为压力 P 仅是密度 ρ 的函数。对气体而言 P_0,ρ_0 为平衡状态气体的压力和密度,则有

$$\frac{P}{P_0} = \left(\frac{\rho}{\rho_0}\right)^\gamma$$

将 $P = P_0 + p$ 及 $\rho = \rho_0 + \rho'$ 代入上式,并按泰勒级数展开,得

$$1 + \frac{p}{P_0} = \left(1 + \frac{\rho'}{\rho_0}\right)^\gamma = 1 + \gamma\frac{\rho'}{\rho_0} + \frac{\gamma(\gamma-1)}{2!}\left(\frac{\rho'}{\rho_0}\right)^2 + \cdots$$

由于 $\rho' \ll \rho_0$，忽略二阶及二阶以上微量后得

$$p = \frac{\gamma P_0}{\rho_0} \rho'$$

设常数

$$c_0^2 = \frac{\gamma P_0}{\rho_0} \tag{7-6}$$

便可将理想气体状态方程写作

$$p = c_0^2 \rho' \tag{7-7}$$

实际上，对于理想气体介质中的声波动，都可以得出上述形式的状态方程，只是 c_0 不同而已。后面我们将知道，c_0 就是平衡状态下声波的传播速度——声速。

7.1.3　声波波动方程

前面导出了一维声学量 p、u、ρ' 之间的三个相互独立的基本关系式，适用于静止媒质、无源声场。由于振速 u 是矢量，用来计算声场较麻烦，也不易测量，密度增量 ρ' 也难以测量，而只有声压 p 是标量，易于测量，因此声学测量及理论分析中常用声压 p 来描述声场。从三个线性化的基本方程中消去 u 与 ρ'，便得到关于 p 的波动方程。式(7-7)两边对 t 求偏导后代入式(7-5)可消去 ρ' 得

$$\rho_0 \frac{\partial u_x}{\partial x} = -\frac{1}{c_0^2} \frac{\partial p}{\partial t}$$

上式对 t 求偏导，同时式(7-3)对 x 求偏导，两式联立，可消去 u_x，最后得

$$\frac{\partial^2 p}{\partial x^2} = \frac{1}{c_0^2} \frac{\partial^2 p}{\partial t^2} \tag{7-8}$$

式(7-8)为一维线性声波动方程，反映了声压 p 随空间和时间变化的关系，证明了声场的波动性。由于此式反映了媒质中声波传播物理过程的共同特性，不涉及声波产生原因及其具体波形，因此只能给出通解。要获得声压函数 $p(x,t)$ 的全解，须根据初始条件和边界条件。

对于三维情况下的波动方程，可根据矢量代数直接从一维波动方程推广得出

$$\nabla^2 p = \frac{1}{c_0^2} \frac{\partial^2 p}{\partial t^2} \tag{7-9}$$

式中，$\nabla^2 = \dfrac{\partial^2}{\partial x^2} + \dfrac{\partial^2}{\partial y^2} + \dfrac{\partial^2}{\partial z^2}$，是拉普拉斯算子。

7.2　声源与声场

实际遇到声源的振动通常是时间的复杂函数，检测到的声压也如此。由于本书只涉及线性声学方面的基本知识，因此，不同频率的声波满足线性叠加关系，可以利用傅里叶变换将一般的时间过程分解成简谐成分的叠加。对于复杂声源，只要分析简谐的声波动，再利用线性叠加原理，就可以得到整个声场的情况，因此，本节只考虑简谐振动声源周围的声场。

7.2.1　声场与声源的度量

　　度量声场中声波强弱最常用的物理量是声压。虽然声压是声场中的某点空气绝对压力与平衡压力之差,可正也可负,但一般仪器测量的是声压的均方根值,也称为有效声压,记作

$$p_e = \sqrt{\frac{1}{T} \int_0^T p^2(t)\,\mathrm{d}t} \tag{7-10}$$

式中,T 为周期。对于简谐波有

$$p_e = p_m / \sqrt{2} \tag{7-11}$$

式中,p_m 为声压幅值。声压的单位 Pa(帕)就是压强的单位。

　　声波的传播过程伴随着声能量的传播,与声场能量有关的物理量有声强、声能量密度和声功率。声强表示声能流强弱和方向,声源声功率的大小则表示其辐射声波本领的高低。

　　声强定义为单位时间内通过垂直于声传播方向单位面积上的声能量,记作 I,单位为 $\mathrm{W/m^2}$ [或 $\mathrm{J/(s \cdot m^2)}$]。由定义可写出瞬时声强为

$$I(t) = p(t) \cdot u(t) \tag{7-12}$$

式中,$p(t)$ 为声压;$u(t)$ 为质点振速(矢量)。式(7-12)对时间取平均值得平均声强为

$$I = \frac{1}{T} \int_0^T p(t) \cdot u(t)\,\mathrm{d}t = \frac{1}{T} \int_0^T \mathrm{Re}\{p(t)\} \cdot \mathrm{Re}\{u(t)\}\,\mathrm{d}t \tag{7-13}$$

　　关于声强,有两点必须明确。首先,声强实质上是矢量,它不仅有大小,还有方向,它的方向就是声能量传播的方向,在理想流体媒质中,声强矢量的方向取决于质点振速的方向。因此利用测量出的声强矢量分布图可以清楚地表示出声能的强度与流向;其次,声强与声压或质点振速的平方成正比,在质点振速相同的情况下还与媒质特性阻抗成正比,这意味着在相同的速度激励条件下,特性阻抗大的媒质可发射出较大的能量。

　　声能密度是声场中单位体积的声能,包括媒质质点的动能和势能。媒质质点在平衡位置附近往复振动时具有了振动动能;在媒质中产生压缩及膨胀等变形,使它具有弹性势能。

　　声源在单位时间内发出的声能量用声功率度量,声功率记作 W,单位为瓦(W)。声功率的大小等于声强在包围声源的封闭曲面上的面积分,即

$$W = \oint_s I\mathrm{d}s \tag{7-14}$$

　　必须指出,声压或声强表示的是声场中某一点声波的强度,而声功率表示声源辐射的总强度,它与测量距离及测点的具体位置无关,所以,讨论机械噪声源声学特性时,声功率具有更好的可对比性。

　　声学中普遍使用"常用对数标度"来度量声场中声波的强弱,这就是声压级、声强级和声功率级,用"分贝(dB)"为单位。定义如下:

　　声压级为

$$L_p = 10 \lg \left(\frac{p_e}{p_0}\right)^2 = 20 \lg \left(\frac{p_e}{p_0}\right) (\mathrm{dB}) \tag{7-15}$$

　　声强级为

$$L_I = 10 \lg \left(\frac{I}{I_0}\right) (\mathrm{dB}) \tag{7-16}$$

声功率级为

$$L_{\mathrm{w}} = 10 \lg\left(\frac{W}{W_0}\right)(\mathrm{dB}) \tag{7-17}$$

式中，p_e 为声压的有效值，基准声压 $p_0 = 20\mu\mathrm{Pa}(=20\times10^{-6}\mathrm{Pa})$，基准声强 $I_0 = 10^{-12}\mathrm{W/m^2}$，基准声功率 $W_0 = 10^{-12}\mathrm{W}$。

7.2.2　平面波声场

声波传播的过程中，所有振动幅值和相位相同的点组成的面称为波阵面（或波前）。波阵面是平面的声波称为平面波。如果在无限均匀的媒质里有一个无限大的刚性平面沿法线方向往复振动，这时在空气中产生的就是平面波。在实验室的声管中，凡频率在声管截止频率以下的波在管内也是以平面波的形式传播的。

平面波声场是一维波动方程（7-8）的解。采用分离变量法，设方程（7-8）的解形式为

$$p(x,t) = p(x) \cdot \mathrm{e}^{i\omega t} \tag{7-18}$$

式中，ω 为角频率，$\omega = 2\pi f$，单位 rad/s。将式（7-18）代入式（7-8）得出与声压空间分布 $p(x)$ 有关的常微分方程，即

$$\frac{\mathrm{d}^2 p(x)}{\mathrm{d}x^2} + k^2 p(x) = 0$$

式中，k 称为波数，$k = \omega/c_0 = 2\pi/\lambda$，单位 rad/s，于是求得 $p(x)$ 的解为

$$p(x) = p_A \mathrm{e}^{-ikx} + p_B \mathrm{e}^{ikx}$$

式中，p_A，p_B 为复常数（包括初相位），由边界条件及初始条件确定。声波方程的通解为

$$p(x,t) = p_A \mathrm{e}^{i(\omega t - kx)} + p_B \mathrm{e}^{i(\omega t + kx)}$$

上式右边第一项代表沿 x 轴正方向的行进波，第二项代表沿 x 轴负方向的行进波。在无限媒质中的声场，若无障碍物，也不存在边界反射，可令第二项 $p_B = 0$。因此平面波声场表达式为

$$p(x,t) = p_A \mathrm{e}^{i(\omega t - kx)} \tag{7-19}$$

p_A 是由初始条件和声源表面振速（在 $x=0$ 处的振速，即边界条件）决定的复常数，它的模为简谐波的振幅，它的相位为此波的初相位。图 7-3 中画出了初相位（$t=0$，$x=0$ 时的相位值）为零的声波沿 x 轴正向行进的声压分布。

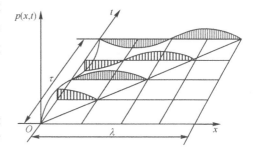

图 7-3　沿 x 轴正向行进的声压分布

参数 ω 和 k 是表示平面波声场的两个参数。其中，角频率也可改写为 $\omega = 2\pi/\tau$，表示在时间域中每秒时间间隔对应的相位角的变化；波数 $k = 2\pi/\lambda$，表示在空间域中每米长度对应的相位角变化。它们的值均随着声波频率的增高而变大。因此可以认为 ω 是时间域的角频率，k 是空间域的角频率。

由式（7-16）和式（7-3）可以得到平面波声场中声压和质点振速的实部分别为

$$\mathrm{Re}\{p(x,t)\} = \mathrm{Re}\{p_\mathrm{m}e^{i(\omega t - kx)}\} = p_\mathrm{m} \cdot \cos(\omega t - kx)$$

$$\mathrm{Re}\{u(x,t)\} = \mathrm{Re}\left\{\frac{p(x,t)}{\rho_0 c_0}\right\} = \frac{p_\mathrm{m}}{\rho_0 c_0}\cos(\omega t - kx)$$

将上两式代入式(7-13),得平面波的平均声强为

$$I = \frac{p_\mathrm{m}^2}{2\rho_0 c_0} = \frac{p_\mathrm{e}^2}{\rho_0 c_0} = \rho_0 c_0 u_\mathrm{e}^2 \tag{7-20}$$

设声场中取一足够小的体积元,体积为 v_0,声压为 $p(t)$,小体积元的动能 V 为

$$V = \frac{1}{2}(\rho_0 v_0)u^2(t) = \frac{v_0}{2}\frac{p^2(t)}{\rho_0 c_0^2} \tag{7-21}$$

当体积元的体积由 v_0 变为 v_1 时,得到势能 U 为

$$U = -\int_{v_0}^{v_1} p\,\mathrm{d}v$$

式中,负号表示受到正压力时体积减小,外力做功使势能增加。利用绝热状态方程得到体积元 $\mathrm{d}v$ 与 $\mathrm{d}p$ 的关系,即

$$\mathrm{d}p = -\frac{\rho_0 c_0^2}{v}\mathrm{d}v$$

积分限则变为 0 到 p,这样求得小体积元的势能为

$$U = \frac{v_0}{\rho_0 c_0^2}\int_0^p p\,\mathrm{d}p = \frac{v_0}{2}\frac{p^2(t)}{\rho_0 c_0^2} \tag{7-22}$$

单位体积总声能为动能和声能之和,故得瞬时声能密度为

$$\varepsilon(t) = \frac{V + U}{v_0} = \frac{p^2(t)}{\rho_0 c_0^2} \tag{7-23}$$

平均声能密度为

$$\bar{\varepsilon} = \frac{1}{T}\int_0^T \frac{p^2(t)}{\rho_0 c_0^2}\mathrm{d}t = \frac{p_\mathrm{e}^2}{\rho_0 c_0^2} \tag{7-24}$$

式(7-24)与式(7-20)比较可见声强与声能密度存在下述关系,即

$$I = \bar{\varepsilon} \cdot c_0 \tag{7-25}$$

对平面简谐波而言,瞬时动能与瞬时势能大小相等,同相变化,因而瞬时总声能密度从 0 到最大值 $\frac{p_\mathrm{m}^2}{\rho_0 c_0^2}$ 之间变化,为动能密度或势能密度的 2 倍,但平面波的平均声能密度在空间中处处相等。

7.2.3 球面波声场

当声源周围声压的幅值和相位与关于声源的方位无关时,波阵面形状是球面,这样的声场称为均匀球面波声场。当声源的几何尺寸远小于声波波长时,该声源称为单极子声源,它可以从表面作均匀简谐振动的球中抽象出来。

如图 7-4 所示,考虑无限介质中有一半径为 a 的球,球面作均匀简谐振动(即球面上各点振动的幅值与相位相同),振动角频率为 ω,振动速度幅值为 u_a。在无反射的自由空间,声波

的传播满足式(7-9)表示的声波动方程,运用直角坐标与球坐标之间转换的关系式,经过变换与整理,可得到球坐标下均匀球面波的声波动方程为

$$\frac{\partial^2(rp)}{\partial r^2} = \frac{1}{c_0^2}\frac{\partial^2(rp)}{\partial t^2} \tag{7-26}$$

若将式(7-26)中乘积(rp)看作新的待求函数,该方程与直角坐标下一维波动方程(7-8)形式相同。参考方程(7-8)的解式(7-19),很容易得到

$$p(r) = \frac{A}{r}e^{-ikr}e^{i\omega t} \tag{7-27}$$

式中,A 是由球面边界条件(速度)确定的常数,i 为虚数。在只考虑简谐声场时,声场中所有声学物理量都含有时间因子 $e^{i\omega t}$,为书写简洁,常常省略标出。

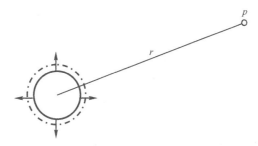

图 7-4　均匀脉动的球源形成球面波声场

利用质点振速与声压之间的关系式(7-3),由式(7-27)可以求出质点振速,即

$$u(r) = -\frac{1}{i\omega\rho_0}\frac{\partial p}{\partial r} = \frac{A}{\rho_0 c_0 r}\left(1 + \frac{1}{ikr}\right)e^{-ikr} \tag{7-28}$$

式中, ρ_0 是介质密度。将球面上 r = a 处的振动速度 u_a 代入式(7-28),便可确定常数

$$A = \frac{i\rho_0 c_0 ka^2 u_a}{1 + ika} \tag{7-29}$$

考虑球的半径远小于声波波长的情况,即有 $ka \ll 1$,式(7-29)的分母近似为1,若记球振动的体积速度为 $Q = 4\pi a^2 u_a$(称为源强度), A 可以简化为

$$A = \frac{i\rho_0 c_0 kQ}{4\pi} \tag{7-30}$$

比较声压表达式(7-27)和质点振速表达式(7-28)可见,质点振速的第一项与声压相位相同,而第二项与声压存在90°的相位差。

由声压和质点振速可算出声强为

$$I = \frac{1}{T}\int_0^T \text{Re}(p)\text{Re}(u)\,dt = \frac{\rho_0 c_0 k^2 Q^2}{32\pi^2 r^2} \tag{7-31}$$

声源辐射的声功率为

$$W_m = 4\pi r^2 I = \frac{\rho_0 c_0 k^2 Q^2}{8\pi} \tag{7-32}$$

由式(7-27)和式(7-30),考虑到简谐声波有效值等于幅值的 $1/\sqrt{2}$,可得声压的有效值为

$$p_e^2 = \frac{\rho_0^2 c_0^2 k^2 Q^2}{32\pi^2 r^2} \tag{7-33}$$

从式(7-31)和式(7-33)可见,声强与声压有效值之间的关系与平面波相同。但是,声强与距离的平方成反比,而声压与距离成反比,就是说,距离每增加一倍,声压级降低 6dB。这是单极子声源辐射声场的另一个特征。

实际声源,若具有体积脉动性质,且其尺度远小于声波波长,均可以作为单极子声源近似处理。单极子声源所具有的无方向性和声压级每倍距离下降 6dB 的特性,可以用来检验声源是否为单极子声源。

7.2.4　多声源声场

工程中遇到的实际声场虽然比较复杂,但常常可以近似分解为一种或几种典型声源模型的组合。理论上主要考虑几种典型的声源模型,它们的辐射声场具有不同的方向特性和几何衰减特性,分别称为单极子、偶极子和四极子声源。

偶极子声源的物理模型可以由相距很近的两个强度相等、相位相反的单极子声源表述。相距很近是从声学意义上讲的,即距离远小于所考虑的声波波长。根据单极子辐射声场的表达式(7-27),可以求出偶极子的辐射声场。

如图 7-5 所示,两个强度相同、相位相反的简谐单极子声源分别位于位置 1 和位置 2。它们之间的距离为 $l(l \ll \lambda)$。

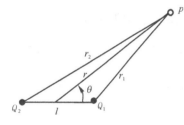

图 7-5　偶极子辐射声场

总的声压为两个单极子源产生的声压之和为

$$p(r) = \frac{A}{r_1}e^{-ikr_1} - \frac{A}{r_2}e^{-ikr_2} \tag{7-34}$$

根据图示几何关系,有

$$r_1 = \sqrt{r^2 + \left(\frac{l}{2}\right)^2 - rl\cos\theta} \approx r - \frac{l}{2}\cos\theta$$

类似地,有 $r_2 \approx r + \frac{l}{2}\cos\theta$。

将 r_1 和 r_2 的近似值代入式(7-34),并考虑到 $r \gg l$,对分母上含 r_1 和 r_2 的因子作以下近似

$$\frac{1}{r - \frac{l}{2}\cos\theta} \approx \frac{1}{r} + \frac{l\cos\theta}{2r^2} \quad \text{和} \quad \frac{1}{r + \frac{l}{2}\cos\theta} \approx \frac{1}{r} - \frac{l\cos\theta}{2r^2}$$

得

$$p(r,\theta) = \frac{A}{r}e^{-ikr}\left(e^{i\frac{l}{2}k\cos\theta} - e^{-i\frac{l}{2}k\cos\theta}\right) + \frac{Al\cos\theta}{2r^2}e^{-ikr}\left(e^{ik\frac{l}{2}\cos\theta} + e^{-i\frac{l}{2}k\cos\theta}\right) \tag{7-35}$$

利用($l \ll \lambda$,即 $kl \ll 1$)的条件,进一步简化上式中括号内部分,最后得出

$$p(r,\theta) = \frac{Al\cos\theta}{r}e^{-ikr}\left(ik + \frac{1}{r}\right) \tag{7-36}$$

利用球坐标下的梯度运算 $\nabla = \left(\frac{\partial}{\partial r}, \frac{1}{r}\frac{\partial}{\partial\theta}, \frac{1}{r\sin\theta}\frac{\partial}{\partial\varphi}\right)$,可以求出质点振速为

$$\vec{u}(r,\theta) = \left\{ \frac{Al\cos\theta}{\rho_0 c_0 r}\left(\frac{1}{r} + \mathrm{i}k \right)\mathrm{e}^{-\mathrm{i}kr}, \quad \frac{Al\sin\theta}{\rho_0 c_0 r^2}\left(1 - \frac{\mathrm{i}}{kr} \right)\mathrm{e}^{-\mathrm{i}kr}, \quad 0 \right\} \tag{7-37}$$

考虑远场($kr\gg1$)的位置,式(7-36)表示的声压和式(7-37)表示的质点振速均可近似为含 $1/r$ 的项,即

$$p(r,\theta) \approx \frac{\mathrm{i}Akl\cos\theta}{r}\mathrm{e}^{-\mathrm{i}kr} \quad 及 \quad u_r(r,\theta) \approx \frac{\mathrm{i}Akl\cos\theta}{\rho_0 c_0 r}\mathrm{e}^{-\mathrm{i}kr} \tag{7-38}$$

两者相位相同,于是声强为

$$I \approx \frac{1}{T}\int_0^T \mathrm{Re}(p)\,\mathrm{Re}(u)\,\mathrm{d}t = \frac{1}{2}\frac{(|A|l)^2}{\rho_0 c_0}\frac{k^2}{r^2}\cos^2\theta \tag{7-39}$$

从式(7-38)的远场声压和式(7-39)的声强看,显然远场声压与声强的关系与平面声波相同,即

$$I = \frac{|p|^2}{\rho_0 c_0} \tag{7-40}$$

按照声功率等于声强的闭面积分,采用球坐标对封闭球面关于声强表达式(7-39)求面积分,有

$$W_\mathrm{d} = \int_0^{2\pi}\int_0^\pi I(r,\theta)r^2\sin\theta\,\mathrm{d}\theta\,\mathrm{d}\varphi = \frac{2\pi}{3}\frac{k^2|A|^2 l^2}{\rho_0 c_0} \tag{7-41}$$

从式(7-41)导出的声压、声强和声功率,归纳出偶极子声场的特征为:偶极子声压场具有方向性因子 $\cos\theta$,即声压大小关于偶极子轴(两个单极子的连线)旋转对称,其剖面成 ∞ 形状。

由式(7-36)可以看出,偶极子声压场的几何衰减为:在近场反比于 r^2,在远场反比于 r。近场区声强与声压的关系复杂。但在远场与平面声波相同,可以通过测量声压来计算声强。

若单个源强度相同,由式(7-41)式(7-32)可以求出偶极子与单极子的辐射声功率之比为

$$\frac{W_\mathrm{d}}{W_\mathrm{m}} = \frac{k^2 l^2}{3} \tag{7-42}$$

由于低频时($kl\ll1$),所以偶极子声源的低频辐射效率比单极子声源低。工程实际问题中,处在无界空间中板和膜的振动可以看作由偶极子面分布形成的声源。

从以上对单极子和偶极子声场的分析看到,单极子的声场没有方向性,而偶极子的声场存在方向性。对于实际的声源,可以定义一个量度其辐射声场方向性的参数,即指向性因子 $DF(\theta,\varphi)$。

在图 7-6 中,设与实际声源距离为 r 的远声场点($kr\gg1$)均方声压为 $p_\mathrm{e}^2(\theta,\varphi)$,而假设的以同样声功率辐射的无方向性声源在该距离上产生的均方声压为 p_e^2(等于 $p_\mathrm{e}^2(\theta,\varphi)$ 在以该距离为半径的球面上的均值),则定义声源辐射声场的指向性因子为

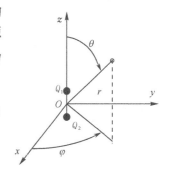

图 7-6　声源辐射的指向性

$$DF(\theta,\varphi) = \frac{p_\mathrm{e}^2(\theta,\varphi)}{p_\mathrm{e}^2} = \frac{I(\theta,\varphi)}{I} \tag{7-43}$$

式中,I 为对应的声强。

以分贝数量度的指向性因子称为指向性指数,给出为

$$DI = 10\lg DF = L_\mathrm{p}(\theta,\varphi) - L_\mathrm{p} \tag{7-44}$$

式中,L_p 为对应的声压级。

7.3　声波的传播

在无限均匀无损耗介质中声波场的变化由声源确定。而当声波遇到障碍物或不同介质的界面时,会出现反射、透射和绕射的现象。本节中将讨论这些现象和其中的规律。

7.3.1　声速

声波传播的速度简称声速,定义为单位时间内波阵面传播的距离。设平面声波经过时间 Δt 后具有同样声压值的波阵面传播了距离 Δx,即

$$p(t_0, x_0) = p(t_0 + \Delta t, x_0 + \Delta x)$$

上述关系式代入平面波声场表达式(7-19),得

$$e^{i(\omega \cdot \Delta t - k \cdot \Delta x)} = 1$$

解得

$$\Delta x = \frac{\omega}{k}\Delta t = \frac{2\pi f}{2\pi/\lambda}\Delta t = c_0 \Delta t$$

上式表明 c_0 确实代表声速。常数 c_0 是在推导状态方程式(7-7)时引入的,可知声速必与状态参数温度及体积压缩量有关。

1. 声速反映了媒质的压缩特性

由状态方程(7-7)可得

$$c_0 = \sqrt{\frac{p}{\rho'}} = \sqrt{\frac{\mathrm{d}P}{\mathrm{d}\rho}}$$

如果某种媒质可压缩性较大(如气体),那么同样的压力变化引起的密度变化大,一个体积元状态的变化需要经过较长时间才能传到周围相邻的体积元,因此声传播速度就慢。反之,在可压缩性小的媒质中,声扰动传播的速度就大。如在钢中声传播速度约为 5500m/s,远远大于在空气中的声速(约343m/s)。

2. 声速与温度的关系

仅考虑理想气体中声速与环境温度的关系。由式(7-6)可以得到在某一温度 t℃下声速与该温度下平衡状态下声压和质量密度之间的关系,即

$$c_0(t℃) = \sqrt{\frac{\gamma P_0(t℃)}{\rho_0(t℃)}}$$

根据理想气体的状态方程 $P/(\rho T) =$ 常数,可推得

$$c_0(t℃) = \sqrt{\frac{\gamma P_0(0℃)}{\rho_0(0℃)}}\sqrt{\frac{T}{T_0}} = c_0(0℃)\left(\frac{T}{T_0}\right)^{\frac{1}{2}}$$

式中, $c_0(0℃) = 331.6$m/s,是在标准大气压下 0℃时空气中的声速, $T_0 = 273$K, $T = (273 + t)$ K, t 为摄氏温度值。因此,空气中声速随摄氏温度而变化的关系式为

$$c_0(t℃) = c_0(0℃) \cdot \left(1 + \frac{t}{273}\right)^{\frac{1}{2}} \tag{7-45}$$

$$c_0(t℃) \approx c_0(0℃) + 0.61t \tag{7-46}$$

式(7-46)为一阶近似式,适用于 $-30 \sim +30℃$ 的温度范围,温度升高 $1℃$,声速将增加 0.61m/s。对于高温环境,如柴油机排气管内的声场,应该采用式(7-45)进行计算。对于一般流体,因物态关系复杂,计算采用实验测定的半经验半理论公式。相对于水,温度每升高 $1℃$,声速约增加 4.5m/s。

7.3.2　声阻抗率与媒质特性阻抗

声场中某位置的声压 p 与该位置的质点振速 u 的比值称为该位置的声阻抗率 Z_s,单位为 Rayl(即 N·S/m^3 或 Pa·s/m),其公式为

$$Z_s = p/u \tag{7-47}$$

对于平面波,声压为

$$p(x,t) = p_A e^{i(\omega t - kx)}$$

根据式(7-3),求得该处的质点振速为

$$u(x,t) = -\frac{1}{\rho_0} \int \frac{\partial p}{\partial x} \mathrm{d}t = \frac{k}{\rho_0 \omega} p(x,t) = \frac{p(x,t)}{\rho_0 c_0}$$

所以平面波的声阻抗率为

$$Z_s = \frac{p(x,t)}{u(x,t)} = \rho_0 c_0 \tag{7-48}$$

式(7-48)表明,在平面波自由声场中,声压与质点速度始终按照同相位变化,声阻抗率为实常数。

数值 $\rho_0 c_0$ 定义为媒质的特性阻抗,它是媒质的一个固有常数,它的数值对声传播的影响比起单独的 ρ_0 或 c_0 要大,在声学中具有特殊的地位,它具有声阻抗率的量纲。在一个大气压、$20℃$ 条件下,$\rho_0 = 1.21 \text{kg/m}^3$,$c_0 = 343 \text{m/s}$,空气的特性阻抗 $\rho_0 c_0 = 415 \text{Pa·s/m}$。

平面波声场中的声阻抗率数值上处处与媒质的特性阻抗相等。利用电路中阻抗匹配的概念,可以说平面波的声阻抗率处处与媒质的特性阻抗相匹配,这样在前一位置上的声波能量可以完全传播到后一位置上,因此理想气体中平面波传播是形状不变的。

7.3.3　平面声波的反射和透射

平面波是形式最简单的波,对它在不同介质面上行为的分析有助于理解界面对声波的一般作用。

如图 7-7 所示,平面声波沿 x 轴正向传播,垂直入射到位于($x=0$)的两种介质的分界平面上。给定入射波为 p_i,设反射波为 p_r,透射波为 p_t。

已知界面两边介质的密度和声速等声学特性($\rho_1 c_1$,$\rho_2 c_2$),可以根据声波应该满足的界面条件求出反射波和透射波的波幅。

在($x=0$)的界面上,声波应该满足的条件是:声压和界面法向质点振速的连续性。此种条件是界面稳定存在的前提。具体写为

$$(p_i + p_r)_{x=0} = (p_t)_{x=0} \tag{7-49}$$

和

$$u_{1n} = u_{2n} \tag{7-50}$$

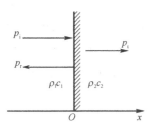

图 7-7 平面波在界面上的
反射和透射

由所给出的坐标系,首先可以写出入射波、反射波和透射波声压的表达形式为

$$p_i(x) = p_{i0}e^{-ik_1x} \tag{7-51}$$

$$p_r(x) = p_{r0}e^{ik_1x} \tag{7-52}$$

$$p_t(x) = p_{t0}e^{-ik_2x} \tag{7-53}$$

式中, p_{i0}, $k_1 = \omega/c_1$, $k_2 = \omega/c_2$ 为已知。

根据声压和质点振速之间的关系式(7-3),对平面简谐波有 $i\omega\rho u = -\nabla p$,则上述各声波所对应的质点振速为

$$u_i(x) = \frac{p_{i0}}{\rho_1 c_1}e^{-ik_1x} \tag{7-54}$$

$$u_r(x) = -\frac{p_{r0}}{\rho_1 c_1}e^{ik_1x} \tag{7-55}$$

$$u_t(x) = \frac{p_{t0}}{\rho_2 c_2}e^{-ik_2x} \tag{7-56}$$

将式(7-51)~式(7-53)代入式(7-49),式(7-54)~式(7-56)代入式(7-50),得出

$$p_{i0} + p_{r0} = p_{t0} \tag{7-57}$$

$$\frac{p_{i0}}{\rho_1 c_1} - \frac{p_{r0}}{\rho_1 c_1} = \frac{p_{t0}}{\rho_2 c_2} \tag{7-58}$$

从以上方程组容易解得

$$p_{r0} = \frac{\rho_2 c_2 - \rho_1 c_1}{\rho_2 c_2 + \rho_1 c_1}p_{i0} \tag{7-59}$$

$$p_{t0} = \frac{2\rho_2 c_2}{\rho_2 c_2 + \rho_1 c_1}p_{i0} \tag{7-60}$$

记 $z_1 = \rho_1 c_1$, $z_2 = \rho_2 c_2$,分别表示两种媒质的特性阻抗。式(7-59)和式(7-60)可以改写为

$$r_p = \frac{p_{r0}}{p_{i0}} = \frac{z_2 - z_1}{z_2 + z_1} \tag{7-61}$$

$$t_p = \frac{p_{t0}}{p_{i0}} = \frac{2z_2}{z_2 + z_1} \tag{7-62}$$

式中, r_p 和 t_p 分别称作界面法向的声压反射系数和透射系数。

可以讨论两种极端情况:

(1) $z_1 \gg z_2$,此时透射系数接近 0,反射系数接近 -1。相当于透射声压幅值趋向于 0,反射声压与入射声压幅度相同,而在界面上相位相反。声波由水中($z_w = 1.48 \times 10^6 \text{Pa} \cdot \text{s/m}$)向其与空气($z_a = 415 \text{Pa} \cdot \text{s/m}$)的界面入射出现的情况可看作实际的例子之一。

(2)相反,对 $z_1 \ll z_2$ 的情况,反射波声压幅值与入射波幅值相同,且在界面处相位相同。而透射声波的幅值为入射声波幅值的 2 倍。

由于平面声波的声压与声强之间存在简单的关系,即

$$I = \frac{p_e^2}{\rho_0 c_0} \tag{7-63}$$

由式(7-56)和式(7-59)容易求出声强反射系数和透射系数分别为

$$r_1 = r_p^2 \tag{7-64}$$

$$t_1 = \frac{z_1}{z_2} t_p^2 \tag{7-65}$$

在噪声控制实际中最常见的情况是第二种介质为吸声材料或结构,此时,z_2 为复数特征阻抗,以上的关系仍成立,只是式(7-65)的右边需以模值表示。

依据同样的界面条件,还可以分析平面声波在界面上斜入射时的反射和透射情况。一般,将声波从一种介质穿过界面进入另一种介质的情况称为透射,而折回原来介质情况称为反射。当声波在传播过程中遇到尺度比声波长小或接近的障碍物时,还会出现声波绕过障碍物到达其后面的情况,称为绕射。

7.3.4　声波的扩散

声源辐射的声波在自由空间,其波阵面一般不会是严格的平面波。点声源(如单极子)产生球面波,线声源(或长柱面均匀脉动)产生柱面波,而平面均匀振动产生的近场可以近似看作平面波。由于声源辐射的声功率是一定的,而随着离声源距离的增加,波阵面会不断扩大,以至单位面积上的声功率(声强度)随之减小。这种由于波阵面扩大而导致声场变弱的情况,称为声波的几何衰减。声波在实际介质中传播,由于介质存在黏滞性,而有一部分声能量会被介质吸收,转变为热能,以至声波强度随传播距离增加而减弱,称为介质吸收衰减(或物理衰减)。

以下主要讨论无限介质中不同声源产生声波的几何衰减特征。

1. 点声源

在分析单极子声源时看到,均匀球面振动产生球面波。一般的物体振动发声,当物体的尺度比声波长小得多时,产生的声波也近似为球面波。设声源辐射的声功率为 W,则离声源距离为 r 的球面上的声强为

$$I(r) = \frac{W}{4\pi r^2} \tag{7-66}$$

可见声强度与距离的平方成反比。以声压级或声强级表示,则有

$$L_p(r) = L_1(r) = 10 \lg \frac{W}{10^{-12}} - 10 \lg(4\pi r^2) \tag{7-67}$$

或

$$L_p(r) = L_w - 20 \lg r - 11 \tag{7-68}$$

式(7-67)和式(7-68)两式中的第一项为声功率级,声功率的参考值为 $10^{-12} W$,与空气中参考声压 $2 \times 10^{-5} Pa$ 在 $1 m^2$ 面积上的声功率对应。从式(7-68)更容易看出,距离每增加一倍,声压级下降6dB。

2. 线声源

无限长圆柱柱面均匀振动产生圆柱面波。当柱的直径远小于声波波长时,可以近似看作为线声源。设单位长度声源辐射的声功率为 W,则离线源距离为 r 的圆柱面上单位面积上的

声功率(声强)为

$$I(r) = \frac{W}{2\pi r} \tag{7-69}$$

以分贝数表示为

$$L_p(r) = L_w - 10 \lg r - 8 \tag{7-70}$$

可见对于圆柱面声波,离声源距离每增加一倍,声压级下降3dB。

　　实际中声源都是有限长的。此时,声压级随距离的变化可分作两个区域。设声源线长度为 l,则在 $r < l/\pi$ 范围内仍适用关系式(7-69)或式(7-70)。而在此范围以外,按下式估算,即

$$L_p(r) = L_p(r_0) - 20 \lg \frac{r}{r_0} \tag{7-71}$$

式中,$r_0 = l/\pi$。可见在这个范围,距离每增加一倍声压级下降6dB,与球面声波的扩散衰减相同。

3. 面声源

　　如果存在无限大平面振动辐射,就能产生平面声波,其波阵面不变化。所以严格的平面声波不存在几何衰减。但实际中遇到的辐射声的振动平面总是有限的。设辐射声平面为矩形,边长分别为 a 和 $b(a \leqslant b)$,测量点与声源中心的距离为 r。声压级随距离的变化规律大体上可以分为三个区域,即

$$L_p(r) = L_{p0}, \qquad (r < a/\pi) \tag{7-72}$$

$$L_p(r) = L_{p0} - 10 \lg \frac{3r}{a}, \qquad \left(\frac{a}{\pi} < r < \frac{b}{\pi}\right) \tag{7-73}$$

$$L_p(r) = L_{p0} - 20 \lg \frac{3r}{b} - 10 \lg \frac{b}{a}, \qquad \left(\frac{b}{\pi} < r\right) \tag{7-74}$$

式中,$L_{p0} = L_p(a/\pi)$。

　　式(7-72)表示声波近似为平面声波传播的范围,声压级没有变化。式(7-73)表示声波近似以圆柱面波扩散的范围,距离每增加一倍,声压级下降3dB。式(7-74)表示声波近似以球面波扩散的范围,距离每增加一倍,声压级下降6dB。

　　点声源、线声源和面声源辐射声波的几何衰减情况如图7-8所示。

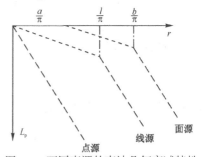

图7-8　不同声源的声波几何衰减特性

7.4　声波在管中的传播

　　声学研究中经常会碰到管道的传声问题,大到大型风机、燃气轮机、喷气装置,小到各种管状乐器等。在实际的自由空间中,一般声源的波阵面往往是球面波,而不是平面波。平面声波存在的一个重要的环境即为管道,很多传感器灵敏度的校正、吸声材料的声阻抗与吸声系数的测量等都在管道环境中进行。本节将讨论管道中平面声波传播的基本特性。

7.4.1　有限长度均匀管

如图 7-9 所示,以管末端负载为坐标原点,管内入射波和反射波按照式(7-19)的形式可以分别写为

$$p_i = p_{ai}\mathrm{e}^{\mathrm{i}(\omega t - kx)} \tag{7-75}$$

$$p_r = p_{ar}\mathrm{e}^{\mathrm{i}(\omega t + kr)} \tag{7-76}$$

反射波与入射波之间的比值为声压的反射系数,以 r_p 表示,即

$$\frac{p_{ar}}{p_{ai}} = r_p = |r_p|\mathrm{e}^{\mathrm{i}\sigma\pi} \tag{7-77}$$

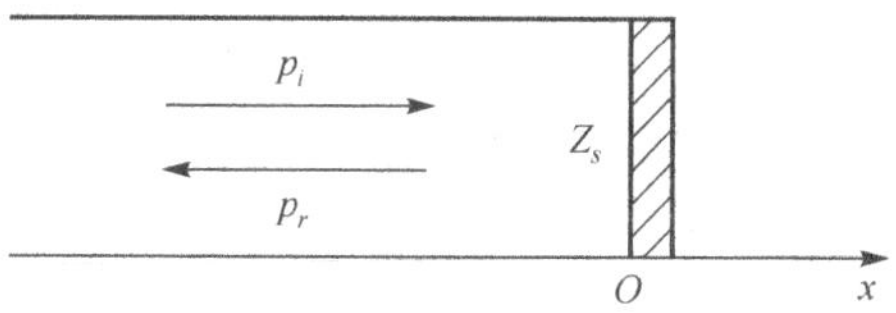

式中,$\sigma\pi$ 表示反射波与入射波在界面处的相位差。式 (7-75) 与(7-76)之和为管道内总声压

图 7-9　末端有负载的有限均匀管

$$p = p_i + p_r = |p_a|\mathrm{e}^{\mathrm{i}(\omega t + \varphi)} \tag{7-78}$$

其中

$$|p_a| = p_{ai}\left|\sqrt{1 + |r_p|^2 + 2|r_p|\cos 2k\left(x + \sigma\frac{\lambda}{4}\right)}\right| \tag{7-79}$$

为总声压幅值,将其极大值与极小值之比称为驻波比,以 G 表示为

$$G = \frac{|p_a|_{\max}}{|p_a|_{\min}} = \sqrt{\frac{1 + |r_p|^2 + 2|r_p|}{1 + |r_p|^2 - 2|r_p|}} = \frac{1 + |r_p|}{1 - |r_p|} \tag{7-80}$$

由此,通过测量驻波比即可以确定声负载的声压反射系数

$$|r_p| = \frac{G - 1}{G + 1} \tag{7-81}$$

当 $G = 1$,则 $|r_p| = 0$,说明末端是理想软边界,负载全部吸收入射声波。同理,如果末端是刚性边界,入射声波全反射,那么 $|r_p| = 1$,$\sigma = 0$,驻波比 $G = \infty$。此时,管道内总声压幅值 $|p_a| = 2p_{ai}|\cos kx|$,为纯粹的驻波场。

从(7-79)式出发,还可以确定管中声压极小值的位置,其与原点距离 $(-x)$ 为

$$(-x) = [(2n + 1) + \sigma]\frac{\pi}{4} \tag{7-82}$$

式中,$n = 0$ 对应于最靠近声负载处的极小值,称为第一极小值。通过测量第一极小值的位置,即可求得管内反射波与入射波之间的相位差 $\sigma\pi$。

另一方面,管末端声学负载的声学特性是由其表面法向声阻抗 Z_a 来表征的,因此声负载的声压反射系数自然与其声阻抗有关。根据运动方程和式(7-78)可得管中的声阻抗率,并由此获得 $x = 0$ 处的声阻抗率为

$$Z_s = \left(\frac{1 + |r_p|\mathrm{e}^{\mathrm{i}\sigma\pi}}{1 - |r_p|\mathrm{e}^{\mathrm{i}\sigma\pi}}\right)\rho_0 c_0 \tag{7-83}$$

这里采用的是复声压,故声阻抗率也是复数,由声阻率 R_s 和声抗率 X_s 组成,可以写为

$$Z_s = R_s + \mathrm{i}X_s \tag{7-84}$$

由式(7-83)和(7-84)可得

$$r_I = |r_p|^2 = \frac{(R_s - \rho_0 c_0)^2 + X_s^2}{(R_s + \rho_0 c_0)^2 + X_s^2} \tag{7-85}$$

式中，r_I 为声强反射系数，由式(7-20)可知其为声压反射系数的平方。考虑声负载的吸声系数 α，按能量守恒定律，这里定义为 $\alpha = 1 - r_I$，即

$$\alpha = 1 - r_I = \frac{4R_s \rho_0 c_0}{(R_s + \rho_0 c_0)^2 + X_s^2} \tag{7-86}$$

由此可以看出声负载的吸声系数与它的声阻抗之间的关系是十分密切的。

7.4.2　突变截面管

当管道的截面发生突变时，声波的传播特性显然会发生变化。此时，可以看成是声波传播受到了"阻碍"，突变后的管道对突变前的管道是一个声负载。以图7-10为例，设管道 S_1 中有一入射波 p_i，其传播到管 S_1 与 S_2 的分界面处，一部分声波 p_r 会发生反射，另一部分会透射到管 S_2 中。假定管 S_2 无限延伸，S_2 中仅有透射波 p_t，坐标原点取在分界面处。分别写出上述三种波的声压表达式

图 7-10　突变截面管

$$\begin{cases} p_i = p_{ai} e^{i(\omega t - kx)} \\ p_r = p_{ar} e^{i(\omega t + kx)} \\ p_t = p_{at} e^{i(\omega t - kx)} \end{cases} \tag{7-87}$$

以及它们的质点振速

$$\begin{cases} v_i = \dfrac{p_{ai}}{\rho_0 c_0} e^{i(\omega t - kx)} \\ v_r = -\dfrac{p_{ar}}{\rho_0 c_0} e^{i(\omega t + kx)} \\ v_t = \dfrac{p_{at}}{\rho_0 c_0} e^{i(\omega t - kx)} \end{cases} \tag{7-88}$$

显然在两管的边界上，其要符合声学边界条件。这里的声学边界条件要归为两类，一类是声压连续边界条件，一类是质点体积速度连续边界条件。在边界上连续的介质中声压连续容易理解，但由于截面本身发生了突变，在界面附近声场是非均匀的，所以 7.3.3 节所述界面法向质点振速连续是不确切的。然而在界面处质点不会积聚，根据质量守恒定律，体积速度总应连续。这里假设声场不均匀区远小于声波波长，因而可以把这一区域看成一点，而在此区域以外声波仍恢复平面波传播。归结以上两类边界条件可得

$$p_{ai} + p_{ar} = p_{at} \tag{7-89}$$

$$S_1(v_i + v_r) = S_2 v_t \tag{7-90}$$

联立式(7-87)～式(7-90)，可得声压反射系数为

$$r_p = \frac{p_{ar}}{p_{ai}} = \frac{S_1 - S_2}{S_1 + S_2} \tag{7-91}$$

由此可见，声波的反射与两根管子的截面积比值有关。当 $S_2 < S_1$，即第二根管子比第一根细时，$r_p > 0$，这就相当于 7.3.3 节讨论的声波遇到硬边界的情形；同理，当 $S_2 > S_1$，就相当于

7.3.3 节讨论的声波遇到软边界的情形。对于极端的情况,当 $S_2 \ll S_1$,此时 $r_p \approx 1$,相当于声波碰到刚性壁面;当 $S_2 \gg S_1$,$r_p \approx -1$,这就好像声波遇到"真空"边界。

与式(7-85)同理,还可以得到声强的反射系数为

$$r_I = \left(\frac{S_{21} - 1}{S_{21} + 1} \right)^2 \tag{7-92}$$

另一方面,声强的透射系数为

$$t_I = \frac{I_t}{I_i} = \frac{4}{(S_{12} + 1)^2} \tag{7-93}$$

其中,面积比 S_{12} 的定义为

$$S_{21} = \frac{S_1}{S_2} \tag{7-94}$$

可以发现,$r_I + t_I \neq 1$,这是因为管道的截面面积发生了变化。因此,为了反映突变截面管中,声传播的能量关系,可以用平均声功率的透射系数

$$t_w = \frac{I_t S_2}{I_i S_1} = \frac{4 S_{12}}{(1 + S_{12})^2} \tag{7-95}$$

平均声功率的反射系数与声强反射系数相同 $r_w = r_I$,现在可以得到 $t_w + r_w = 1$,这也是符合能量守恒定律的。

7.4.3　有旁支的管

当管道出现旁支时,这种旁支的存在也必然会对声波的传播产生影响。以图 7-11 为例,设主管道的截面积为 S,旁支管道的截面积为 S_b。现将旁支管道口的声阻抗 $Z_b = R_b + iX_b$ 设为已知,则声阻抗与声阻抗率之间的关系为 $Z_s = S Z_b$。因为这里讨论

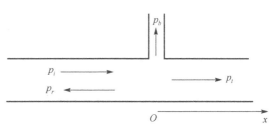

图 7-11　有旁支的管道

的分界面处声场是非均匀的,所以质点的体积速度不是法向速度连续,采用声阻抗更加便于说明。主管中存在入射波 p_i、反射波 p_r 以及透射波 p_t,旁支中存在声波 p_b。为了简便起见,这里设旁支口的线度远远小于声波波长,因此可以将其看作成一点,将坐标原点固结于此,如图 7-11 所示。

在原点处的各声波声压表达式以及质点振速表达式为

$$\begin{cases} p_i = p_{ai} e^{i\omega t}, & v_i = \dfrac{p_i}{\rho_0 c_0} \\[2mm] p_r = p_{ar} e^{i\omega t}, & v_r = -\dfrac{p_r}{\rho_0 c_0} \\[2mm] p_t = p_{at} e^{i\omega t}, & v_t = \dfrac{p_t}{\rho_0 c_0} \\[2mm] p_b = p_{ab} e^{i\omega t}, & v_b = \dfrac{p_i}{S_b Z_b} \end{cases} \tag{7-96}$$

在分界面处,声压连续与体积速度连续边界条件为

$$\begin{cases} p_i + p_r = p_t = p_b \\ U_i + U_r = U_t + U_b \end{cases} \tag{7-97}$$

将式(7-96)代入(7-97)可得声压反射系数 r_p 与声强透射系数 t_t 为

$$|r_p| = \left| \frac{p_{ar}}{p_{ai}} \right| = \left| \frac{-\rho_0 c_0}{\rho_0 c_0 + 2SZ_b} \right| \tag{7-98}$$

$$t_t = \frac{R_b^2 + X_b^2}{\left(\frac{\rho_0 c_0}{2S} + R_b \right)^2 + X_b^2} \tag{7-99}$$

由此可见,声强透射系数与旁支的声阻抗关系密切。管道消声问题中广泛采用的一种共振式消声器,即是通过调节旁支的声阻抗使得声强透射系数接近 0,对指定频率范围内的声波起到滤波作用。

7.4.4　声传输线阻抗转移公式

在 7.4.1 节讨论了有限长均匀管中声传播的特性,研究了管末端声负载对管道内声传播的影响,显然这种影响会波及管口的声源,本小节就要来讨论这种影响。

如图 7-9 所示有限均匀管,管末端有声负载,声阻抗率为 Z_{sl}。在这里设管长 l,坐标原点设在管口处。在推导式(7-83)的过程中实际上已经导出过了管中声阻抗率公式

$$Z_s = \frac{p}{v} = \rho_0 c_0 \frac{p_{ai} e^{-ikx} + p_{ar} e^{ikx}}{p_{ai} e^{-ikx} - p_{ar} e^{ikx}} \tag{7-100}$$

已知 l 处也就是负载处的声阻抗率为

$$Z_{sl} = \rho_0 c_0 \frac{p_{ai} e^{-ikl} + p_{ar} e^{ikl}}{p_{ai} e^{-ikl} - p_{ar} e^{ikl}} \tag{7-101}$$

管口也就是原点处的声阻抗率为

$$Z_{s0} = \rho_0 c_0 \frac{p_{ai} + p_{ar}}{p_{ai} - p_{ar}} \tag{7-102}$$

这与式(7-83)本质上是相同的。联合式(7-101)与式(7-102)得到

$$Z_{s0} = \rho_0 c_0 \frac{Z_{sl} + i\rho_0 c_0 \tan kl}{\rho_0 c_0 + iZ_{sl} \tan kl} \tag{7-103}$$

这就是声传输线阻抗转移公式,Z_{s0} 为管的输入声阻抗率。从式中可以看出,管的输入声阻抗率不仅与管末端的声负载有关,也与管的长度有关。

利用声传输线可以解释许多有趣的声学现象。例如假定管末端的声负载为封闭的刚性壁面,在 $x = l$ 处有 $Z_{sl} \to \infty$,则式(7-103)可以简化为

$$Z_{s0} \approx -i\rho_0 c_0 \frac{1}{\tan kl} \tag{7-104}$$

显然,当 $kl = (2n-1)\frac{\pi}{2}$ 或 $kl = n\pi$ 时,有

$$Z_{s0} \approx \begin{cases} 0, & kl = (2n-1)\frac{\pi}{2}, \quad (n = 1,2,3,\cdots) \\ \infty, & kl = n\pi, \quad (n = 1,2,3,\cdots) \end{cases} \tag{7-105}$$

这说明,假设管长一定,当频率逐渐增大,管口表现的声阻抗率会经历一系列零值或无限大

值。如果管口有一个声源,当其负载阻抗为无限大时,将导致其制动而声辐射停止。例如一内部没有铺设吸声材料层的闭箱式扬声器,其辐射高频特性经常会出现一系列谷点,其原因就在于此。

7.5　室内声场

声源处在有限空间辐射声是实际中常见的情况。例如,车间内机器辐射噪声、音乐厅里乐器或演唱产生的音乐声,这类声场称为室内声场。室内声场与自由空间的声场的差别是,声场除了包括由声源辐射直接到达的声音外,还存在由各界面多次反射而到达的声音。要对建筑物进行室内声学设计或室内噪声控制,必须了解室内声场的特性。

7.5.1　波动理论与简正频率分布

本节采用前面所述的波动声学方法来处理室内声场。为了讨论简便起见,这里假设矩形房间的六面内壁都是刚性的,房间长、宽、高分别为 l_x、l_y、l_z,坐标原点取在房间的一个角上,则房间内的声场除了要满足式(7-9)的波动方程,还要满足刚性壁面的边界条件

$$
\begin{cases}
(v_x)_{(x=0, x=l_x)} = 0 \\
(v_y)_{(y=0, y=l_y)} = 0 \\
(v_z)_{(z=0, z=l_z)} = 0
\end{cases}
\tag{7-106}
$$

利用分离变量法,容易得到满足上述边界条件的波动方程特解为

$$
p_{n_x n_y n_z} = A_{n_x n_y n_z} \cos k_x x \cos k_y y \cos k_z z \, \mathrm{e}^{\mathrm{i}\omega_n t}
\tag{7-107}
$$

式中,$p_{n_x n_y n_z}$ 为与每一组 (n_x, n_y, n_z) 数值对应的一个特解;$k_x = \dfrac{\omega_x}{c_0} = \dfrac{n_x \pi}{l_x}$;$k_y = \dfrac{\omega_y}{c_0} = \dfrac{n_y \pi}{l_y}$;$k_z = \dfrac{\omega_z}{c_0} = \dfrac{n_z \pi}{l_z}$;$\omega_n^2 = \omega_x^2 + \omega_y^2 + \omega_z^2$;$n_x, n_y, n_z = 0, 1, 2, \cdots$。

前面讨论平面波传播时,总是以 x 轴方向传播的平面波为例。然而,对于空间中任意传播方向的平面波,其传播方向一般用波矢量 $\boldsymbol{k}_n = k_n \boldsymbol{n}$ 来表示。其中,$k_n^2 = \left(\dfrac{\omega_n}{c_0}\right)^2 = k_x^2 + k_y^2 + k_z^2$;$\boldsymbol{n} = \cos\alpha \boldsymbol{i} + \cos\beta \boldsymbol{j} + \cos\gamma \boldsymbol{k}$ 为平面波波阵面法线的单位矢量;α、β、γ 为波阵面法线与 x、y、z 三个坐标轴的夹角;k_n 表示波矢量的长度。式(7-107)所述 k_x、k_y、k_z,可以理解为波矢量的长度沿着坐标轴的投影大小。

这样,式(7-107)描述的实际上是一组 (n_x, n_y, n_z) 所对应的传播方向由余弦 $(\cos\alpha, \cos\beta, \cos\gamma)$ 所决定的一种平面驻波。显然,房间内波动方程的一般解应该是所有特解的线性叠加,即

$$
p = \sum_{n_x=0}^{\infty} \sum_{n_y=0}^{\infty} \sum_{n_z=0}^{\infty} A_{n_x n_y n_z} \cos k_x x \, \cos k_y y \, \cos k_z z \, \mathrm{e}^{\mathrm{i}\omega_n t}
\tag{7-108}
$$

此式表明在矩形房间中存在大量的简正波。

波矢量也可以定义为 $\boldsymbol{k}_n = \dfrac{2\pi \boldsymbol{f}_n}{c_0}$,其中 $\boldsymbol{f}_n$ 是仿照波矢量定义的简正波的频率矢量,它的意义同波矢量类似,并且满足

$$
\boldsymbol{f}_n = f_x \boldsymbol{i} + f_y \boldsymbol{j} + f_z \boldsymbol{k}
\tag{7-109}
$$

其中

$$\begin{cases} k_x = \dfrac{2\pi f_x}{c_0} = \dfrac{n_x \pi}{l_x} \\[2mm] k_y = \dfrac{2\pi f_y}{c_0} = \dfrac{n_y \pi}{l_y} \\[2mm] k_z = \dfrac{2\pi f_z}{c_0} = \dfrac{n_z \pi}{l_z} \end{cases} \tag{7-110}$$

所以有

$$\begin{cases} f_x = \dfrac{n_x c_0}{2 l_x} \\[2mm] f_y = \dfrac{n_y c_0}{2 l_y} \\[2mm] f_z = \dfrac{n_z c_0}{2 l_z} \end{cases} \tag{7-111}$$

如果以 f_x、f_y、f_z 构成一频率空间,那么每一个简正频率 f_n 都可以用频率空间中的一个点来表示,该点坐标在 x、y、z 轴的分量分别为 $\dfrac{c_0}{2l_x}$、$\dfrac{c_0}{2l_y}$、$\dfrac{c_0}{2l_z}$ 的整数倍。这样,可以计算某一频率下室内存在的简正频率数或者说简正波的数目。为此,对室内可能存在的简正波进行分类如下:

(1)轴向波,分别为沿着三个坐标轴行进的驻波(n_x, n_y, n_z),其中有两个等于 0。

(2)切向波,分别为沿着三个坐标平面行进的驻波(n_x, n_y, n_z),其中有一个等于 0。

(3)斜向波,既非轴向波也非切向波的空间任意方向驻波(n_x, n_y, n_z),都不为 0。

如果不求解全部简正频率,要精确计算以上各类波在某一频率以下,或者在某个频段内的准确数目,是比较困难的,一般采用近似估计方法,式(7-112)给出一种常用的近似计算公式

$$N = N_a + N_t + N_b = \frac{4\pi f^3 V}{3 c_0^3} + \frac{\pi f^2 S}{4 c_0^2} + \frac{fL}{8 c_0} \tag{7-112}$$

式中,N_a、N_t、N_b 分别代表轴向波、切向波和斜向波的平均数目;V 是房间体积;$S = 2(l_x l_y + l_y l_z + l_x l_z)$ 代表房间的壁面总面积;$L = 4(l_x + l_y + l_z)$ 代表房间的边线总长。可以指出,除非房间的长度非常接近,一般通过近似公式计算的值与准确数之间偏差不大。

对式(7-112)进行微分,可得在频段 $\mathrm{d}f$ 内的简正频率数

$$\mathrm{d}N = \left(\frac{4\pi f^2 V}{c_0^3} + \frac{\pi f S}{2 c_0^2} + \frac{L}{8 c_0} \right) \mathrm{d}f \tag{7-113}$$

例如以一个长 3m、宽 4.5m、高 6m 的房间为例,当频率为 1kHz 时,在 $\mathrm{d}f = 10\mathrm{Hz}$ 的频段内,$\mathrm{d}N = 268$。这说明当频率很高,房间比较大时,即使较窄的一个频段内也可能存在大量的驻波方式。如此多的驻波方式对一种驻波是波节的地方,对另一种驻波可能正好是波腹,大量驻波方式的叠加,反而可以把驻波效应"平均"掉,而使得室内声场趋向于均匀。因此,对于房间声学还可以从统计声学的扩散声场假设出发进行研究,后面几小节将对此进行讨论。

7. 5. 2　吸声系数与房间吸声量

声波从一种介质入射到不同介质的界面(壁面)上,一部分声波被反射,还有一部分声波透射入另一种介质中。在 7. 3 节中已详细分析了平面声波在界面上垂直入射的情况,如图 7-7

所示,并导出了声压和声强的反射、透射系数。室内声在壁面上不一定都是垂直入射,但是,对一般的声入射,仍可以从声能量的角度,定义壁面的声强反射和透射(吸收)系数。

设入射到壁面上声波的声强为 I_i,从壁面上反射声波的声强为 I_r,吸收声波的声强为 I_a,则定义吸声系数为

$$\alpha = \frac{I_a}{I_i} \tag{7-114}$$

根据声能量的平衡关系,$I_i = I_r + I_a$,容易导出吸声系数与声压反射系数的关系为

$$\alpha = 1 - |r|^2 \tag{7-115}$$

若其中的声压反射系数 r 为垂直声反射系数,对应的吸声系数称为法向入射吸声系数 α_0。若声压反射系数 r 包含了声波从不同角度入射的平均意义,相应的吸声系数称为无规吸声系数 α_R。

在实验室的声管中容易测量得到材料的法向声反射系数,从而得到法向入射吸声系数。可由法向入射吸声系数通过查表得到无规吸声系数。可表 7-1 给出了两者之间的关系。

表 7-1　法向入射吸声系数 α_0 与无规吸声系数 α_R 的换算表

α_0	0.00	0.01	0.02	0.03	0.04	0.05	0.06	0.07	0.08	0.09
0.0	$\alpha_R = 0$	0.02	0.04	0.06	0.08	0.10	0.12	0.14	0.16	0.18
0.1	0.2	0.22	0.24	0.26	0.27	0.29	0.31	0.33	0.34	0.36
0.2	0.38	0.39	0.41	0.42	0.44	0.45	0.47	0.48	0.50	0.51
0.3	0.52	0.54	0.55	0.56	0.58	0.59	0.60	0.61	0.63	0.64
0.4	0.65	0.66	0.67	0.68	0.70	0.71	0.72	0.73	0.74	0.75
0.5	0.76	0.77	0.78	0.78	0.79	0.80	0.81	0.82	0.83	0.84
0.6	0.84	0.85	0.86	0.87	0.88	0.88	0.89	0.90	0.90	0.91
0.7	0.92	0.92	0.93	0.94	0.94	0.95	0.95	0.96	0.97	0.97
0.8	0.98	0.98	0.99	0.99	1.00	1.00	1.00	1.00	1.00	1.00
0.9	1.00	1.00	1.00	1.00	1.00	1.00	1.00	1.00	1.00	1.00

例如,给出 $\alpha_0 = 0.34$,通过表 7-1 可以查出 $\alpha_R = 0.58$。

容易理解,若一房间所有壁面对入射声波不存在反射($r = 0$ 即 $\alpha = 1$),则室内的声场与声源在自由空间辐射产生的声场相同。工程中所应用的全消声室就是这种情况,全消声室的六个壁面的吸声系数都接近于 1。另一种极端情况是,所有壁面对入射声波不存在任何吸收($r = 1$ 即 $\alpha = 0$),工程上有专门设计的此类房间,称为混响室。在混响室内可以测量得到材料的无规吸声系数。

一个壁面吸声多少不仅与壁面的吸声系数有关,还与吸声壁面的大小有关。综合两种因素,定义吸声壁面的吸声量为

$$A = S \cdot \alpha_R \tag{7-116}$$

式中,S 为壁面面积;α_R 是其表面的无规吸声系数(通常在不引起混淆的情况下,省却下标 R)。显然,吸声量的量纲为 m^2,又称作赛宾(Sabine)。

一个房间有许多壁面,则房间的总吸声量为

$$A = \sum_i S_i \alpha_i \tag{7-117}$$

式中, S_i 和 α_i 分别为各壁面的面积和无规吸声系数。

房间的平均吸声系数定义为

$$\bar{\alpha} = \frac{\sum_i S_i \alpha_i}{\sum_i S_i} \tag{7-118}$$

除壁面对声波有吸收作用外,实际房间内存在的其他物体或人也对声波有吸收作用。在考虑房间的总吸声量或平均吸声系数时,应该计及。

7.5.3　扩散声场及平均自由程

当室内各点的平均声能量密度均匀时,室内声场称为扩散声场。形成扩散声场的条件是:声波可以看作以声线的方式传播,并且在空间任意一点声线朝各个方向传播的概率相同,不同声线之间互不相干。

声线是对声波传播方式的一种近似假设,当声波波长远小于所考虑的声场空间尺度或障碍物尺度时,可以认为声波是沿着直线以声速携带声能量传递的。因而,可以像分析质点碰撞一样,分析声波在室内界面的碰撞(或反射)次数,并引入平均自由程的概念,大大简化了室内声场的分析。

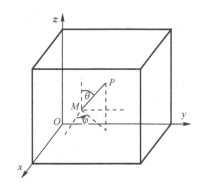

图 7-12　房间内的声线

平均自由程是从统计的角度定义的,为声线在壁面上相邻两次反射之间所走过的距离。

以立方体空间为例,可以导出平均自由程的表达式。如图 7-12 所示,立方体房间的三条棱与直角坐标轴重合,长、宽、高分别为 l_x、l_y、l_z,一声源位于房间内 M 点处。

设声源总共产生 $4\pi n$ 条声线,其中 n 是单位立体角内的声线数。由于声传播的速度为声速 c_0,则在 1s 内沿着全部声线声波走过的路程为 $4\pi n c_0$。

下一步求声波沿全部声线在 1s 内与壁面碰撞的总次数。如图 7-12 所示,首先考虑由声源沿 MP 方向发出的一根声线,它与 z 轴的夹角为 θ,它在 xy 平面的投影与轴的夹角为 φ。该声线在 1s 内走过的距离等于声速 c_0,此距离在三个坐标轴方向的投影分别为 $c_0\sin\theta\cos\varphi$、$c_0\sin\theta\sin\varphi$ 和 $c_0\cos\theta$。因此,该声线在 1s 内与壁面的碰撞次数为

$$\frac{c_0\sin\theta\cos\varphi}{l_x} + \frac{c_0\sin\theta\sin\varphi}{l_y} + \frac{c_0\cos\theta}{l_z}$$

由于单位立体角内的声线数目为 n,立体角微元与球坐标角之间的关系为 $\mathrm{d}\Omega = \sin\theta\mathrm{d}\theta\mathrm{d}\varphi$,因而在角度方向 (θ,φ) 立体角微元内的声线在 1s 内与壁面产生的碰撞次数为

$$\mathrm{d}N = n\left(\frac{c_0\sin\theta\cos\varphi}{l_x} + \frac{c_0\sin\theta\sin\varphi}{l_y} + \frac{c_0\cos\theta}{l_z}\right)\sin\theta\mathrm{d}\theta\mathrm{d}\varphi$$

于是,对立体角作积分,便得出全部声线在 1s 内与壁面产生的碰撞次数

$$N = 8\int_0^{\frac{\pi}{2}}\int_0^{\frac{\pi}{2}} n\left(\frac{c_0\sin\theta\cos\varphi}{l_x} + \frac{c_0\sin\theta\sin\varphi}{l_y} + \frac{c_0\cos\theta}{l_z}\right)\sin\theta\mathrm{d}\theta\mathrm{d}\varphi$$

积分给出

$$N = \frac{n\pi c_0 S}{V} \tag{7-119}$$

式中, $S = 2(l_x l_y + l_x l_z + l_y l_z)$ 为房间壁面的总面积; $V = l_x l_y l_z$ 为房间的体积。

最后,用全部声线在 1s 内走过的距离 $4\pi nc_0$ 除以式(7-119),得出平均自由程为

$$d = \frac{4V}{S} \tag{7-120}$$

由此可见,平均自由程仅与房间的体积和壁面的总面积有关。虽然上述结果是在立方体房间的情况下导出的,实践表明,也适合于其他形式的房间。

7.5.4　室内混响和混响时间

室内由声源发出的声波除直接到达各观察点的直达声外,由于房间壁面的反射和吸收作用,还有来自壁面的多次反射声,称为混响声。混响声听起来像是直达声的延续,像是同一个声音,此现象称为混响现象。

如果直达声和第一次到达的反射声之间的时间间隔大于 50ms,且反射声足够大,听起来就像两个声音,就称为回声现象。两次反射声之间能够区分开来,也称作回声。对于音乐厅、会议厅等,回声的存在会严重影响听音效果,而适当的混响却是必要的。

为了衡量房间的混响特性,引入混响时间这一参数,它定义为:房间内声场达到稳态后,突然终止声源发声(记时起点),室内声压级下降 60dB 所需的时间,记作 T_{60}。

假设声源终止发声时,室内平均声能密度为 $\bar{\varepsilon}_0$。声波第一次与壁面碰撞后,声能密度下降为 $\bar{\varepsilon}_0(1-\bar{\alpha})$,碰撞 n 次后,声能密度下降为 $\bar{\varepsilon}_0(1-\bar{\alpha})^n$。由平均自由程 d,室内声波在 1s 内与壁面碰撞的平均次数为 c_0/d,在时间 t 秒内碰撞次数为 $c_0 t/d$。因此,时间 t 秒时的声能密度为

$$\varepsilon(t) = \bar{\varepsilon}_0(1-\bar{\alpha})^{\frac{c_0 t}{d}} \tag{7-121}$$

由于 $\varepsilon \propto p^2$,根据 T_{60} 的定义,有

$$-60 = 20\lg\left[\frac{p(T_{60})}{p_0}\right] = 10\lg\left(\frac{p^2}{p_0^2}\right) = 10\lg\left[\frac{\varepsilon(T_{60})}{\varepsilon_0}\right]$$

将式(7-121)代入上式,解出 T_{60} 为

$$T_{60} = \frac{-0.161V}{S\ln(1-\bar{\alpha})} \tag{7-122}$$

式中,声速取为 $c_0 = 344(\text{m/s})$。

当 $\bar{\alpha} < 0.2$ 时,式(7-122)可近似为

$$T_{60} \approx \frac{0.161V}{S\bar{\alpha}} = \frac{0.161V}{A} \tag{7-123}$$

此式称为赛宾公式。可见混响时间长短正比于房间体积,而反比于吸声量。

如果考虑空气对声的吸收作用,则上述混响时间公式修正为

$$T_{60} = \frac{0.161V}{S\bar{\alpha} + 4mV} \tag{7-124}$$

式中, m 为空气的声强吸声系数,一般通过查表得到。

　　房间用途不同,对混响时间有不同的要求。混响时间过长,声音听起来会浑浊不清,太短则感觉声音干涩。一般小的播音室、录音室,混响时间在 0.5s 或稍短,礼堂或电影院在 1s 左右,剧院或音乐厅则在 1.5s 左右合适。

　　从式(7-122)容易看出,当 $\bar{\alpha} \to 1$ 时,T_{60} 趋于 0。这就是消声室的情况,声场接近自由声场。当 $\bar{\alpha} \to 0$,T_{60} 趋于无穷大,这就是理想混响室对应的情况。

　　工程中,常需要对给定的房间作吸声设计以达到所需的混响时间要求。由于混响时间测量方便,可以在混响室内放置吸声材料,测量混响时间,利用混响时间公式可算出材料的平均吸声系数,从而间接地测量了材料的平均吸声系数。

7.5.5　室内稳态声场

　　对于室内声场,声源产生声能量,而壁面(和空气介质)吸收声能量,当两者相等时,室内的声能量达到动态平衡,此时的声场称为稳态声场。

　　室内的稳态声场可以分为直达声场和混响声场两部分。如果壁面为全吸声的,则只存在直达声场,混响声场为零。此时的稳态声场即直达声场,由声源发出的声音遇到壁面即全部被吸收。假设声源为无方向性的点声源,位于房间的中央,辐射的声功率为 W,则直达声场对应的平均声能密度为

$$\bar{\varepsilon}_d = \frac{I}{c_0} = \frac{W}{4\pi r^2 c_0} \tag{7-125}$$

　　一般情况下,混响声场不等于零。混响声场的输入功率为声源声与壁面碰撞一次后所剩余的声功率,等于 $W(1 - \bar{\alpha})$;而混响声场被损耗的声功率为壁面每秒吸收的混响声能量,等于每次声线碰撞所吸收的声能乘以每秒声线的碰撞次数。假设混响声场的平均声能密度为 $\bar{\varepsilon}_R$,则每次碰撞所吸收的混响声能量为 $\bar{\alpha} V \bar{\varepsilon}_R$,而每秒碰撞次数为 c_0/d,其中 c_0 和 d 分别为声速和平均自由程。因此,达到动态平衡(稳态)时混响声场的声能量平衡方程为

$$W(1 - \bar{\alpha}) = \bar{\alpha} V \bar{\varepsilon}_R \frac{c_0}{d} \tag{7-126}$$

　　由上述方程可解出混响声场的声能密度

$$\bar{\varepsilon}_R = \frac{4W}{c_0} \frac{(1 - \bar{\alpha})}{S\bar{\alpha}} \tag{7-127}$$

引入房间常数 $R = S\bar{\alpha}/(1 - \bar{\alpha})$,上式可以写成

$$\bar{\varepsilon}_R = \frac{4W}{c_0 R} \tag{7-128}$$

对式(7-125)和式(7-128)求和,便得到室内稳态声场的平均声能密度

$$\bar{\varepsilon} = \frac{W}{c_0} \left(\frac{1}{4\pi r^2} + \frac{4}{R} \right) \tag{7-129}$$

考虑到 $\bar{\varepsilon} = p_e^2/(\rho_0 c_0^2)$,可将式(7-129)以有效声压表示,即

$$\frac{p_e^2}{\rho_0 c_0} = W \left(\frac{1}{4\pi r^2} + \frac{4}{R} \right) \tag{7-130}$$

式(7-130)左边为声强。由于声压级近似等于声强级,以声压级表示则为

$$L_{p} = L_{w} + 10 \lg\left(\frac{1}{4\pi r^2} + \frac{4}{R}\right) \tag{7-131}$$

式中，$L_{w} = 10 \lg(W/10^{-12})$ 为声源的声功率级。

直达声与混响声相等的位置称作为"自由场半径"，令式(7-131)右边括号内两项相等导出

$$r_{c} = \frac{1}{4}\sqrt{\frac{R}{\pi}} \tag{7-132}$$

声场中 $r < r_{c}$ 的区域直达声为主导，反之混响声为主。如果 R 值很大，室内直达声为主的区域就很大，反之，混响声为主的区域很大。可见，房间常数可以很直接地描述直达声和混响声在室内为主导的区域相对大小，如图 7-13 所示。

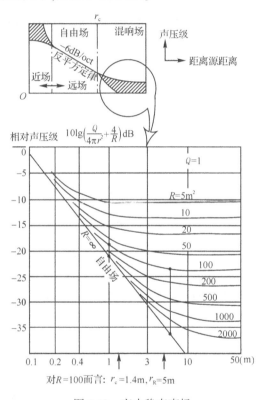

图 7-13　室内稳态声场

如果考虑声源具有方向性，则直达声场将添加一方向性因子 Q，类似步骤可以导出

$$L_{p} = L_{w} + 10 \lg\left(\frac{Q}{4\pi r^2} + \frac{4}{R}\right) \tag{7-133}$$

若声源本身没有方向性，但声源位于靠近地面或墙壁面，则可以将 Q 作为位置修正因子。当声源位于地面(或硬壁面)中央时，$Q = 2$；声源位于两硬壁面相交的棱线中位时，$Q = 4$；声源位于墙角时，$Q = 8$。

习　题

7-1　在 20℃ 的空气里有一列平面波，已知其声压级为 74dB，试求其有效声压、平均声能量密度与声强。

7-2　在水中与空气中有两列平面波,①若两列波的质点振速幅值相同,问水中声强将是空气中声强的多少倍?　②若两列波具有相同的声压值,问水中声强将是空气中声强的几分之一?

7-3　已知单极子球源半径为 $0.01m$,向空气中辐射频率为 $1000Hz$ 的声波,设表面振速幅值为 $0.05m/s$,求距球心 $50m$ 处的有效声压和声压级为多少? 该源的辐射功率为多少?

7-4　空气中有一半径为 $0.01m$ 的单极子球源,辐射频率为 $1000Hz$ 的声波,欲在距球心 $1m$ 处得到 $74dB$ 声压级,问球源表面振速幅值应为多少? 辐射功率应为多大?

7-5　设一演讲者在演讲时辐射声功率 $W_m = 10^{-3}W$,如果人耳听音时感到满意的最小有效声压为 $p_e = 0.1Pa$,求在无限空间中听众离开演讲者可能的最大距离。

7-6　半径为 $0.005m$ 的单极子球源向空气中辐射 $f = 100Hz$ 的声波。球源表面振速幅值为 $0.008m/s$,求辐射声功率。若两个这样的单极子球源组成的中心相距 $l = 15cm$ 的偶极子源(即两小球源振动相位相反),求总辐射功率。由此计算说明什么问题?

7-7　在 $20℃$ 的空气里,频率为 $1000Hz$,声压级为 $0dB$ 的平面波的质点振速幅值、声压幅值及平均能量密度各为多少? 如果声压级为 $120dB$,上述各量又为多少? 为使空气质点振速达到与声速相同的数值,需多大的声压级?

7-8　当温度从 $0℃$ 增加到 $20℃$ 时,平面声波的声压振幅保持为常值,求:①声强变化的百分数;　②声强级变化的分贝数;　③声压级变化的分贝数。

7-9　$20℃$ 时空气和水的特性阻抗分别为 $415Pa·s/m$ 及 $1.48×10^6Pa·s/m$,计算平面声波由空气垂直入射到水面上时声压反射系数、透射系数,以及由水面垂直入射到空气时的声压反射系数和透射系数。

7-10　有一束声波垂直入射到空气和未知阻抗的无限流体的分界面上,测得声压反射系数为 0.707,求流体的阻抗(设流体的特性阻抗大于空气特性阻抗)。

7-11　声管末端有一待测吸声材料,用 $500Hz$ 平面声波测量,管中声压的驻波比是 10,离材料表面 $0.25m$ 处出现第一个声压极小值,求材料的特性阻抗和吸声系数。

7-12　声管末端有声学负载,求相邻的声压极大值和极小值之间的距离。

7-13　矩形房间长 $7m$、宽 $6m$、高 $5m$,室壁为磨光水泥,$250Hz$ 和 $4000Hz$ 的吸声系数分别为 0.01 和 0.02。室内有一扇 4 平方米的木门,在这两个频率的吸声系数分别为 0.05 和 0.1。求中心频率为 50、100、1000、$4000Hz$,带宽为 $10Hz$ 的频带中各有几个共振频率?

7-14　有一 $l_x×l_y×l_z = 10m×7m×4m$ 的矩形房间,已知室内的平均吸声系数 $\bar{\alpha} = 0.2$,求该房间的平均自由程 d,房间常数 R 和混响时间 T_{60}(忽略空气吸收)。

7-15　设一点声源的声功率级为 $100dB$,放置在房间常数为 $200m^2$ 的房间中心,求离声源为 $2m$ 处对应于直达声场、混响声场以及总声场的声压级,其中总声级用两种方法求之,并证明它们相等。

7-16　将一产生噪声的机器放在体积为 V 的混响室中,测得室内的混响时间为 T_{60},以及在离机器较远处的混响声压有效值为 p_e,试证明该机器的平均辐射功率为

$$W = 10^{-4} × p_e^2 \frac{V}{T_{60}}$$

7-17　有一噪声很高的车间测得室内混响时间为 T_{60},后来经过声学处理,在墙壁上贴上吸声材料,室内的混响时间就降为 T'_{60}。证明此车间内在声学处理前后的稳态混响声压级差为

$$\Delta L_p = 10 \lg\left(\frac{T'_{60}}{T_{60}}\right)$$

7-18 有一体积为 $l_x \times l_y \times l_z = 30\text{m} \times 15\text{m} \times 7\text{m}$ 的大厅,要求它在空场时的混响时间为 2s。

(1) 试求室内的平均吸声系数。

(2) 如果希望在该大厅中达到 80dB 的稳态混响声压级,试问要求声源辐射多少平均声功率(假设声源为无指向性)?

(3) 若大厅中坐满 400 个听众,已知每个听众的吸声量为 $S\alpha_j = 0.5\text{m}^2$,这时室内的混响时间为多少?

(4) 若声源的平均辐射功率维持不变,则该时室内的稳态混响声压级变为多少?

(5) 此时离开声源中心 3m 和 10m 处的总声压级为多少?

7-19 在一房间常数为 50m^2 的大房间中,有 102 个人分成 51 对无规则地分布在室内(每对两人,相距为 1m)。开始时只有一对人在对话,双方听到对方的谈话声压级为 60dB。后来其余各对也进行了以相同的辐射功率的对话。这样,原先的两个对话者的对话声就被室内的语噪声所干扰(假定谈话声源近似为无指向性的点声源),试问:

(1) 此时在原先一对谈话者的地方,语噪声要比对话声高出多少分贝?

(2) 为了使各自的谈话声能使对方听见,所有对话者都提高嗓门把辐射声功率提高一倍。试问这样以后对话声与语噪声的声压级能变化吗? 为什么?

(3) 若对话者都互相移近在 0.1m 处对话,这时对话声压级将提高多少分贝? 而对话声与语噪声的声压级差将变为多少?

第8章 机械噪声的测量与评价

8.1 噪声的度量与分析

8.1.1 噪声的度量

1. 噪声源的声级及其相互换算

噪声源能量的动态范围极宽,如人们通常讲话产生噪声的声功率级为 10^{-5} W,而强力火箭发动机噪声功率可高达 10^9 W,相差 14 个数量级。所以通常使用声压级、声强级和声功率级来表示声源的强度。表 8-1 和表 8-2 分别给出一些噪声源的声压级和声功率级的数据。

表 8-1 一些噪声源或噪声环境的声压和声压级

噪声源或噪声环境	声压/Pa	声压级/dB	噪声源或噪声环境	声压/Pa	声压级/dB
喷气式飞机喷口附近	630	150	繁华街道	0.063	70
喷气式飞机附近	200	140	普通谈话	0.02	60
铆钉机附近	63	130	微电机附近	0.006 3	50
大型球磨机附近	20	120	安静房间	0.002	40
8-18 鼓风机进口	6.3	110	轻声耳语	0.000 63	30
织布车间	2	100	树叶沙沙响	0.000 2	20
地铁	0.63	90	农村静夜	0.000 063	10
公共汽车内	0.2	80	听阈	0.000 02	0

表 8-2 一些噪声源的声功率和声功率级

噪声源	声功率/W	声功率级/dB	噪声源	声功率/W	声功率级/dB
阿波罗运载火箭	4×10^7	195	空压机	10^{-2}	100
导弹、火箭	10^5	170	通风扇	10^{-3}	90
波音 707 飞机	10^4	160	大声喊	10^{-4}	80
大型锅炉排气放空	10^3	150	一般谈话	10^{-5}	70
螺旋桨飞机	10^2	140	微电机	10^{-6}	60
大型球磨机	10^1	130	安静的空调机	10^{-7}	50
空气锤、有齿锯	10^0	120	小电钟	10^{-8}	40
织布机	10^{-1}	110	耳语	10^{-9}	30

对于同一声场,声压级与声强级是可换算的,即

$$L_1 = 10 \lg \frac{I}{I_0} = 10 \lg \frac{p_e^2}{\rho_0 c_0 I_0} = 10 \lg \left(\frac{p_e}{p_0}\right)^2 + 10 \lg \frac{p_0^2}{\rho_0 c_0 I_0} = L_p - 10 \lg k$$

式中,k 取决于环境条件。在一个大气压,20℃时空气特性阻抗 $\rho_0 c_0 = 415 \mathrm{Pa \cdot s/m}$,$p_0$ 与 I_0 均为基准值,可求得 $k = 1.038$,$10 \lg k = 0.16 \mathrm{dB}$,这在工程测量中可忽略不计,因此在常温下声强级近似等于声压级。

由于声功率是声强的面积分,因此声功率级与声强级的关系为

$$L_w = 10 \lg \frac{W}{W_0} = 10 \lg \frac{IS}{I_0 S_0} = L_1 + 10 \lg s \tag{8-1}$$

式中,基准面积 $S_0 = 1 \mathrm{m}^2$,此式对于均匀球面波声场适用。

2. 噪声的叠加

当满足线性声学条件的多列噪声声波相遇时满足声波叠加原理。设有两个噪声源共同作用。在声场中某点由各噪声源单独产生的声压分别为 p_1 和 p_2,合成噪声声场的总声压等于每列噪声声波的声压之和,即

$$p = p_1 + p_2 \tag{8-2}$$

设

$$p_1 = p_{1m} \cos(\omega_1 t - \varphi_1), \qquad p_2 = p_{2m} \cos(\omega_2 t - \varphi_2)$$

总声压的时间均方值为

$$\begin{aligned}
p_e^2 &= \frac{1}{T} \int_0^T p^2 \mathrm{d}t = \frac{1}{T} \int_0^T (p_1 + p_2)^2 \mathrm{d}t \\
&= \frac{1}{T} \int_0^T p_1^2 \mathrm{d}t + \frac{1}{T} \int_0^T p_2^2 \mathrm{d}t + \frac{2}{T} \int_0^T p_1 p_2 \mathrm{d}t \\
&= p_{e1}^2 + p_{e2}^2 + \frac{2}{T} \int_0^T p_1 p_2 \mathrm{d}t
\end{aligned} \tag{8-3}$$

下面分两种情况讨论。

1) 两列频率相同且以恒定相位差相交的单频率噪声声波的叠加

此时 $\omega_1 = \omega_2 = \omega$,$\varphi_1 - \varphi_2 = $ 常数,式(8-3)右边第三项变为

$$\frac{2}{T} \int_0^T p_{1m} p_{2m} \cos(\omega t - \varphi_1) \cos(\omega t - \varphi_2) \mathrm{d}t = 2 p_{1m} p_{2m} \cos(\varphi_2 - \varphi_1)$$

两列声波合成声场的大小与它们相交时的相位差密切相关,这就产生了干涉现象,这两列波称作"相干波"。可以看出,如果两列波相交处幅值相等且相位相同($\varphi_1 - \varphi_2 = 0$),叠加后该点总声压为单个噪声声源产生声压的两倍,噪声的总声压级比单列噪声声波声压级高 6dB,此称为"相长干涉";若两列波相交时正好相位相反,同时振幅相等,声波相互抵消,该点噪声的总声压为零,噪声声压级为负无穷,此称为"相消干涉"。一般情况介于上述两个极端之间。在噪声主动控制中,就是利用反相同频率波的相消干涉原理。

2) 若干不相干噪声声波的叠加

两列噪声声波频率不等,或频率相等,但相交时相位差变化无规则,根据三角函数系的"正交性",并经过足够的时间平均后,式(8-3)右边第三项积分为零,因此有

$$p_e^2 = p_{e1}^2 + p_{e2}^2$$

由式(7-24)可知,声压振幅的平方反映了声场中平均能量的大小。将上式两边对时间取平均可得合成噪声声压的平均能量密度为

$$\overline{\varepsilon} = \overline{\varepsilon}_1 + \overline{\varepsilon}_2 \tag{8-4}$$

这说明两列具有不同频率,或频率相同但相交时相位差无规则变化的噪声声波叠加后的合成声场,其平均声能量密度等于每列噪声声波平均能量密度之和,也就是不发生干涉现象,这两列噪声波称为不相干波,它们的合成声场将遵守"能量相加法则"。

一般的噪声均为不相干波,适用"能量相加法则"。总声压级为

$$L_p = 10 \lg \left(\sum_{i=1}^{n} 10^{L_{pi}/10} \right) \tag{8-5}$$

实际计算表明,两列声压级相同的噪声叠加后,总声压级仅增加 3dB;两列噪声的声压级相差 10dB 以上,则声压级低的那列噪声对总声压级的贡献可以忽略不计,总声压级近似等于声压级高的那个值。

在工程实际中往往需要从总声压级中扣除某一列噪声,如在现场测量中,机器先不开,测出背景噪声 L_{pB},然后开动机器,测出总声压级 L_p,则机器所产生的声压级为

$$L_{pm} = 10 \lg \left(10^{\frac{L_p}{10}} - 10^{\frac{L_{pB}}{10}} \right) \tag{8-6}$$

若干个具有不同频率,或频率相同但相位差无规则变化的噪声源声压级平均值的计算也按能量平均法则。设有 n 个声压级分别为 L_{pi} 的噪声源,则每个噪声源的平均声压级为

$$\overline{L}_p = 10 \lg \left(\frac{1}{n} \sum_{i=1}^{n} 10^{L_{pi}/10} \right) \tag{8-7}$$

8.1.2　噪声的频谱分析

检测到的噪声声压一般是以时间为参数的随机过程,通过频谱分析能了解噪声中各个频带内的能量大小。通常,它们与产生噪声的机械部件及机构的参数(如齿轮的转速与齿数、通风机的转速与叶片数、柴油机转速与缸数等)有密切的联系,成为进行噪声源识别的有力工具。在作频谱分析时,为方便起见,可把频率变化范围划分为若干较小的段落,叫做频带或频程,然后研究不同频带内噪声能量的分布情况。频带的划分通常有两种类型:一种是保持频带相对宽度恒定,适合采用频率的对数刻度,适用于在宽广的频率范围内作频谱分析,最常用的是倍频程和 1/3 倍频程;另一种是保持频带宽度恒定,适合采用频率的线性刻度,所用的带宽较窄,大约 4 ~ 50Hz 数量级,这种恒定带宽的分析方法适用于频率变化不大的范围。频谱图如图 8-1 所示。

1. 1/1 倍频带及 1/3 倍频带频谱分析

设 f_0 为某频带的中心频带,f_1 和 f_2 分别为该频带的下限截止频率和上限截止频率,则有 $B = f_2 - f_1$ 为频带的带宽。恒定百分比带宽的定义为

$$\frac{f_2}{f_1} = 2^n \tag{8-8}$$

$$f_0 = \sqrt{f_1 f_2} \tag{8-9}$$

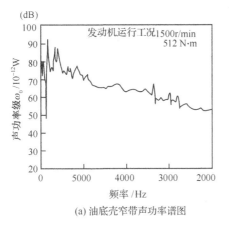

(a) 油底壳窄带声功率谱图

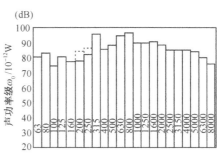

(b) 油底壳1/3倍频程带宽声功率谱图

图 8-1　噪声分析用频谱图

当 $n=1$ 时为 1/1 倍频带,即下一个倍频带的下限截止频率为上一个倍频带的上限截止频率,两个相邻的倍频程频带的上、下限截止频率、中心频率和带宽之间均为相差一倍,相对带宽 B/f_0 为 70.7%。ISO 规定在可听声范围内共有 10 条倍频带,它们的中心频率为:31.5Hz、63Hz、125Hz、250Hz、500Hz、1kHz、2kHz、4kHz、8kHz 和 16kHz。当 $n=1/3$ 时为 1/3 倍频带,上限与下限频率之比为 1.26∶1。一个倍频带可划分为 3 个倍频带,相对带宽为 23%。1/1 倍频带及1/3 倍频带的频率范围如表8-3 所列。

表 8-3　1/1 及 1/3 倍频带频率表

1/1 倍频带			1/3 倍频带		
下限截止频率 /Hz	中心频率 /Hz	上限截止频率 /Hz	下限截止频率 /Hz	中心频率 /Hz	上限截止频率 /Hz
11	16	22	14.1	16	17.8
			17.8	20	22.4
22	31.5	44	22.4	25	28.2
			28.2	31.5	35.5
			35.5	40	44.7
44	63	88	44.7	50	56.2
			56.2	63	70.8
			70.8	80	89.1
88	125	177	89.1	100	112
			112	125	141
			141	160	178
177	250	355	178	200	224
			224	250	282
			282	315	355
355	500	710	355	400	447
			447	500	562
			562	630	708
710	1000	1420	708	800	891
			891	1000	1122
			1122	1250	1413

续表

1/1 倍频带			1/3 倍频带		
下限截止频率 /Hz	中心频率 /Hz	上限截止频率 /Hz	下限截止频率 /Hz	中心频率 /Hz	上限截止频率 /Hz
1420	2000	2840	1413	1600	1778
			1778	2000	2239
			2239	2500	2818
2840	4000	5680	2818	3150	3548
			3548	4000	4467
			4467	5000	5623
5680	8000	11 360	5623	6300	7079
			7079	8000	8913
			8913	10000	11220
11360	16000	22720	11220	12500	14130
			14130	16000	17780
			17780	20000	22390

2. 恒定带宽窄带频谱分析

随着数字信号处理技术及微型计算机的发展,各种 FFT(快速傅里叶变换)分析仪或信号处理机都实现了数字化的恒定带宽窄带分析,有的还有细化技术(zoom)功能,能分析 1Hz 带宽以下的频谱。在百分比带宽分析中,中心频率越高,对应的带宽越大,得出的数据越粗糙。而在恒定窄带分析中,在高频域仍保持同样的带宽,可达到很高的分析精度。

频谱数据表示的是某中心频率对应的分析带宽内的总能量级,数值上等于频谱密度与带宽的乘积。因此,提供频谱分析结果一定要同时说明属于哪一类频谱,只有同类频谱方可比较。例如,在一般情况下的一个噪声信号,中心频率为 500Hz 的 1/3 倍频带数据肯定小于中心频带同样为 500Hz 的 1/1 倍频带数据;假设频谱密度相同时,前者的带宽是 447~562Hz,而后者的带宽是 355~710Hz。

白噪声是单位频带内的能量相等的一种噪声模型,对于恒定带宽频谱,各个频带上的谱级相同。实际中存在在很宽的频率范围内能量分布接近于白噪声的噪声,如用锤子敲钢板时的噪声。还有所谓的"粉红"噪声,其幅值随频率增大而迅速降低。之所以取名为"白"或"粉红",是因为其频率结构与同名的光类似。此外,若在相当窄的频率范围内幅值显著高于其他频率,则称为窄带噪声,反之为宽带噪声。

8.2 噪声的测量

8.2.1 声压测量

第 7 章曾经提到,声压是度量声场中声波强弱最常用的物理量。通常,通过对机械设备周围噪声声压的测量,来研究机械噪声对周围环境的影响。声压测量系统由传声器、放大器、滤波或计权器、记录仪、分析仪、检波器和显示器或表头等组成,仪器框图如图 8-2 所示。当振源对邻近空气媒质有扰动时,产生压强波动,即声压信号,通过传声器转换成电压信号,经过放大成为具有一定功率的电信号。电信号记录后直接用分析仪进行分析,也可以通过具有一定频率响应的计权网络,经过检波获得以分贝定标的声压级。

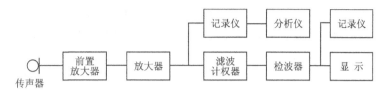

图 8-2　声压测量系统的仪器框图

　　把传声器、前置放大器、放大器和具有分析功能的电子线路综合在一个仪器内,形成测量噪声声压最常用的仪器——声级计。

　　由于声压级依赖于测点离声源的距离以及周围的环境,因此,声压测量结果受许多因素的影响,如测量点位置的选择、测试环境的声学特性、所用的测试仪器及其应用条件等。为了得到既可靠又可以进行比较的数据,必须按统一的测试方法进行噪声声压的标定和测量。

　　噪声声压测量中传声器与被测机械噪声源的相对位置对测量结果有显著影响。测点一般应选取在离机械表面 1.5m、离地面 1.5m 处,若机械设备本身尺寸小于 0.25m,则测点离机械设备表面的距离可缩小到 0.5m,同时应注意测点与室内反射面相距 2~3m 以上;测点应在所测机械设备表面的四周均匀分布,数量一般不少于 4 点,如相邻测点测出的声压级相差 5dB 以上,应在这两个测点之间增加测点,将各测点的算术平均值作为机械设备的声压级。在某些情况下,测点的设置应作恰当变化,如机械设备的各个噪声源相距较近时,测点必须布置在距所需测量的噪声源很近;对噪声很大的机械设备,测点宜取在离机器 5~10m 处,对行驶的机动车辆,测点应距车体 7.5m,并高出地面 1.2m 处;为研究机械噪声对操作人员的影响,应把测点选在工人常在的位置,传声器放在操作人员的耳位,以入耳的高度为准,选择数个测点,如工作台、机械旁等位置。总之,合理布置噪声声压的测点位置,是获得可靠的噪声声压测量值的关键。

　　声压测量时,周围环境的噪声会影响测量结果。尤其是当环境的本底噪声高于所测机器噪声 10dB 以上时,必须利用公式(8-6)对测量结果进行修正,以去除本底噪声的影响。当噪声声压测量必须在室外进行时,最好选择在无风天气。风速超过四级时,可在传声器上加防风罩或包上一层绸布;在空气动力设备排气口进行测量时,传声器应避开风口和气流;传声器放在管道里测量噪声时,一定有防风措施;传声器放在管壁口测量时,也应包上纱布或绸布。此外,传声器和噪声源附近如有较大的反射物时,会使测量结果产生较大误差,应尽可能减少或排除周围的障碍物,在不能排除反射体时,传声器应放在噪声源和反射物之间的适当位置,并尽量远离反射物,如离墙壁和地面的距离不宜太近,最好在一米之外。

　　不同的传声器取向,会给测量结果带来一定的误差,因此在测量噪声时,要注意对所有测点保持同样的噪声入射方向。

　　进行室内现场机械噪声测量时,必须使声音的混响小于 3dB。因此,要求现场测量的测试室容积 $V(m^3)$ 与机械规定表面积 $A(m^2)$ 之比足够大。所谓规定表面就是布置测点的假想表面,其表面积为

$$A = 2ac + 2bc + ab \qquad (8-10)$$

式中,a 为有效长度,即机械长度加 2 倍的测点距离(m);b 为有效宽度,即机械宽度加 2 倍的测点距离(m);c 为有效高度,即机械高度加测量距离(m)。

为修正试验室对机械噪声测量的影响,必须在实测值中减去试验室的修正值 L_2。不同声学特性的测试室修正值 L_2 不同。当测试室容积大,并带有强反射壁面,如砖砌墙、平滑的混凝土、瓷砖、打蜡地面等,L_2 值与 V/A 值之间的关系如表8-4 所列;当测试室为一般性房间,既无强反射性壁面,也未经吸声处理时,L_2 值与 V/A 值之间的关系如表 8-5 所列;当测试室四周全部或部分经简易吸声处理时,L_2 值与 V/A 值之间的关系如表 8-6 所列。

表8-4　带有强反射壁面测试室 L_2 值与 V/A 值之间的关系

$(V/A)/\mathrm{m}$	$100 \sim 160$	$160 \sim 320$	$320 \sim 800$	>800
L_2/dB	3	2	1	0

表8-5　一般性测试室 L_2 值与 V/A 值之间的关系

$(V/A)/\mathrm{m}$	$63 \sim 100$	$100 \sim 200$	$200 \sim 500$	>500
L_2/dB	3	2	1	0

表8-6　四周简易吸声处理测试室 L_2 值与 V/A 值之间的关系

$(V/A)/\mathrm{m}$	$40 \sim 63$	$63 \sim 125$	$125 \sim 320$	>320
L_2/dB	3	2	1	0

8.2.2　声强测量

声强是描述声场中声能量流动的一个物理量,可用于声功率的测量,从而用来进行声源识别。

1. 声强测量原理

现代声强测量方法的基础是互谱关系式。声强定义见式(7-12)。由于质点振速 $u(t)$ 迄今尚无传感器能直接测量,须通过间接方式得到。

对理想流体线性化的一维运动方程式(7-3),省略下标 x 可得

$$u(t) = -\frac{1}{\rho_0} \int \frac{\partial p}{\partial x} \mathrm{d}t \qquad (8\text{-}11)$$

可知质点的振速与该点声压的梯度有关。采用两个靠得很近且性能一致的传声器 M_1 和 M_2,顺着 r 方向(声强矢量方向)顺序排列,如图 8-3 所示,设膜片中心距为 Δr,则两传声器膜片中心连线中点 M 的质点振动速度可用有限差分近似地表示为

$$u(t) = -\frac{1}{\rho_0} \int \frac{p_2 - p_1}{\Delta r} \mathrm{d}t \qquad (8\text{-}12)$$

式中,p_1 和 p_2 分别为传声器 M_1 和 M_2 测到的声压,则 M 点处的声压 $p(t)$ 可用 $p_1(t)$ 和 $p_2(t)$ 的平均值

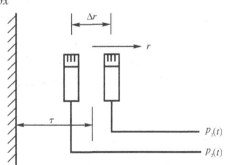

图 8-3　双传声器声强探头

替代,即

$$p(t) = \frac{p_1(t) + p_2(t)}{2} \tag{8-13}$$

根据频谱分析理论,声强的频谱密度函数 $I(\omega)$ 为

$$I(\omega) = \frac{1}{2}\mathrm{Re}\{P(\omega) \cdot U^*(\omega)\} \tag{8-14}$$

式中,$I(\omega)$、$P(\omega)$ 和 $U(\omega)$ 分别为以 $f = \omega/(2\pi)$ 为中心频带的某一频率中声强、声压和质点振速的频谱函数,等于相应的频谱密度函数与频带带宽的乘积。$P(\omega)$ 和 $U(\omega)$ 通过分别对式(8-13)和式(8-12)作傅里叶变换再乘以相应带宽后获得,代入式(8-14)经过适当的运算得

$$I(\omega) = \frac{-\mathrm{Im}\{G_{12}(\omega)\}}{\rho_0 \omega \Delta r} \tag{8-15}$$

式中,$G_{12}(\omega)$ 为声压信号 $p_1(t)$ 和 $p_2(t)$ 的互功率谱函数,它与 $p_1(t)$ 和 $p_2(t)$ 的傅里叶谱 $P_1(\omega)$ 和 $P_2(\omega)$ 的关系为

$$G_{12}(\omega) = \frac{1}{2}\{P_1^*(\omega)P_2(\omega)\} \tag{8-16}$$

在声强测量时,将声强探头的两个传声器信号 $p_1(t)$ 和 $p_2(t)$ 送入双通道 FFT 频谱分析仪或专用的声强仪就可按式(8-14)算出声强的频谱密度函数 $I(\omega)$。$I(\omega)$ 可作为频域函数显示或记录。$I(\omega)$ 对频率积分得总声强,其方向为从传声器 M_1 到 M_2 的方向。

2. 声强探头的指向特性

由两只相同型号的传声器构成的声强探头要求两传声器幅值和相位的频响特性一致。两传声器的配置方法有"面置"式、"并列"式和"背置"式,实验室常用"并列"式,丹麦 B&K 公司作为产品的声强探头采用"面置"式,间距 Δr 可调。

声强是矢量,在测量中不仅要测得大小,而且要判断出能流方向。双传声器声强探头具有余弦形的指向性(图 8-4),即

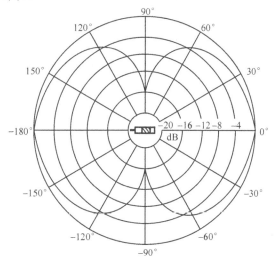

图 8-4　面置式声强探头的指向特性

$$D(\theta) = \cos(\theta) \tag{8-17}$$

式中，θ 为入射噪声声波与声强探头连线的夹角。对于不同的入射角，得出大小不同、有正有负的声强数值，从而可以判断声强的方向。

3. 声强测量误差

双传声器声强法主要的测量误差有以下三种。

1) 有限差分误差

在互谱关系式推导过程中采用了一阶差分近似，用 $(p_1 - p_2)/\Delta r$ 代替两传声器中点的声压梯度 $\partial p/\partial r$，用 $(p_1 + p_2)/2$ 代替中点声压 p。低频噪声波长 λ 大，比值 $\Delta r/\lambda$ 小，声压梯度小，近似性好；而在高频，当 λ 减小到与 Δr 相接近的程度时，平均斜率 $(p_2 - p_1)/\Delta r$ 与中点实际斜率 $\partial p/\partial r$ 差别变得很大。对平面波声场可以证明，以 dB 表示的有限差分误差 $I_{\varepsilon 1}$ 为

$$I_{\varepsilon 1} = 10 \lg\left[\frac{\sin(k \cdot \Delta r)}{k \cdot \Delta r}\right] \tag{8-18}$$

为了减小 $I_{\varepsilon 1}$，必须限制 $k \cdot \Delta r$ 的值。一般 $(\Delta r/\lambda) < 1/6$ 时，有限差分误差可控制在 1dB 以内。因此有限差分误差限制了测量的上限频率。

2) 近场误差

由于实际声源具有复杂的指向性，在声源附近的声场并非平面波声场，因此两个传声器之间的声强是变化的，产生了近场误差，以 dB 表示的近场误差 $I_{\varepsilon 2}$ 为

$$I_{\varepsilon 2} = 10 \lg\left[\frac{1}{1 - \left(\frac{\Delta r}{2r}\right)^2}\right] \tag{8-19}$$

式中，r 为测点至声源表面的距离。上式表明，测量距离不可太近。声源形式越复杂，相对测距 $r/\Delta r$ 应相应增大。对于实际声源一般取 $r > 2.3\Delta r$，则近场误差可小于 1dB。

3) 测量系统相位不匹配误差

由于间距 Δr 很小，两传声器感受到的声压 p_1 和 p_2，从有效声压值来讲差别甚微，声强探头所采集的有用信息主要是 p_1 和 p_2 两个声压信号之间的信号相位差 $\Delta\varphi$。传声器间距 Δr 所对应的信号相位差 $\Delta\varphi$ 对不同频率显然是不等的，高频时 $\Delta\varphi$ 大，低频时 $\Delta\varphi$ 小。同时实际测量系统两个通道的等效电路参数不可能完全匹配，也存在固有相位差 $\Delta\alpha$，以 dB 表示的相位不匹配误差 $I_{\varepsilon 3}$ 为

$$I_{\varepsilon 3} = 10 \lg\left(1 \pm \frac{\Delta\alpha}{\Delta\varphi}\right) \tag{8-20}$$

为了减小 $I_{\varepsilon 3}$，希望 $\Delta\varphi$ 大，因此测量的下限频率受到限制。在实验中常采用"交换通道法"来减小 $I_{\varepsilon 3}$，提高低频测量的精度，但这时测试工作量要增加一倍。

综上所述，在测量精度达到 ± 1dB 条件下，传声器间距 Δr 与测量频率范围的关系为：$\Delta r = 6$mm 时，$250 \sim 10000$Hz；$\Delta r = 12$mm，$125 \sim 6300$Hz；$\Delta r = 50$mm，$31.5 \sim 1600$Hz。

4. 声强测量的应用

1) 声功率现场测定

现场测定运转机器设备辐射噪声的声功率是声强法的一个重要应用。根据声强的物理概

念,沿任意封闭包络面对法向声强 I_n 积分可得到机器辐射噪声的总声功率,即

$$W = \oint_s I_n ds \tag{8-21}$$

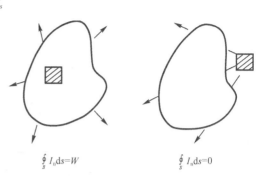

应用公式(8-21)的必要条件是包络面内没有吸声材料,否则将有部分声功率被吸收掉。由图 8-5 可见,包络面以外干扰声源的声强沿整个包络面积分为零(声强矢量从一边穿入,另一边穿出)。实验结果表明,声强法可以消除周围环境声反射的影响。同时无论在声源近场或远场,只要包络面是封闭的,声功率结果应该相同。按照 ISO 标准,用声压级测量换算声功率时,对测量距离有一定的要求,对

$\oint_s I_n ds = W \qquad \oint_s I_n ds = 0$

图 8-5　声强沿封闭包络面的积分

于大型机械设备作现场测试时往往达不到这个要求,故应用声强法现场测定机器声功率具有很大优越性。为此国际标准化委员会已经制定了 ISO/DP914"声学——噪声源声功率级测定——离散点声强测量法"标准。

机械设备表面辐射噪声可以近似地认为是平面波,并且声波传播矢量垂直于它的辐射表面。声强探头置于噪声辐射表面附近,令两传声器连线垂直于辐射表面,测出该点的声强。通常在包围机械的封闭测量面上用细线拉成方格,且假定同一个方格中声强均等,用声强法测出每个方格的声强,乘以该方格面积得到该方格内辐射的声功率。全部方格的声功率加在一起得到机械表面辐射的总的声功率。进而可算出各个表面辐射的声功率在整机声功率中所占的份额,便可确定噪声治理首先应从哪方面着手。

2) 噪声源识别

应用声强探头的指向特性,能在机器运转条件下,对机器噪声源进行识别,包括以下几方面的内容:车间内多台机器声功率识别;同一台机器上不同部件表面辐射的声功率识别;找出机器上主要噪声源部位等,方法如图 8-6 所示。声强探头在平行于声源所在平面的一条直线上移动,同时观察显示仪的读数。在该直线上的某一点处某一频率 f 的声强为零,而左右离开该点时,读得该频率 f 的声强分别为正和负,则在声强为零点处,声波入射必然为 90°,据此就可以找到声源的位置。

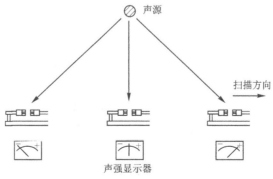

图 8-6　声强法识别噪声源

3) 声场中各种能量传递特性及能量流的测量

声强法在实验室声学研究中的应用十分广泛。它能测量声场中各种能量传递特性,最重要的是测量隔板的声透射损失。常规的测量需要在一对专用的混响室内进行,应用声强法可以省去其中的一个作接受室用的混响室,直接在隔板外表面测量透射声强;应用声强法测量还可以区分隔板总面积上不同部分的传声特性,为改进设计提供依据。此外,利用声强法还可以测量材料的吸收系数,描绘声场流线等。

8.3　消声室和混响室

8.3.1　消声室

原理:当房间壁面的平均吸声系数 $\bar{\alpha}$ 接近于1时,混响时间 T_{60} 趋近于零,房间常数 R 趋于无穷大,这时声波在墙面上接近完全被吸收而不再反射,房间内的声场接近自由场。能实现这种条件的房间叫做"消声室"(图8-7)。

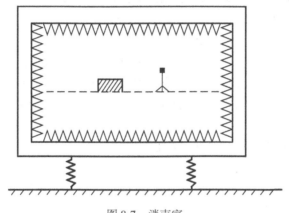

图8-7　消声室

设计要求:①墙面具有很高的吸声系数;②室内本底噪声低,使测试结果不受环境影响。

应用:①声功率测量;②声源(如喇叭等)辐射指向性测量;③机器上声源识别等。

8.3.2　混响室

原理:房间壁面的平均吸声系数 $\bar{\alpha}$ 将近于零,混响时间无限增大。这时声波在壁面上几乎不被吸收而全部反射回来,房间内声场为混响声场。能近似实现这种条件的房间叫"混响室"。

设计要求:①内表明坚硬光滑,反射系数高;②房间体积足够大(大于200m³);③房间部分内壁做成半球状、圆柱状或加扩散体,使室内形成均匀的扩散声场;④外墙厚实,防止壁面共振。

应用:①声源声功率测量;②材料无规入射吸声系数测量;③隔板隔声量测量(需一对混响室,一发一收)等。

8.4　噪声的评价及控制的标准

描述噪声特性的方法可分两类:一类是把噪声单纯地作为物理扰动,用描述噪声客观特性的物理量来反映,这是对噪声的客观量度,如 8.3 节中所介绍的物理量测量方法;另一类涉及人耳的听觉特性,考虑到人群对声音刺激的主观感受,称为噪声的主观评价。本节介绍的噪声评价即属于此类。

8.4.1　人耳等响曲线

1. 响度级

人耳对不同频率声音的灵敏度不同。例如,对同样是 70dB 的 1000Hz 纯音(单频波)和 100Hz 纯音,人们感觉上 1000Hz 纯音要"响亮",这说明声音响亮的程度是由声压级和频率两个因数共同决定的。响度级就是一个能把声压级和频率用一个概念统一起来的量,用 L_S 表示,单位为方(phon)。

响度级定义是以 1000Hz 纯音为基音。如有一个声音听起来与这个 1000Hz 纯音一样响的话,此声音的响度级便等于该纯音声压级的分贝数。

响度级是对数表示的相对量,是与客观量声压级相对应的主观评价量。主观评价声音响亮程度的绝对量是响度,记作 S,单位为宋(son)。它与正常听力者对该声音的主观感受量成正比。响度级为 40phon 的声音定义为 1son;响度级增加 10phon,人感觉到的响度是原来的 2 倍,因此 50phon 的响度是 2son,60phon 的响度是 4son。增加 10phon 表示声强增加到原来的 10 倍。声强是刺激量,响度是感觉量。上述情况表明,十倍的刺激产生两倍的感觉。

响度级 L_S 与响度 S 之间的换算关系为

$$L_S = 40 + 10 \log_2 S \tag{8-22}$$

$$S = 2^{\frac{L_S - 40}{10}} \tag{8-23}$$

2. 人耳等响曲线

国际标准化组织(ISO)在 1961 年公布了"人耳等响曲线",如图 8-8 所示。该曲线以 1000Hz 纯音为准,在自由声场中对年轻人进行心理物理实验,求出不同频率下与 1000Hz 纯音听觉同样响的声压级和频率的关系。因此等响曲线族中每根曲线都代表着一系列声压级不等、频率不同而响度却一样的声音。最下面的等响曲线是听阈曲线。由图 8-8 可见,人耳对低频反应比较迟钝,在 3~4kHz 附近特别灵敏,所以高频声对人耳损伤较重,这就是高频噪声为噪声治理主要对象的原因。同时还可以看出,频率对人耳响应的影响随声压级提高而减弱,在 100dB 以上,等响曲线趋于平坦。

1975 年,ISO 根据 Stevens 模型和 Zwicker 模型制定了新的国际标准(ISO532)。1996 年,Moore 对 Zwicker 模型进行了重要改进,得到了新的响度模型。Moore 响度模型可以随频率、强度的改变对响度值进行连续计算,2005 年被美国国家标准协会(ANSI)确定为计算响度的国家标准(ANSI S3.4)。

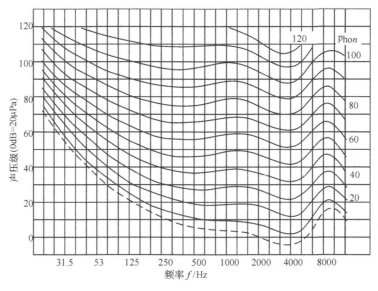

图 8-8　人耳等响曲线

8.4.2　噪声的主观评价指标

噪声主观评价指标种类很多,这里介绍最常用的 A 计权声级、噪声评价数、等效连续 A 声级,以及基于声品质的噪声评价。

1. A 声级

为了模拟人耳对于不同频率声音的响应,在一般的测量声压级的仪器(如声级计等)中,除了能直接测量的总声级 L_T(线性挡)外,通常还有 A、B、C 三挡,分别模拟人耳对 40phon、70phon 和 100phon 纯音的响应特性来设置计权网络,使测量时接收到的声信号经网络滤波后按频率获得不同程度的衰减。三种计权网络的频率响应曲线如图 8-9 所示。与图 8-8 比较可见它们分别是 40phon、70phon 和 100phon 等响曲线按横坐标轴对称的反数。

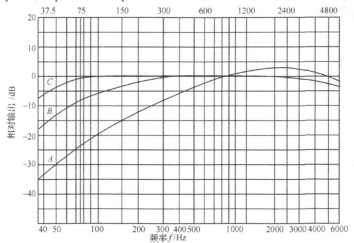

图 8-9　A、B、C 计权曲线

经 A 计权网络滤波后所测得的总声压级叫做 A 计权声级,简称 A 声级,单位记作 dB (A)。按原来规定,A 声级用于测量 55dB 以下的噪声。但多年来的实践已有改变。国际上公认,无论声压级高低,统一用 A 声级测量可以更合适地反映噪声对人类的综合效应(包括听力损伤、烦扰度等),并且易于对不同的测量结果进行比较,因此把 A 声级作为噪声评价指标是适合的。

2. 噪声评价数(NR 数)

A 声级是单一的数值,是噪声的所有频率成分的综合反映。若要比较细致地确定各倍频程的噪声评价,就应采用噪声评价曲线。ISO 噪声评价曲线如图8-10所示。噪声评价曲线按噪声级由低到高的顺序进行编号,它的号数 NR 叫做噪声评价数,NR 数相同的两列噪声可以具有相同的噪声水平。规定 NR 值等于中心频率为 1000Hz 的倍频程声压级的分贝整数。考虑到高频噪声比低频噪声对人耳的干扰更为严重,因此高频噪声的倍频程声压级要控制在较低的水平而低频噪声的倍频程声压级可适当提高些。这样,在同一条曲线上各倍频程噪声可以认为具有相同程度的干扰。

求 NR 数的步骤是:首先测量中心频率从 31.5Hz~8kHz 的 9 个 1/1 倍频带声压级,将它标在 NR 曲线图上,在图上找出高于这些测量数据的最低一条曲线,线上所示数字即为测量噪声的 NR 数。在噪声控制工程中经常应用 NR 曲线来确定降噪的频率范围和降噪量。实践经验表明,在通常情况下,NR 数比 A 声级要小 5dB 左右。

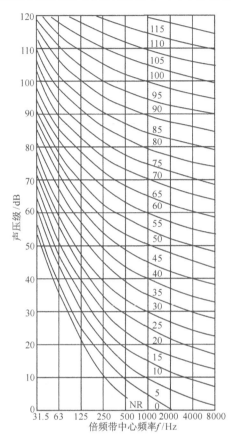

图8-10　噪声评价曲线(NR 线)

3. 等效连续 A 声级 L_{eq}

当噪声的 A 声级随时间起伏变化时,很难用于评价噪声对人的危害程度,此时便采用等效连续 A 声级,简称等效声级,记作 L_{eq}。等效连续 A 声级的实质是,利用某一段时间内噪声能量平均的方式,将一个变化的声级简化为一个等效连续声级,以表示该段时间内噪声的大小,用公式表示为

$$L_{eq} = 10 \lg \left(\frac{1}{T} \int_0^T 10^{L_A/10} dt \right) \tag{8-24}$$

式中,T 为总时间;L_A 为随时间变化的 A 声级。若噪声是稳态的,等效声级就是该噪声的 A 声级。但在实际问题中,噪声往往是随时间作阶梯性变化,即在一段时间内噪声近似是稳态的,A 声级变化不大,在不同的时间阶段(如白天和夜晚)或不同的机组运转工况,A 声级有显著的变化。在计算等效声级时,可按声级的不同划分为若干区间加以处理,式(8-24)可改写为

$$L_{eq} = 10 \lg \left[\sum_i (P_i)(10^{L_{Ai}/10}) \right] \tag{8-25}$$

式中,L_{Ai}为第i区间内的 A 声级;P_i为第i区间内持续时间与总时间之比。由于等效声级考虑了噪声能量的累积效应,用来衡量噪声对人的影响比较合理。

4.声品质和噪声烦恼度

声品质可以定义为声音的适宜性。在声品质的定义中,"声"表示人耳的听觉事件,而非声波这一物理现象;"品质"表示人对听觉事件的主观感知及判断。迄今为止,学者和工程师提出多种指标,用于声品质的定量度量与分析。包括响度、尖锐度、抖动度、粗糙度、清晰度指数、语言干扰级,等等。

尖锐度是声音是否使人愉悦的一种感觉,用以区别声音是尖锐(sharp)或沉闷(dull)。对于频率较高的声音,感受到的尖锐度较大。因此实际声音品质设计中有时会增加低频噪声以降低尖锐度,但响度会有所增加。尖锐度计算方法目前没有标准方法,一种推荐的计算方法是将尖锐度符号取作 S,单位取作 acum,定义 1acum 的参考声为中心频率 1kHz、声压级 60dB、带宽等于一个临界频带的窄带噪声。

抖动度和粗糙度主要反映声音的幅值调制特性。一般当调制频率低于 20Hz 时(参考频率为 4Hz)为抖动度特性,人可以直接感受到音量随时间变化。起伏程度是评价人的听觉对缓慢移动的调制声音的感受。相比同幅值的平稳声信号,抖动声信号显得更响。抖动度的符号为 F,单位是 vacil,定义 60dB 的 1kHz 纯音在调制频率为 4Hz 的 100% 调幅作用下产生的波动度为 1vacil。

当调制频率高至 20～200Hz 时为粗糙度特性,人感觉到的是稳定而粗糙的声音。粗糙度符号为 R,单位是 asper,定义 60dB 的 1kHz 纯音在调制频率为 70Hz 的 100% 调幅作用下产生的粗糙度为 1asper。

一般来说抖动度大的声音听起来要比粗糙度大的声音更烦躁。目前还没有标准化的波动度和粗糙度的计算方法。

清晰度指数主要反映噪声对语言的掩蔽造成的干扰作用,但定义为"免于"背景声或噪声侵扰正常交谈的程度,是正面的声品质评价指标。清晰度指数可通过对噪声的 1/3 倍频程按其对语言可懂度影响的重要性加权后求得。关于清晰度指数的计算方法可以参考我国标准GB/T 12060.16—2017。

语言干扰级与清晰度指数的定义相对,用于定量表示噪声妨碍谈话语言的负面影响程度。现在通常使用优先语言干扰级(PSIL),定义为以 500、1000 和 2000Hz 为中心频率的三个倍频程带声压级的算术平均值。

烦恼度能够直接反映噪声对人体的心理影响。噪声烦恼度评价属于实验心理学中心理物理学的研究范畴。一般来说,烦恼度需要通过主观评价实验,获取噪声作用下烦恼心理的量化数据,再通过统计分析,对噪声的烦恼效应进行定性或定量的分析,从而获取噪声的客观指标和烦恼度指标之间的变化规律。

8.4.3 噪声的危害

1.心理效应

噪声干扰人的正常作息,危害人的舒适、工作效率和健康。噪声使人烦恼,精神不易集中;干扰言语通讯,降低工作效率;妨害休息和睡眠,长时间会对心理和精神健康造成严重影响。以睡眠为例,当睡眠被干扰后,工作效率和健康都会受到影响。研究表明:连续噪声会加快熟睡到轻睡的回转,使人多梦,并使熟睡的时间缩短;突然的噪声会使人惊醒。一般来说,40dB 的连续噪声可影响大约 10% 的人,70dB 可影响 50% 的人;而突发噪声在 40dB 时可使 10% 的人惊醒,到 60dB 时可使 70% 的人惊醒。长期干扰睡眠会造成失眠、疲劳无力、记忆力衰退,以至产生神经衰弱症候群等。在强噪声环境里,这种病的发病率可达 50% 以上。

此外,噪声的心理效应还与人的情绪、需要、态度、健康状况、生活习惯、年龄、工作性质等因素有关。噪声对那些要求注意力高度集中的复杂作业和从事脑力劳动的人,影响更大。以噪声对言语通讯的干扰为例,噪声轻则降低交流效率,重则损伤人们的听力。研究表明:30dB 以下属于非常安静的环境,如播音室、医院等应该满足这个条件;40dB 是正常的环境,如一般办公室应保持这种水平;50~60dB 则属于较吵的环境,此时脑力劳动受到影响,谈话也受到干扰;周围噪声达 65dB 则对话困难;达 80dB 时则对话难以听清;80~90dB 时即使在 0.15 米的距离内也得提高嗓门对话;如果噪声的分贝数再高,实际上不可能进行对话。强噪声还容易掩盖交谈和危险警报信号,分散人们的注意力,发生工伤事故。

2. 生理效应

噪声会导致疲劳,影响人的正常生理功能。噪声直接的生理效应是引起听觉疲劳直至损伤。噪声对人听力的危害与噪声的强度、频率及暴露时间有关。听力损伤有急性和慢性之分。接触较强噪声,会出现耳鸣、听力下降,只要时间不长,一旦离开噪声环境后,很快就能恢复正常,称为听觉适应。这种暂时性的听力下降仍属于生理范围,但可能发展成噪声性耳聋。如果继续接触强噪声,听觉疲劳不能得到恢复,听力持续下降,就会造成噪声性听力损失,成为病理性改变。这种症状在早期表现为高频段听力下降。但在这个阶段,患者主观上并无异常感觉,语言听力也无影响,称为听力损伤。病程如进一步发展,听力曲线将继续下降,听力下降平均超过 25 分贝时,将出现语言听力异常,主观上感觉会话有困难,称为噪声性耳聋。研究表明,在 85dB 噪声环境下工作的工人,30 年后耳聋发病率大约是 8%,在 95dB 下工作的则为 30%。另外,人耳突然暴露在高强度噪声(140~160dB)下,常会引起耳鼓膜破裂,双耳可能完全失听。

噪声除损害听觉外,也影响其他系统,从而诱发一些疾病。噪声会使大脑皮层的兴奋和压抑失去平衡,引起头晕、头疼、耳鸣、多梦、失眠、心慌、记忆力衰退、注意力不集中等症状,临床上称之为神经衰弱症;噪声还会对心血管系统造成损害,引起心跳加快、血管痉挛、血压升高等症状,还可能引起肠胃功能紊乱;内分泌系统表现为甲状腺功能亢进,肾上腺皮质功能增强,性机能紊乱,月经失调等。

3. 对建筑和设备的影响

一般的噪声对建筑物几乎没有什么影响,但是噪声级超过 140dB 时,对建筑物的结构有破坏作用。例如,当超声速飞机在低空掠过时,在飞机头部和尾部会产生压力和密度突变,经地面反射后形成冲击波,传到地面时听起来像爆炸声,这种特殊的噪声叫做轰声。在轰声的作用下,建筑物会受到不同程度的破坏,如出现门窗损伤、玻璃破碎、墙壁开裂、抹灰震落、烟囱倒塌等现象。此外,在建筑物附近使用空气锤、打桩或爆破,也会导致建筑物的损伤。

特强噪声会损伤仪器设备,甚至会使仪器设备失效。当噪声级超过 150dB 时,会严重损坏电阻、电容、晶体管等元件。当特强噪声作用于火箭、宇航器等机械结构时,由于受声频交变负载的反复作用,会使材料产生疲劳现象而断裂,这种现象叫做"声疲劳"。声疲劳现象对火箭发射和飞机航行的影响很大。

8.4.4　噪声控制的标准

过强的噪声危害人的生理和心理,因此需要一系列噪声控制相关的标准和法规。表 8-7 列出我国与噪声控制相关的常见标准。

表 8-7　噪声控制常见标准

质量标准	声环境质量标准 GB 3096—2008; 机场周围飞机噪声环境标准 GB 9660—1988(修订中)
排放标准	铁路边界噪声限值及其测量方法 GB 12525—90 及其修正案; 工业企业厂界环境噪声排放标准 GB 12348—2008; 建筑施工场界环境噪声排放标准 GB 12523—2011; 社会生活环境噪声排放标准 GB 22337—2008
监测方法标准	机场周围飞机噪声测量方法 GB/T 9661—88(修订中); 声学:机动车辆定置噪声测量方法 GB/T 14365—93; 汽车加速行驶车外噪声限值及测量方法 GB 1495—2002; 声屏障声学设计和测量规范 HJ/T 90—2004; 环境噪声监测技术规范:城市声环境常规监测 HJ 640—2—12; 环境噪声与振动控制工程技术导则 HJ 2034—2013; 环境噪声监测技术规范:噪声测量值修正 HJ 706—2014; 环境噪声监测技术规范:结构传播固定设备室内噪声 HJ 707—2014; 城市轨道交通(地下段)结构噪声监测方法 HJ 793—2016; 功能区声环境质量自动监测技术规范 HJ 906—2017; 环境噪声自动监测系统技术要求 HJ 907—2017
环境影响评价标准	环境影响评价技术导则 - 声环境 HJ/T 2.4—2009

下文简要介绍《声环境质量标准》与《汽车加速行驶车外噪声限值及测量方法》。

1.《声环境质量标准》简介

2008 年 10 月 1 日《声环境质量标准》(GB 3096—2008)开始实施,该标准规定了五类声环境功能区的噪声限值,如表 8-8 所示。

表 8-8　环境噪声限值　　　　　　　　　　　　　　　　　　　(单位:dBA)

声环境功能区类别	时段		声环境功能区类别		时段	
	昼间	夜间			昼间	夜间
0 类	50	40	3 类		65	55
1 类	55	45	4 类	4a 类	70	55
2 类	60	50		4b 类	70	60

注:按区域的使用功能特点和环境质量要求,声环境功能区分为以下五种类型:

0 类声环境功能区:指康复疗养区等特别需要安静的区域。

1 类声环境功能区:指以居民住宅、医疗卫生、文化教育、科研设计、行政办公为主要功能,需要保持安静的区域。

2 类声环境功能区:指以商业金融、集市贸易为主要功能,或者居住、商业、工业混杂,需要维护住宅安静的区域。

3 类声环境功能区:指以工业生产、仓储物流为主要功能,需要防止工业噪声对周围环境产生严重影响的区域。

4 类声环境功能区:指交通干线两侧一定距离之内,需要防止交通噪声对周围环境产生严重影响的区域,包括4a 类和 4b 类两种类型。4a 类为高速公路、一级公路、二级公路、城市快速路、城市主干路、城市次干路、城市轨道交通(地面段)、内河航道两侧区域;4b 类为铁路干线两侧区域。

2. 《汽车加速行驶车外噪声限值及测量方法》简介

2002 年 1 月 1 日《汽车加速行驶车外噪声限值及测量方法》(GB 1495—2002)开始实施,代替《机动车辆允许噪声标准》(GB 1495—79)。该标准规定了新生产汽车加速行驶车外噪声的限值,如表 8-9 所示。

表 8-9　汽车加速行驶车外噪声限值

汽车分类	噪声限值/dBA	
	第一阶段	第二阶段
	2002 年 10 月 1 日 ~ 2004 年 12 月 30 日期间 生产的汽车	2005 年 1 月 1 日 以后生产的汽车
M_1	77	74
M_2(GVM≤3.5t)或 N_1(GVM≤3.5t): GVM≤2t 2t < GVM≤3.5t	78 79	76 77
M_2(3.5t < GVM≤5t)或 M_3(GVM > 3.5t): P < 150kW P≥150kW	82 85	80 83
N_2(3.5t < GVM≤12t)或 N_3(GVM > 12t): P < 75kW 75kW≤P < 150kW P≥150kW	83 86 88	81 83 84

另外,我国还开展了对各种机电产品噪声的评价参数、测量方法及限值的研究,陆续颁布了不少机电产品噪声测量方法及限值标准。如对大功率船用柴油机,测量方法标准有《船用柴油机辐射的空气噪声测量方法》(GB 9911—2018),限值标准有《船用柴油机辐射的空气噪声限值》(GB 11871—2009),等等。随着我国政府对噪声控制的重视,噪声控制标准的立法也将日趋正规、全面。

习　题

8-1　欲在声级为 100dB 的噪声环境中通话,假定耳机在加一定的声功率时在耳腔中能产生 90dB 的声压。如果在耳机外加上耳罩能隔掉 20dB 的噪声,问此时在耳腔中通话信号声压比噪声大多少倍?

8-2　已知两声压振幅之比为 2、5、10、100，求它们声压级之差。已知两声压级之差为 1，3,6,10dB，求它们声压振幅之比。

8-3　某测试环境本底噪声声压级为 40dB，若被测声源在某位置上产生声压级为 70dB，试向置于该位置上的传声器接收到的总声压级为多少？如果本底噪声也为 70dB，则总声压级又为多少？

8-4　房间内有 n 个人各自无关地在说话，假如每个人单独说话在某位置产生 L_jdB 的声压级，那么 n 个人同时说话在该位置上产生的总声压级为多少？

8-5　车间内一台机器开动时测得的声压级为 90dB，第二台机器与其同时开动时声压级提高 1dB，试求第二台机器单独开动时在该点的声压级是多少分贝？

8-6　机器型号相同，单独测其中一台的声压级为 70dB，几台机器同时开动后测得声压级为 77dB，问开动的机器共有几台？

8-7　如果测试环境的本底噪声级比信号声压级低 ndB，证明由本底噪声引起的测试误差（即指本底噪声加信号的总声压级比信号声压级高出的分贝数）为

$$\Delta L = 10 \lg \left(1 + 10^{-\frac{n}{10}} \right) \quad (dB)$$

若 $n=0$，即噪声声压级与信号声压级相等，此时 $\Delta L = ?$ 为了使 $\Delta L < 1$dB，n 至少要多大？为了使 $\Delta L < 0.1$dB，n 至少要多大？

8-8　请用手机录制或者从网上开源数据库下载一段家用机电噪声或环境噪声，并分析其主客观评价指标。

8-9　根据自身的经验或收集的资料，概述噪声的危害。

第9章 机械噪声控制技术

正如绪论中所述,噪声污染的发生必须有三个要素:噪声源、噪声传播途径和接受者。只有这三个要素同时存在才构成噪声对环境的污染和对人的危害。噪声控制必须从这三方面着手,既要对其分别进行研究,又要将它们作为一个系统综合考虑。优先的次序是:噪声源控制、传播途径控制和接受者保护。控制的一般程序是:首先进行现场调查,包括噪声源识别、现场噪声级测量和频谱分析;然后按有关的标准和现场实测数据确定所需降噪量;最后制定技术上可行、经济上合理的控制方案。

9.1 噪声源识别与控制

9.1.1 噪声源识别

噪声源是向外辐射噪声的振动源,最常见的噪声源是振动的固体、流动的液体或气体,最新研究发现,温度,甚至光,也会激发流体辐射声波。

噪声源识别就是在同时有许多噪声源或包含许多振动发声部件的复杂声源情况下,通过测量和分析,区分并确定主要噪声源的数量和位置(部件),分析各个声源或振动部件的声辐射性能,及其对声场的作用。通过噪声源识别可以发现主要噪声源,及其对总噪声的贡献,有针对性地采取控制措施,取得良好的降噪效果。所以,噪声源识别是所有机电设备噪声控制的基础。

传统的噪声源识别方法主要有人耳主观评价法、近场测量法、装置分部运转法、替代法、铅包覆等局部隔离法等几种,第 8 章中介绍的声强法是近 30 年来发展起来的噪声源识别方法之一。传统的噪声源识别,主要关注对声能量贡献最大的噪声源。随着对声品质关注度的日益提高,辨识对声品质影响的声源辨识技术开始得到重视,声源辨识正在从寻找最大声源拓展至寻找最劣声源。随着对产品声学性能的不断追求,以及信号处理等学科发展等推动下,声源识别新方法的研究与应用极为活跃,简介如下。

1. 表面振速测量法

这是近年来发展起来的机器结构表面声振关系研究课题的一个重要应用。设一块振动平板辐射的声功率为瓦(W),即

$$W = \rho_0 c_0 S \bar{u}_e^2 \sigma_r \tag{9-1}$$

式中, $\rho_0 c_0$ 为空气特性阻抗(N·S/m³); S 为测量表面总面积(m²); $\bar{u}_e^2$ 表示测量表面上的均方振速,"－"表示对面积平均,下标 e 表示对时间平均; σ_r 为声辐射效率。因此测出表面振速便可求得声压级。此法的关键是需要准确地求出各种结构表面的声辐射效率,这是一个重要的研究内容。如果掌握了各种形状结构声辐射效率的资料,同时在设计阶段预估出机器结构表面的振动大小,那么,根据表面速度法原理在机器未造好之前就能对各个表面辐射的声功率进行预报,对低噪声机器的制造无疑是十分有意义的。

2. 以快速傅里叶变换为基础的声源分析法

测量辨识对象的振动和声学信号,应用以快速傅里叶变换为基础的数字信号处理技术,是辨识噪声源的有效方法。值得注意的是,工程上一般不直接用快速傅里叶变换求频谱,而是通过功率谱估计的方法获得信号的功率谱密度函数,来表达信号的频域特性,该方法可以通过样本平均抑制随机干扰。属于这类的噪声源辨识方法主要有以下几种。

1)频谱分析法

频谱分析法是将传感器采集到的噪声和振动的时域信号,通过快速傅里叶变换转换到频域中,将待分析信号用单一谐波信号的叠加形式表示,通过该方法可以获得信号的频率成分对应的幅值以及相位信息,再比较噪声频谱与可能噪声源的振动,或噪声信号频谱的峰值等特征,来确定噪声源的数量以及位置。

进一步,可以通过短时快速傅里叶变换,分析变工况的信号特性,辨识主要噪声源。图 9-1是汽车加速工况的车内噪声,可以看到随转速增大的各阶次成分(放射状条纹),但其中也有些成分(水平条纹)与发动机转速无关,可以推断与结构固有频率有关。

为更好分析噪声源特征,旋转机械经常对等角度采样的时域信号(也称角度域信号),进行短时快速傅里叶变换,获得的阶次谱。如图 9-2 所示,其中的深色竖条纹是与转速各阶次相关,弧状条纹是等频率成分。

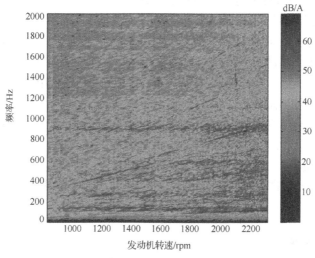

图 9-1　加速过程的车内噪声时频谱

2)相干分析法

相干函数可以度量系统的输入信号 x 与输出信号 y 在频域中的关联性,即输出信号有多少是由输入信号所引起的。相干函数介于 0 和 1 之间。对于线性系统,如果输出 y 与输入 x的相干函数接近于 1,表明输出 y 几乎都是由输入 x 贡献的;相干函数若小于 0.75,一般认为 y是由 x 和其他输入共同贡献的综合输出,或者存在严重的干扰噪声,再或者系统是非线性的。对于线性系统,忽略噪声干扰的前提下,通过计算每一个输入与输出的相干函数,可以找到该输出的主要噪声源,并且根据相干函数的大小对噪声源进行排序。

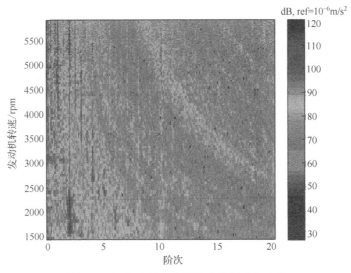

图 9-2　加速过程中座椅导轨的振动阶次谱

3) 偏相干分析与重相干分析

对于多输入单输出的复杂振动噪声系统,由于动力学和声传播路径耦合等因素,测得的各输入信号中,会不可避免地混入其他输入信号的成分,输入信号之间的相干函数可能很大,此时,虽然各输入与输出相干函数都可能接近于 1,但无法根据相干函数判断哪一个或哪几个输入是主要噪声源。

偏相干函数分析,可以计算该输入信号消除其他输入贡献之后,与输出信号之间的相干性,避免耦合效应所造成的虚假噪声源,辨识真实的噪声源。

重相干函数是表示输出信号与一组输入信号的相干函数,如果某个输出信号 y 与 n 维输入信号 X 的重相干函数接近于 1,表明该输出 y 主要是输入 X 贡献的;反之,则说明输出 y 中还包括 X 以外其他声源的贡献。因此,重相干函数经常用来判断噪声源信号是否有漏测,避免遗漏噪声源导致的声源辨识错误。

4) 奇异值与偏奇异值分解法

对输入信号的功率谱密度矩阵 S_{xx} 进行奇异值分解,获得奇异值矩阵 Λ,其非零奇异值的个数,即为主要噪声源的个数,据此可以确定独立声源的数量。

奇异值大小可以度量独立信号的能量大小,偏奇异值分解方法就利用了这一特点查找独立噪声源位置。用类似偏相干分析的方法,从测得的 n 维输入向量 X 中去除第 q_1 个输入 x_{q1} 的贡献,得到新的条件输入向量 $X_{\cdot q1}$,对条件输入 $X_{\cdot q1}$ 的互功率谱密度矩阵 $S_{xx \cdot q1}$ 进行奇异值分解,得到条件互功率谱密度矩阵 $S_{xx \cdot q1}$ 的奇异值矩阵 $\Lambda_{\cdot q1}$,定义为第一阶偏奇异值矩阵,其对角元素之和 $\mathrm{Tr}(\Lambda_{\cdot q1})$(也称迹)可以度量去除第 q_1 个输入信号 x_{q1} 后条件输入的非相干噪声源能量。输入信号功率谱密度矩阵 S_{xx} 的奇异值矩阵的迹 $\mathrm{Tr}(\Lambda)$ 与 $\mathrm{Tr}(\Lambda_{\cdot q1})$ 之差

$$\mathrm{Sum}(\Delta\lambda_{\cdot q1}) = \mathrm{Tr}(\Lambda) - \mathrm{Tr}(\Lambda_{\cdot q1}) \tag{9-2}$$

可以度量去掉 x_{q1} 影响后,其他输入信号中非相干噪声源能量的变化。如果 p_1 号传感器对应输入信号对其他信号的影响被排除掉之后,独立信号能量降低 $\mathrm{Sum}(\Delta\lambda_{\cdot q1})$ 是所有传感器对应独立信号 $\mathrm{Sum}(\Delta\lambda_{\cdot qi})$($1 \leqslant q_i \leqslant N$) 降低最大的,则可以认为 p_1 号传感器测量信号最能代表独

立源信号,可判断为第一独立声源。

进一步,从条件输入向量号 $\boldsymbol{X}_{.q_1}$ 中去除第 q_2 个传感器所测信号的影响 x_{q_2} $(1 \leqslant q_2 \leqslant N, q_2 \neq q_1)$,并且得到条件互功率谱矩阵 $\boldsymbol{S}_{xx.q_1.q_2}$,再对其作奇异值分解,得到的奇异值矩阵 $\boldsymbol{L}_{.q_1.q_2}$ 定义为二阶偏奇异值矩阵。由二阶偏奇异值矩阵查找使 $\mathrm{Sum}(\Delta\lambda_{.p_1.q_2})$ $(1 \leqslant q_2 \leqslant N, q_2 \neq p_1)$ 最大的 p_2 传感器,可以认为 p_2 传感器测到了第二个独立声源信号,可判断为第二独立声源。循环这一过程,直到找到所有的对应独立源的传感器信号。

偏奇异值分解方法的测试分析效率高,不仅可以快速精准地确定独立噪声源的位置,并可利用奇异值分解得到的特征值和特征向量,进一步辨识主要声源的频谱特性。结合声品质分析,还能用于辨识对声品质影响最大的声源。

3. 声成像测量的声源辨识

声成像是用声强扫描、声阵列测量等方法,获得组合声源的分布图像,辨识主要噪声源的位置。按照技术原理,可以分为扫描声强法、近场声全息和波束成形三大类。

1) 扫描声强法

声强是单位时间内通过与指定方向垂直的范围面积上的平均声能量。常用的 PP 型声强探头由设定一定间距的一对阻抗匹配的传声器组成,近年来,测量声压和媒质粒子振速的 PU 型声强探头也日趋普及。

声功率排序法是用声强探头依次扫描测量各个辐射面的声强,排序获得各个面辐射源对总噪声源的贡献大小,辨识主要噪声源。

等声强法是在靠近辐射面的某个表面设置网格面,在网格节点上测量声强,得到辐射体附近观察面的三维等声强图,从中辨识主要噪声源,并可直观地了解设备辐射声能量的传播方向。

但声强法不能获得测量面以外区域的声场信息,也不能获得部分声源的辐射声场。

2) 近场声全息测量

近场声全息测量是一种基于传声器阵列的近场测量技术,测量记录临近被测声辐射体振动表面的全息数据,进行声场空间变换,重建声源表面的声压、法向振速、声强或其他声学量,并以图像的形式展现(声成像)。因其可以直观地展现声源的分布、绝对强度等信息,被广泛应用于声源辨识和定位、故障诊断等领域。

由于测量面临近被测声源,故测得的复声压信号中,除了辐射声的低波数的传播波成分以外,还包含随距离迅速衰减的倏逝波,而这种倏逝波携有声波的高波数信息,用以声源重建成像,其分辨率不受瑞利分辨率极限 $(\lambda/2)$ 的限制,可达到辐射声波长几十分之一。常用的近场声全息方法有空间傅里叶变换法、边界元法、等效源法、Helmholtz 最小二乘法等;全息面复声压的测量主要包括声压法和声强法两种。

近场声全息测量特别适合于对中低频声源的定位,重建声源面或任意观察面的声场分布,分解部分声源的辐射声场,以及声源改变后的声场预测。为辨识某家用破壁机噪声源,作者用一个小型平面阵列,依次测量了破壁机近场的四个侧面和顶面的声压,用近场声全息方法,重建了破壁机表面声压和法向振速,试验布置和部分重建结果见图 9-3。

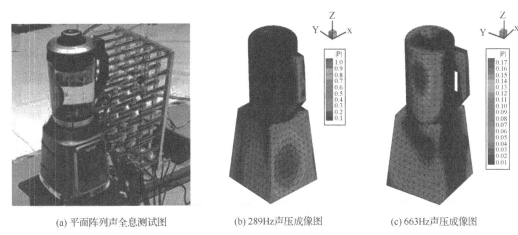

(a) 平面阵列声全息测试图　　　(b) 289Hz声压成像图　　　(c) 663Hz声压成像图

图 9-3　基于平面传声器阵列测量的近场声全息成像实例

3) 波束形成(声学照相机)

基于波束形成原理的声学照相机,又名声相(像)仪,是利用传声器阵列测量一定范围内声场分布的专用设备。通过阵列信号处理算法,处理传声器采集到的声压信号,以云图方式显示出直观的声学图像,可以获得被测物体表面的噪声源分布,以及声源的相对强度。有时还利用安装在传声器阵列上的光学照相机,将声源物照片与声像复合,更形象地表示声源分布。

在声学测量中,由于声源传播至阵列上各传声器的距离不同,每个传声器接收到的声波存在不同的延迟。利用声波延迟和声源位置的对应关系,将接收到的声压信号进行时延(频域为相位)补偿后相加,逐点计算出空间声源强度的分布,这一过程称为声成像。而作为接收设备的阵列则被称为声学照相机。因声学照相机阵列聚焦声波,其原理与光学照相机镜头聚焦光波有些类似,故而得名。

波束形成适用于稳态声源,也可通过短时信号处理,识别定位瞬态声源和运动声源。传声器阵列不同通道信号的延迟叠加,可以抑制每个传声器测量通道的随机噪声,所以声学照相机有很好的抗噪特性,目前已经广泛应用于家用电器、机电设备、动力机械、车辆、飞机和船舶等的噪声源识别,最近还被用于道路交通非法鸣笛等违法声学事件的抓拍取证。

由于波束成形法的声像分辨率受半波长瑞利极限的限制,适用于高频声源的声成像。波束成形可以进行远场测量,但不能获得声像面以外的声场信息,也不能获得部分声源的辐射声场。

9.1.2　机械噪声源控制

对机械噪声源控制的方法取决于机械本身的工作原理及结构特征。以内燃机为例,从发声机理来讲,主要应控制机械振动噪声和空气动力噪声。

1.机械振动噪声的控制

内燃机的每一个零件都会在激振力作用下发生振动,振动着的结构表面会辐射噪声,所以结构振动噪声又称表面辐射噪声。根据激振力的不同,内燃机噪声的声源可分为燃烧噪声和机械噪声两种。

1)燃烧噪声及控制

燃烧噪声是混合气在汽缸内燃烧产生的燃气力直接激振发动机结构所产生的噪声,是由缸内压力变化引起的。因此,燃烧噪声的高低与燃烧系统形式有很大关系,主要是因为各种燃烧系统的汽缸压力变化曲线不同。如果压力曲线比较平滑,峰值较低,则燃烧噪声也较低。实验与分析研究表明,自然吸气直喷式柴油机燃烧噪声的声强与缸径的 5 次方成正比。间接喷射发动机的燃烧噪声比直喷式发动机低 8dB 左右。对燃烧噪声的主要控制措施是:缩短发火延迟期,改进气阀及燃烧室设计,使燃烧初期压力变化较为平滑,设置预燃室,控制喷油的初始速率,以及废气再循环等。

2)机械噪声及控制

机械噪声来源于机械部件之间的交变力。这些力的传递和作用一般分为三类:撞击力、周期性作用力和摩擦力。撞击力引起的撞击噪声以受撞部件结构共振所激发的结构噪声的影响最强,应以降低结构噪声为主要的控制措施。摩擦噪声绝大部分是摩擦引起摩擦物体的张弛振动所激发的噪声,尤其当振动频率与物体固有振动频率吻合时,物体共振产生强烈的摩擦噪声,克服的基本方法是减少摩擦力。旋转机械的周期性作用力最简单的是由转动轴、飞轮等转动系统的静、动态不平衡所引起的偏心力,它的作用会由于机件缝隙的存在、结构刚度不够或磨损严重而增大,这样,又进一步增强撞击和摩擦而激发更强的机械振动和噪声。

机械噪声的控制主要是根据发声机理,采用低噪声结构,降低机械在运行时的撞击和不平衡激振所产生的噪声,并隔绝或衰减在传播途径中所辐射的噪声。基本原则如下。

(1)降低激振力。

根据不同的激振特征采取相应降低激振力的措施。减小惯性力是降低运动部件激励力最有效途径,例如,降低运动部件的碰撞速度,提高运动部件的平衡精度,采用轻质材料等。内燃机活塞对汽缸壁的敲击发生在上止点和下止点附近,且以压缩上止点附近的敲击最为严重,敲击的强度主要取决于汽缸的最高爆发压力和活塞与缸套之间的间隙。减少活塞敲击力的可能措施有以下几项:减少活塞和汽缸间隙,比如采用紧配式活塞;在铝合金活塞中用钢质支撑;对活塞裙部直径进行热控制;保持活塞靠一边运动;改变活塞冲击时间,防止各缸同步冲击,降低冲击强度;进行强力润滑;设置有回弹力的活塞裙部,缓冲活塞对汽缸壁的冲击力等。

(2)降低机械结构的振动响应。

首先要防止共振。采用增加机械结构的质量(减低固有频率)或增加刚度(提高固有频率)等方法改变共振部件的固有频率,使得机械结构的固有频率避开激励力的频率,有效地降低振动响应。

其次是恰当改变机械结构的动刚度,可提高抗振能力,使得在相同激振条件下降低振动和噪声;还可以改善机械结构的阻尼特性,这也是降低振动共振响应的最为有效的一种方法。

(3)控制结构振动辐射的结构噪声。

振动辐射声的幅值与结构振动法向速度成正比,因此,弯曲振动是结构振动时辐射结构噪声的主要方式。控制发动机结构响应,减少弯曲振动,降低结构法向振速,是控制发动机噪声的有效途径,可能采取的措施包括:

① 通过模态分析和模态修改,重新设计发动机结构,如采用框架式或中分面式曲轴箱。

② 减少振动表面弹性材料的固有振动方式,可采用提高材料劲度的方法,对板状材料可加筋或压波纹筋。

③ 增加振动表面的阻尼性能,如粘贴黏弹性阻尼材料,在油底壳、汽缸头罩等处采用复合阻尼钢板。

④ 采用隔振技术,阻断机内结构噪声传递到辐射表面,如采用管道隔振等。

2. 空气动力噪声的控制

内燃机、燃气轮机等动力机械的空气动力噪声主要指进气噪声、排气噪声、风扇噪声等,其中排气噪声为主要的噪声源。影响排气噪声的因素主要有发动机转速、汽缸数、负荷、排气管尺寸等。

安装消声器是空气动力噪声控制的主要方法。对进气噪声,通常把进气消声器与空气滤清器结合,按照进气噪声的频谱特性进行设计,除加阻性吸声材料外,还需设置共振腔以消除低频噪声。排气噪声的控制常采用抗性消声器,由于排气口温度会超过400℃,消声器一般由多节扩张室和共振腔构成,适当调整尾管长度可以改变消声器的消声量。为了减少结构声传递,需要弹性悬挂排气管,并对排气总管做隔声包扎。

9.2 吸 声 降 噪

声波通过媒质或入射到媒质分界面上时声能的减少过程称为吸声或声吸收。任何材料或结构,由于它们的多孔性、薄膜作用或共振作用,对入射声或多或少都有吸收作用,具有较大吸收能力的材料称为吸声材料。通常,材料的平均吸声系数 $\bar{\alpha}$(在125Hz,250Hz,500Hz,1kHz,2kHz,4kHz这6个中心频率倍频带吸声系数的算术平均值)大于0.2的材料才称为吸声材料。最常用的吸声材料是玻璃棉、矿渣棉、泡沫塑料等多孔性材料,以及它们的制成品吸声板、吸声毡等。另一大类是吸声结构。

声场里声压一般由两部分组成:一是从噪声源辐射的直达声,二是由边界反射形成的混响声。室内增加吸声材料,能提高房间平均吸声系数,增大房间常数,减少混响声能密度,从而降低总声压级,这就是吸声降噪的原理。

9.2.1 多孔吸声材料

多孔吸声材料的构造特征是材料从表到里具有大量的互相贯通的微孔,具有适当的透气性。当声波入射至多孔材料表面时,激发起微孔内的空气振动,空气与固体筋络间产生相对运动,由于空气的黏滞性,在微孔内产生相应的黏滞阻力,使振动空气的动能不断转化成热能,从而使声能衰减;同时,在空气绝热压缩时,空气与孔壁间不断发生热交换,由于热传导作用,也会使声能转化成热能。这就是多孔材料的吸声机理。

描述多孔材料吸声性能的主要参数有材料流阻 R、孔隙率 P(孔隙容积占总空间的百分比例)和结构因子 S(由多孔材料几何结构决定的影响吸声系数的经验性因子)。其中材料流阻 R 是最重要的参数。R 定义为

$$R = \Delta p/v \qquad (9\text{-}3)$$

式中,Δp 为材料层两面的静压力差(Pa);v 为穿过材料厚度方向气流的线速度(m/s);R 的单

位为瑞利(Rayl, $kg/m^2 \cdot s$)[①]。单位厚度材料的流阻称为比流阻 r ,一般多孔材料的比流阻 r 为 $10 \sim 10^5 Rayl/cm$ 。吸声性能好的多孔材料的流阻 R 应该接近空气的特性阻抗 $\rho_0 c_0$,在 $10^2 \sim 10^3 Rayl$ 。因此 r 较低的材料,如玻璃棉、矿渣棉(r 为 $10 Rayl/cm$ 左右)要求有较大的厚度,而 r 较高的材料,如木丝板、甘蔗板等材料的 r 为 $10^4 \sim 10^5 Rayl/cm$,则要求其厚度薄一些。

有限厚多孔材料吸声特点如图 9-4 所示,低频端吸声系数小,随着频率 f 增高,吸声系数迅速增大,并出现吸声共振峰,在高于共振峰的频段,吸声系数略有波动,但仍保持在较高水平。

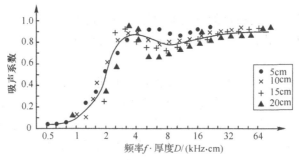

图 9-4　超细玻璃棉归一化吸声系数曲线

从工程实用角度,影响有限厚多孔吸声层吸声性能的主要因素有如下 5 个。

1. 材料容重(单位体积的重量)

增加多孔吸声材料的容重可以提高低频吸声系数,而高频吸声系数有所降低;但容重过大,总的吸声效果又会明显降低。因此各种材料的容重有一个最佳范围,如超细玻璃棉为 $15 \sim 25 kg/m^3$,矿渣棉为 $120 \sim 130 kg/m^3$ 。

2. 材料厚度

增加吸声材料的厚度使材料吸声系数曲线向低频方向平移,材料厚度每增加一倍,吸声系数曲线峰值大约向低频方向移动一个倍频程。实验表明,材料容重一定时厚度与第一共振峰频率的乘积为一常数,约等于材料中声速的 1/4,如表 9-1 所示。这就是说,当吸声层厚度 D 给定时,由 $f \cdot D$ 值可以求出第一共振频率。对于同一种吸声材料,材料层厚度加倍时,第一共振频率将向低频方向移过一个倍频程。在低于共振峰值的频段,当吸声系数减小到吸声共振峰值一半时的频率称为下限频率,吸声共振频率到下限频率的频带宽度称为下半频带宽度 Ω 。由表 9-1 可以初步设计多孔吸声层并预估它的吸声性能。

表 9-1　常见多孔吸声材料的吸声特性

材料名称	容量/ (kg/m^3)	$f \cdot D /$ $(kHz \cdot cm)$	共振吸声系数	下半频宽 Ω (1/3 倍频程)	备注
超细玻璃棉	15	5.0	0.90 ~ 0.99	4	—
	20	4.0	0.90 ~ 0.99	4	
	25 ~ 30	2.5 ~ 3.0	0.80 ~ 0.90	3	
	35 ~ 40	2.0	0.70 ~ 0.80	2	

---

① 　 $1 Rayl = 10 Pa \cdot s/m$ 。

续表

材料名称	容量/ （kg/m³）	$f \cdot D$/ （kHz·cm）	共振吸声系数	下半频宽 Ω （1/3 倍频程）	备注
沥青玻璃棉毡 沥青矿渣棉	110 ~ 120	8.0 4.0 ~ 5.0	0.90 ~ 0.95 0.85 ~ 0.95	4 ~ 5 5	—
聚氨酯泡沫塑料	20 ~ 50	5.0 ~ 6.0 3.0 ~ 4.0 2.0 ~ 2.5	0.90 ~ 0.99 0.85 ~ 0.95 0.75 ~ 0.85	4 3 3	流阻较低 流阻较高 流阻很高
微孔吸声砖	340 ~ 450 620 ~ 830	3.0 2.0	0.85 0.60	4 4	流阻较低 流阻较高
木丝板	280 ~ 600	5.0	0.80 ~ 0.90	3	—
海草	~ 100	4.0 ~ 5.0	0.80 ~ 0.90	3	—

3. 材料背后空气层的影响

在多孔吸声材料与坚硬墙壁之间留有空气层,其作用相当于加大材料的厚度,可以改善低频吸收,比增加材料厚度来提高低频吸收节省材料。当空气层厚度为入射波 1/4 波长的奇数倍时,由于刚性壁面表面质点速度为零,多孔材料位置恰好处于该频率声波质点振速的峰值,可获得最大吸声系数。而当空气层厚度等于入射波 1/2 波长整数倍时,吸声系数最小。因此当频率升高时吸声材料的表观吸声系数将出现大的起伏。所以为了使普通噪声中特别多的中频成分得到最大吸收,推荐空气层厚度为 7 ~ 15cm。

4. 护面层

常用护面层材料有玻璃布、塑料窗纱、金属网及穿孔板等,当穿孔率 $P > 20\%$ 时,可忽略护面层对吸声材料声学性能的影响。

5. 温度和湿度

一般来讲,温度上升,多孔材料的吸声系数曲线向高频移动,低频性能将有所降低。但湿度对材料的影响很大,多孔材料吸湿或含水后首先使高频部分吸声系数下降,随着含水率提高,其影响范围进一步向低频方向扩展。高的含水率使多孔材料吸声性能大大降低。

在工程应用中,常把多孔吸声材料做成各种吸声制品或结构,除了有护面的多孔材料吸声结构外,还有由框架、吸声材料和护面结构做成具有各种形状的单元体——空间吸声体。它们悬挂在有声场的空间。吸声体朝向声源的一面可直接吸收入射声能,其余部分声波通过空隙绕射或反射到吸声体的侧面、背面,因此空间吸声体对各个方面的声能都能吸收,吸声系数较高,而且省料、装卸灵活。

9.2.2　吸声结构

采用吸声结构,能获得较好的低频吸声效果,以弥补多孔材料在低频时吸声性能的不足,也可以设计出在某一频段内具有优良吸声性能的结构,以满足特殊的吸声要求。采用金属、塑料等材料的吸声结构适用于高温、潮湿等特殊场合。典型的吸声结构有阻抗渐变型吸声结构和共振型吸声结构,还有由此发展起来的复合型吸声结构。

1. 吸声尖劈

吸声尖劈的结构如图9-5所示,由尖劈和基部组成,属于阻抗渐变型结构。空气中的尖劈用多孔吸声材料做成,外包玻璃纤维布或金属丝网。当声波从尖端入射时,由于吸收层的过渡性质,材料的声阻抗与媒质的特性阻抗能较好地匹配,使声波传入吸声体并被高效地吸收。吸声尖劈具有优良的吸声性能,高于截止频率的频段的吸声系数均高于0.99。截止频率的大小可由吸声材料、尖劈总长度及空气层厚度决定。例如,采用玻璃棉、矿渣棉等优质吸声材料制作的尖劈总长度为1m,后留空气层厚度5~10cm时,截止频率可达70Hz。因此吸声尖劈被广泛地用于消声室中。

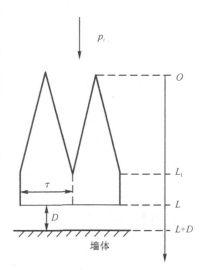

图9-5　吸声尖劈

2. 共振吸声结构

1)薄板共振结构

薄板共振吸声结构的结构形式是在周边固定在框架上金属板、胶合板等薄板后,设置一定深度空气层。由薄板的弹性和空气层的弹性与板的质量形成一个共振系统,在系统共振频率附近具有较大的吸声作用。薄板结构的共振频率f_r(Hz)近似为

$$f_r = \frac{600}{\sqrt{MD}} \tag{9-4}$$

式中,M为薄板面密度(kg/m^2);D为空气层厚度(m);共振时吸声系数为0.2~0.5。

2)穿孔板吸声结构

穿孔板吸声结构是在钢板、胶合板等类薄板上穿孔,并在其后设置空气层,必要时在空腔中加衬多孔吸声材料。它可以看作是许多亥姆霍兹共振器的并联。亥姆霍兹共振器结构如图9-6所示。密封的空腔通过板上的小孔与外界声场相通。小孔孔颈中的空气柱在声波压力作用下像活塞一样往复运动,它具有一定的空气质量,运动时还与小孔壁摩擦,消耗掉一部分声能。空腔中的空气具有弹性,能阻碍来自孔颈空气柱运动造成的空腔内压力变化。这样孔颈处的空气柱有如质量,空腔内空气有如弹簧,构成了弹性振动系统。当外来声波频率等于其共振频率时,将引起孔颈中空气柱发生共振,此时空气柱的振动位移最大,振动速度最大,孔壁摩擦损耗也最大,对声能的消耗也最大。

在工程设计中,穿孔板吸声结构的声学共振频率f_r(Hz)可按下式计算,即

$$f_r = \frac{c_0}{2\pi} \sqrt{\frac{P}{D \cdot l_k}} \tag{9-5}$$

式中,c_0为声速(m/s);P为穿孔率(定义为穿孔板穿孔面积与总面积之比);D为穿孔板背后空腔深度(m);l_k为穿孔的有效长度(m)。当孔径d(m)大于板厚t(m)时,$l_k = t + 0.8d$;当孔腔内壁粘贴多孔材料时,$l_k = t + 1.2d$。

共振时吸声系数 α_r 为

$$\alpha_r = \frac{4r_A}{(1 + r_A)^2} \qquad (9\text{-}6)$$

式中，r_A 为相对声阻，即声阻率 R 与空气特性阻抗 $\rho_0 c_0$ 之比。由于穿孔板的相对声阻比较小，共振吸声系数也不高，一般采用在穿孔板后面紧贴一层金属丝网或玻璃布，或在空腔内贴近穿孔板背面处填入一部分多孔吸声材料，这样可提高穿孔板声阻，在一定程度上提高共振时吸声系数并拓宽吸声频带。

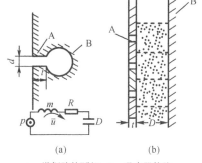

A—谐振腔的颈部；B—吸声器的腔

图9-6　亥姆霍兹共振器原理

3）薄型塑料盒式吸声体

此类结构是用改性硬质 PVC 材料真空成形高频焊接加工而成的多层盒体结构，利用封闭盒体的谐振作用达到吸声目的。盒体厚度为 50 ~ 100mm，许多盒体连成 0.5m × 0.5m 的板。这种新型的吸声结构吸声性能优良，物理性能稳定，重量轻，透光性好，易于施工，在工矿企业的噪声控制中得到广泛应用。

3. 微穿孔板吸声结构

微穿孔板吸声结构是 20 世纪 70 年代发展起来的新型吸声结构，其结构形式是在厚度小于 1mm 的薄板上每平方米钻上万个孔径小于 1mm 的微孔，穿孔率控制在 1% ~ 5%，将这种板固定在刚性平面之上，并留有适当空腔。由于微穿孔板的穿孔细而密，因而其声阻比穿孔板大得多，决定了共振吸声系数高；而声质量却小得多，声阻与声质量之比大为提高，加宽了吸声频带。

微穿孔板吸声结构具有许多突出的优点。首先是它的声学特性可以通过解析式精确地表示，使得吸声结构的设计比较完整并易于控制。微穿孔板吸声结构的相对声阻抗为

$$z = r_A + i\omega m - i\mathrm{ctan}\frac{\omega D}{c_0} \qquad (9\text{-}7)$$

式中，r_A 为相对声阻；m 为相对声质量；D 为空腔腔深。声阻抗 r_A 和 m 均可由结构参数板厚 $t(\mathrm{m})$、孔径 $d(\mathrm{m})$、穿孔率 P 求得。

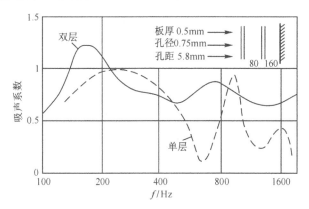

图9-7　微穿孔板结构吸声系数（混响室法）

其次,设计良好的微穿孔板结构具有吸声频带宽、峰值吸声系数大的特点。显然,穿孔孔径越小,声质量越小,越适合于宽频带吸声。但孔径过小,不仅加工困难,也容易堵塞。

在实际应用中,常常采用串联式双层微穿孔板结构(图9-7)。两层的板厚和孔径一般相同,穿孔率及腔深可以不同。研究表明:双层结构的声阻值 r 在低频段和后腔发生共振时增加,使其共振频率比单层低 $\dfrac{D_1}{D_1 + D_2}$ 倍,吸声频带向低频方向扩展,从而达到宽频带高吸收。

微穿孔板吸声结构特别适用于高温、潮湿以及有冲击和腐蚀的环境。如果用有机玻璃制造,在建筑上还有透光的特点。

9.2.3　吸声降噪量计算

由于吸声技术对从声源来的直达声不起作用,它仅仅减弱反射声强度,也就是可降低室内由反射声形成的混响声场的强度。因此在采取吸声措施时,首先要估算吸声降噪量,以确定措施的合理性。

设吸声处理前后房间平均吸声系数分别为 $\bar{\alpha}_1$ 和 $\bar{\alpha}_2$,房间常数为 R_1 和 R_2,同一测点声压级为 L_{p1} 和 L_{p2},声源位置的指向性系数为 Q,测点至声源中心的距离为 r,根据式(7-133)计算出吸声降噪量 $D(\mathrm{dB})$ 的大小为

$$D = L_{p1} - L_{p2} = 10 \lg \left(\frac{\dfrac{Q}{4\pi r^2} + \dfrac{4}{R_1}}{\dfrac{Q}{4\pi r^2} + \dfrac{A}{R_2}} \right) \tag{9-8}$$

由式(9-8)可见,D 的大小随距离 r 变化。在离声源很近时直达声占主导地位,$D \approx 0$;随距离 r 增大,D 逐渐增加,当达到混响场为主的区域时,$\dfrac{4}{R} \gg \dfrac{Q}{4\pi r^2}$,降噪量达到最大值为

$$D_{\max} = 10 \lg \frac{R_2}{R_1} = 10 \lg \frac{\bar{\alpha}_2(1 - \bar{\alpha}_1)}{\bar{\alpha}_1(1 - \bar{\alpha}_2)} \tag{9-9}$$

由以上分析可知吸声降噪仅对混响声有用。适用吸声降噪的场合有:

(1) 未经任何吸声处理的房间。考虑到 $\bar{\alpha}_1$、$\bar{\alpha}_2$ 均为小数,式(9-9)可近似为

$$D_{\max} \approx 10 \lg \frac{\bar{\alpha}_2}{\bar{\alpha}_1} = 10 \lg \frac{T_{60,1}}{T_{60,2}} \tag{9-10}$$

式中,$T_{60,1}$ 和 $T_{60,2}$ 分别为吸声处理前后房间的混响时间,单位为 s。若 $\bar{\alpha}_1 = 0.02$,增加吸声后 $\bar{\alpha}_2 = 0.2$,可得到 10dB 的降噪量。如果再增加吸声使 $\bar{\alpha}_2 = 0.4$,降噪量仅再增加 3dB,而平均吸声系数从 0.2 增加到 0.4 的投资和难度均大于从 0.02 增加到 0.2。经验证明,在平均吸声数大于 0.3 的条件下采用吸声措施降噪的效果不佳。

(2) 以混响声为主的区域,如离噪声大的机器较远处。若在以直达声为主的区域,吸声降噪无效。

(3) 在噪声源多且分散的室内。当对每一噪声源都采取噪声控制措施(如隔声罩等)有困难时,可以将吸声措施和隔声屏配合使用,会收到良好的降噪效果。

9.3　隔　声

隔声是机械噪声控制工程中常用的一种技术措施,它利用墙体、各种板材及构件作为屏

蔽物或利用围护结构来隔绝空气中传播的噪声,从而获得较安静的环境。上述材料(或结构)称为隔声材料(或隔声结构)。

隔声材料的隔声量 TL(也称声透射损失)为材料一侧的入射声能与另一侧的透射声能相差的分贝数,可表示为

$$TL = 10 \lg\left(\frac{I_i}{I_t}\right) = 10 \lg \frac{1}{\tau} \qquad (9\text{-}11)$$

式中,I_i 和 I_t 分别为入射声强和透射声强;τ 为声强透射系数。

隔声量测量在专用的一对混响室(分别称为发声室和接收室)中进行,隔声试件安装在两室之间。混响室下面有隔振装置,隔墙很厚,因此除试件以外,其他侧向传声可以忽略不计。所测的发声室和接收室的平均声压级级差反映了通过隔板透射的声能。试件面积 $S(\text{m}^2)$ 和接收室吸声量 $A(\text{m}^2)$ 有一定影响。隔声量 TL(dB)按下式计算,即

$$TL = L_{p1} - L_{p2} + 10 \lg \frac{S}{A} \qquad (9\text{-}12)$$

式中,L_{p1} 和 L_{p2} 分别代表发声室和接收室内空间平均声压级(dB)。

实际应用中的隔声装置有隔声罩(或隔声间)和声屏障等形式。隔声罩是用隔声结构将机械噪声源封闭起来,使噪声局限在一个小空间里;有时机器噪声源数量很多,则可采用隔声间形式,将需要安静的场所如控制室等用隔声结构围起来。在噪声源与受干扰位置之间用不封闭的隔声结构进行阻挡时,称为声屏障。

9.3.1 单层均质薄板的隔声性能

1. 质量定律

设有一列平面波入射到一块无限大均质薄板上。这是一个两维声场问题。现在引入两个简化条件:① 隔板很薄,可假设板两边法线方向媒质质点振速相等,并等于板的振速。② 板的特性阻抗远大于媒质的特性阻抗。对于空气中的薄板,这两条是完全符合的,于是推得隔板的隔声量为

$$TL \approx 10 \lg\left(\frac{\omega^2 M^2 \cos^2\theta}{4\rho_0^2 c_0^2}\right)$$

式中,M 为板的面密度(kg/m^2);θ 为声波入射角。声波垂直入射时 $\theta = 0$,此时有

$$TL = 20 \lg M + 20 \lg f - 42.5 \qquad (9\text{-}13)$$

式(9-13)即为隔声理论中著名的"质量定律"。它表明,对于一定频率,板的面密度提高一倍,TL 将增大 6dB;如果板的面密度不变,频率每提高一个倍频程,TL 也增大 6dB。实际情况下声波多数为无规入射,$\theta = 0° \sim 90°$,各个方向都有,按入射角积分计算出的 TL 值比单纯垂直入射 TL 值低 5dB 左右,故隔板实际隔声量为

$$TL = 20 \lg M + 20 \lg f - 48 \qquad (9\text{-}14)$$

上述公式是在一定的简化条件下推得的,与实际情况有所出入。在设计隔声装置时主要还是依靠各种材料的实验数据。部分材料的实验数据如表9-2所示。

表 9-2　几种材料在六个中心频率下的隔声量及平均值

材料	厚度/mm	面密度/(kg/m²)	倍频程中心频率/Hz						平均值/dB
			125	250	500	1000	2000	4000	
铝板	3		14	19	25	31	36	29	25.70
钢板	2	15.70	21.68	25.29	28.9	32.52	36.13	39.74	43.35
钢板	3	23.55	24.85	28.46	32.07	35.69	39.30	42.91	43.52
玻璃	6	15.6	21.63	25.24	28.85	32.47	36.08	39.60	43.30
松木板	9	—	12	17	22	25	26	20	20.3
层压板	18	—	17	22	27	30	32	30	26.3
砖砌体	—	154	—	40	37	49	59	—	45

2. 吻合效应

吻合效应的产生是由于均质薄板都具有一定的弹性,在声波的激发下会产生受迫弯曲振动,在板内以弯曲波形式沿着板前进。当入射声波达到某一频率时,板中弯曲波的波长 λ_B 在入射声波方向的投影正好等于空气中声波波长 λ 时,板上的两波发生了共振,产生了波的吻合,此时板的运动与空气中声波的运动达到高度耦合,使声波无阻碍地透过薄板而辐射至另一侧,形成隔声量曲线上的低谷,这个现象称为"吻合效应"。由图 9-8 可见,产生吻合现象的条件为 $\lambda = \lambda_B \sin\theta$,或

$$\sin\theta = \frac{\lambda}{\lambda_B} = \frac{c_0}{c_B}$$

式中,λ,c_0 为空气中声波的波长和声速;λ_B 和 c_B 为板中弯曲波的波长和波速。由上式可见,发生吻合现象时每一个频率对应于一定的入射角 θ。出现吻合效应的最低频率(当 $\theta = 90°$ 声波掠入射时)称为临界频率 f_c。临界频率 f_c(Hz)由下式确定,即

$$f_c = \frac{c_0^2}{1.8t} \sqrt{\frac{\rho_m}{E}} \tag{9-15}$$

式中,t 为板厚(m);ρ_m 为板的密度(kg/m³);E 为板的纵向弹性模量(N/m²)。为简化起见,

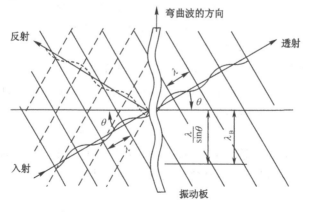

图 9-8　平面声波与无限大板的吻合效应

常用几种材料的吻合频率可由表 9-3 中给定的值估算(表中 M 为材料的面密度,单位 kg/m²; f_c 单位为 Hz)。

表 9-3　几种常用材料吻合频率估算表

材料	铅	钢板	砖	玻璃	硬木板	多夹板	铝板
$f_c \times M$ 值	600000	97000	42000	38000	30000	13200	32000

3. 隔声特性曲线

典型的单层均质板的隔声频率特性曲线如图 9-9 所示,曲线可分三个区域:

Ⅰ 为刚度控制和阻尼控制区。在很低频段板受本身的刚度控制,在声波激发下板的作用相当于一个等效活塞,刚性越大,频率越低,隔声量反而越高;随着频率的提高,板的质量开始起作用,曲线进入由板的各阶简谐振动方式(模态)决定的共振频段。共振频率由隔板材料及尺度决定,一般为几十赫兹左右(如 3m×4m 砖墙约为 40Hz,1m×1m 钢板或玻璃板约为 25Hz),阻尼将影响共振的振幅。

Ⅱ 为质量控制区。频率继续上升,曲线上升的斜率为 6dB/倍频程,符合质量定律。

Ⅲ 为吻合效应区。当频率到达临界频率 f_c 附近产生隔声低谷,又称吻合谷。在高于吻合谷的频段,质量定律继续起作用。板阻尼的大小主要对板的共振段及吻合区发生影响,阻尼大,共振区的曲线平滑,吻合区的隔声量高。

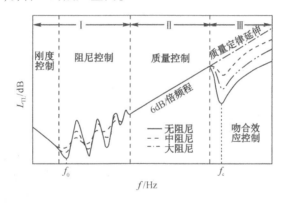

图 9-9　单层板隔声特性曲线

在隔声设计中必须使所隔绝的声波频段避开低频共振频率与吻合频率,从而可以利用质量定律来提高隔声量。

9.3.2 双层结构及组合结构的隔声性能

双层结构是指两个单层结构中间夹有一定厚度的空气或多孔材料的复合结构。双层结构的隔声效果要比同样质量的单层结构好,这是因为中间的空气层(或填有多孔材料的空气层)对第一层结构的振动具有弹性缓冲作用和吸收作用,使声能得到一定衰减后再传到第二层,能突破质量定律的限制,提高整体的隔声量。双层结构隔声量 TL(dB) 为

$$TL = 10 \lg \left[\frac{(M_1 + M_2)\pi f}{\rho_0 c_0} \right]^2 + \Delta TL \qquad (9-16)$$

式中,M_1 和 M_2 分别为各层结构的面密度(kg/m²);ΔTL 为附加隔声量(dB)。ΔTL 随空气层

厚度加大而增加,但厚度以 10cm 为极限;超过 10cm,ΔTL 曲线趋于平坦。空气层厚度一般取 5～10cm,相应 ΔTL≈8～10dB。双层间若有刚性连接,则会存在"声桥",使前一层的部分声能通过声桥直接传给后一层,从而会显著降低隔声量,因此要求双层结构边缘与基础之间为弹性连接(嵌入毛毡或软木等弹性材料)。另外在两层板之间的空气层中填塞一些玻璃棉等吸声材料,以减弱高频段出现的驻波共振现象,提高高频段的隔声量。

不同隔声量构件组合成的隔声结构,如带有门窗的墙,总隔声量 TL(dB) 为

$$TL = 10 \lg \frac{1}{\tau} = 10 \lg \frac{\sum S_i}{\sum \tau_i S_i} \qquad (9\text{-}17)$$

式中,τ_i 为对应面积 S_i 的声强透射系数;$\bar{\tau} = \dfrac{\sum \tau_i S_i}{\sum S_i}$,为等效声强透射系数。

下面讨论一种极端情况,即孔隙对墙体隔声量的影响。孔隙的透射系数 $\tau = 1$。设一个理想的隔声墙,$\tau = 0$,若墙上开了一个为墙面积 1/100 的孔洞,则这墙体的平均声强透射系数 $\bar{\tau} = 0.01$,隔声量 TL = 20dB。可见在理想隔声墙上只要有 1% 面积的孔隙,其隔声量不会超过 20dB,孔隙对隔声量影响之大,由此可见。因此在隔声结构上必须对孔洞、缝隙进行密封处理,必要的进排气口必须装上消声器。

9.3.3　隔声罩

1. 隔声构件的结构

隔声罩由板状隔声板状隔声构件组合而成,隔声构件通常由几层较轻薄的材料组成多层复合结构,因各层材料声阻抗不匹配,产生分层界面上的多次反射,还因其中阻尼材料作用,可有效抑制隔板的共振或吻合效应引起的隔声"低谷"。常用的隔声构件为用 1.5～3mm 厚钢板(或铝板、层压板等)作面板(隔声罩外表面),穿孔率大于 20% 的穿孔板作内壁板,两层板覆盖在预制框架两边,间距为 5～15cm,中填吸声材料,吸声材料表面覆一层多孔纤维布或纱网保护,这种单层隔声结构的隔声量主要取决于外层密实板的面密度,吸声材料的作用是减少罩内混响。第二种隔声结构是在上述结构中吸声材料与密实板材之间增加 5～10cm 空腔,以改善低频隔声性能。第三种隔声构件没有上述结构中的吸声面,两块面板都是密实板,中间填充压实的吸声材料,成为双层隔声结构。这种形式常用于隔声量要求较大的局部场合,如隔声门等。

2. 隔声罩的隔声性能指标

1)降噪量

隔声罩降噪量 NR(dB) 定义为在隔声罩安装后,罩内、外声压级之差为

$$NR = L_{p1} - L_{p2} \qquad (9\text{-}18)$$

式中,L_{p1} 和 L_{p2} 分别为罩内及罩外声压级(dB)。由于设计阶段罩内声压级未知,NR 值不易计算。

2)插入损失

隔声罩的实际降噪效果常常以插入损失来衡量。插入损失 IL(dB) 定义为安装隔声罩前后,罩外某固定点(观测点)在相同条件下测得的声压级之差为

$$IL = L_{p2} - L'_{p2} \tag{9-19}$$

式中,L_{p2} 为安装隔声罩前测得的声压级;L'_{p2} 为安装隔声罩后在同一点处测得的声压级。

设隔声罩构件的声强透射系数为 τ,其内壁材料的吸声系数为 α_1,可以推得插入损失 IL 计算式为

$$IL = 10 \lg\left(\frac{\tau + \alpha_1}{\tau}\right) = TL + 10 \lg(\tau + \alpha_1) \tag{9-20}$$

式中,TL 为隔声构件的隔声量(dB)。由于 $(\tau + \alpha_1) < 1$,因此隔声罩的插入损失 IL 总是小于隔声构件的隔声量 TL。例如,TL = 30dB,$\alpha_1 = 0.03$,则 IL = 15dB,插入损失仅为构件隔声量的一半;若将 α_1 提高到 0.6,则 IL 将增加至 27.8dB。这是由于在罩壳内壁面上声反射使得罩内混响声场增强,相当于降低了隔声罩的隔声量。提高罩壳内壁的吸声性能,就降低了罩内混响声场,也就相应提高了插入损失。在隔声罩内壁铺设吸声材料后,$\alpha_1 \gg \tau$,式(9-20)可简化为

$$IL \approx TL + 10 \lg\alpha_1 \tag{9-21}$$

式(9-21)表明,隔声罩的插入损失不仅取决于隔声构件的隔声量,而且取决于罩内的平均吸声系数,吸声系数越高,插入损失就越接近于构件的隔声量。

3. 设计隔声罩时应注意的几个问题

1) 通风散热问题

要维持罩内温升不要太高,需增强冷却,设置散热通风机。散热通风机大多选用低噪声轴流风机,在进风口及排风口应设置消声器,并应使气流从机器表面温度较低部分流向高温表面然后排出,以达良好的散热效果。换气量或通风量应按经验估算法确定。

2) 开口问题

孔洞对隔声量影响很大,应从工艺上保证隔声装置上的隔声门及隔声窗等有良好的密封性。必需的孔洞应开设在隔声罩内声压最低点,或加装消声器。

3) 关于紧凑型隔声罩

如果隔声罩紧密地贴合在机器周围,罩壳与机器表面通过中间空气层耦合成一个系统,在以两个平行表面之间距离为半波长整数倍的那些频率上发生驻波效应,使插入损失大大下降。这种情况可以用填充吸声材料加以改善。

4) 罩的隔振

对于有强烈振动的设备,必须避免设备与隔声罩壁之间的刚性连接。隔声罩的周边需垫衬弹性板条,或在设备与地面之间采用隔振措施,设备的管道通过隔声罩处都应采用软连接。

5) 板壁振动问题

采用高阻尼材料制作隔声罩的板壁,使隔声罩的受迫振动受到有效的抑制,从而避免使隔声罩本身成为发声体。

6) 考虑保养

设计隔声罩时应尽量考虑机器操作和保养的方便,以防止操作人员和维修人员拆除隔声罩。

9.3.4　声屏障

声屏障是使声波在传播途径中受到阻挡,在特定区域内达到降低声音作用的一种设施。

它既可用于混响较低而噪声较高的车间内,也可用在室外,如交通干道两侧。

屏障的作用是阻止直达声,隔离透射声,并使绕射声有足够的衰减。为此,要求障板有较大的面密度(一般要求大于 $15kg/m^2$)并由不漏声的材料构成,使屏障的隔声量比屏障绕射产生的附加衰减量大 10dB 以上,这样在计算分析时屏障的透射声就可以忽略不计,只考虑绕射效应。

根据声波绕射理论可以计算声屏障的插入损失。菲涅耳绕射理论认为,由声源引起的波场中,只有入射到屏障各边缘上的那部分能量才对绕过屏障的合成声场有贡献。以室内有限长声屏障为例。设声源为点源,位置的指向性系数为 Q,声源至接收点的直线距离为 r,房间常数为 R,在声源与接收点之间设置声屏障后的插入损失可由下式计算,即

$$\mathrm{IL} = 10 \lg \left(\frac{\dfrac{Q}{4\pi r^2} + \dfrac{4}{R}}{\dfrac{Q_\mathrm{B}}{4\pi r^2} + \dfrac{4}{R}} \right) \tag{9-22}$$

式中,Q_B 为接收点处由绕射波合成的源的等效指向性系数,即

$$Q_\mathrm{B} = Q \sum_i \frac{1}{3 + 10 N_i} \tag{9-23}$$

式中,N_i 为绕过第 i 边缘绕射的菲涅耳数,即

$$N_i = \frac{2\delta_i}{\lambda} \tag{9-24}$$

式中,δ_i 为屏障第 i 边绕射的最短路径与直达路程 r 之差,称为"声程差",λ 为声波波长。对于室内有限长屏障有三条边缘绕射路径,如图 9-10 所示,有三个 δ 值,即

$$\delta_1 = (r_1 + r_2) - r, \quad \delta_2 = (r_5 + r_6) - r \quad 和 \quad \delta_3 = (r_7 + r_8) - r$$

式中,$r = r_3 + r_4$。

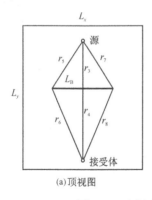
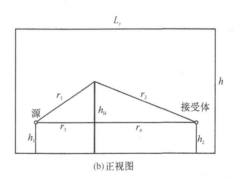

图 9-10　房间内设置声屏障时的绕射路线示意图

由式(9-22)可以看出,若屏障和接收点位于自由场,或以直达声为主的地方,插入损失近似公式为

$$\mathrm{IL} = -10 \lg \left(\sum_{i=1}^{3} \frac{1}{3 + 10 N_i} \right) \tag{9-25}$$

若屏障和接收点位于高度混响场内,插入损失 IL→0,表明在高度混响的环境中屏障是无效的,该法则的例外情况是当屏障用吸声材料作了处理而使室内的总吸声量增加。

现在声屏障应用得最多的地方是繁忙的交通线两侧,以降低交通干线两侧建筑物中的交

通噪声级。此类声屏障可视为无限长声屏障,只需考虑屏障上部的绕射。单辆汽车可视为运动的点源,车流便是无限长线源,火车为有限长线源,无限长声屏障对这些声源的插入损失均有不同的计算方法,可参考有关资料。实验表明,声屏障对于较高的频率(菲涅耳数 $N > 1$)有较好的附加衰减量,最大衰减量极限值为 24dB 左右;为提高声屏障降噪效果,其安装应尽可能靠近交通干线,面朝道路侧应贴衬吸声材料。

9.4　消　声　器

消声器是一种允许气流通过而又能使气流噪声得到控制的装置,是降低空气动力性噪声的主要手段。消声器类型众多,按降噪原理和功能可分为阻性、抗性和阻抗复合式三大类以及微穿孔板消声器。对于高温、高压、高速气流排出的高声强噪声,还有节流减压、小孔喷注、多孔扩散式等其他类型的消声器。

1. 消声器性能要求

(1)声学性能。要求在较宽的频率范围内有足够大、满足要求的消声量。

(2)空气动力性能。要求对气流的阻力小,气流再生噪声低。

(3)结构性能。空间位置合理,构造简单,便于装拆,坚固耐用。

(4)外形及装饰要求。美观大方,与总体设备协调,体现环保特点。

(5)性能价格比要求。

2. 消声器声学性能评价量

(1)插入损失 IL(dB)。定义为管道系统装置消声器前后,消声器外在相同条件的某固定点测得的声压级之差为

$$\mathrm{IL} = L_{p2} - L'_{p2} \tag{9-26}$$

式中,IL 值不仅反映消声器本身的特性,也包含了周围声学环境的影响,对插入损失进行测量比较方便。

(2)消声量 TL(dB)(又称透射损失或传声损失)。定义为消声器入射声功率 W_i 与透射声功率 W_t 之比的对数,即

$$\mathrm{TL} = 10 \lg\left(\frac{W_i}{W_t}\right) \tag{9-27}$$

这里假定消声器出口端是无限均匀管道或消声末端,不存在末端反射。因此消声量 TL 仅反映消声器本身的声学特性,用作理论分析比较方便。

(3)降噪量 NR(dB)。定义为在消声器进口端面测得的平均声压级 L_{p1} 与出口端面测得的平均声压级 L_{p2} 之差,即

$$\mathrm{NR} = L_{p1} - L_{p2} \tag{9-28}$$

该评价方法测量时误差较大,易受环境反射、背景噪声、气象条件等影响,目前用得较少。

9.4.1　阻性消声器

阻性消声器的基本结构是插入在管道中的、内部沿气流通道铺设吸声材料一段结构。噪

声沿管道传播时由于吸声材料耗损部分声能,达到消声效果。材料的消声性能类似于电路中的电阻消耗电功率,故得其名。阻性消声器的结构如图9-11所示。其优点是能在较宽的中、高频范围内消声,特别是能有效地消减刺耳的高频声;其缺点是低频消声效果较差,在高温、水蒸气以及对吸声材料有侵蚀作用条件下使用时寿命短。

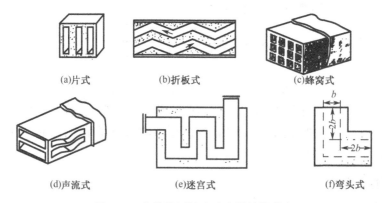

(a)片式   (b)折板式   (c)蜂窝式

(d)声流式   (e)迷宫式   (f)弯头式

图9-11 几种常用阻式消声器结构形式

1. 消声量的估算

长度为 $l(\mathrm{m})$ 的消声器消声量 TL(dB) 的估算公式为

$$\mathrm{TL} = \varphi(\alpha_0)\,\frac{P}{S}l \tag{9-29}$$

式中,P 为消声器横截面周长(m);S 为横截面积(m^2);$\varphi(\alpha_0)$ 为消声系数,与吸声材料的法向入射吸声系数 α_0 有关,它们之间的关系可由表9-4查出。计算公式指出,要使消声量增大,应选用吸声系数较大的材料,并增加周长与截面积之比(其比值以长方形为佳,圆形最小)和加长消声器长度。

表9-4 $\varphi(\alpha_0)$ 与 α_0 的关系

α_0	0.1	0.2	0.3	0.4	0.5	0.6	0.7	0.8	0.9	1.0
$\varphi(\alpha_0)$	0.1	0.3	0.4	0.55	0.7	0.7	1.0	1.2	1.5	1.5

2. 高频失效现象

对于横截面一定的消声器,当入射声波频率高至一定限度,即相应的波长比通道线度尺寸短得多时,声波集中在通道中部以窄声束形式穿过,很少接触吸声材料,导致消声量明显下降。这称为高频失效现象。消声量开始下降时的频率称为高频失效频率 $f_{失}(\mathrm{Hz})$,可按下式估算,即

$$f_{失} = 1.85(c_0/D) \tag{9-30}$$

式中,c_0 为声速(m/s);D 为消声器通道的当量尺寸(m),对于圆形通道 D 为直径,矩形通道则为各边边长的平均值。

对于流量大的粗管道,通常在消声器通道中加装消声片(片型消声器),在保证允许的压力损失前提下,每个通道宽度宜控制在 10~30cm,吸声层厚度以 5~10cm 为宜。也可设计成蜂窝型、折板型(或声流型)、弯头型消声器,减少每个单独通道的当量尺寸 D,提高高频失效频率。

3. 气流再生噪声

气流再生噪声产生有两个原因:一是管内局部阻力和管壁黏滞阻力产生湍流脉动引起的噪声,以中、高频为主;二是气流激起消声器内壁或其他构件的振动而辐射噪声,以低频为主。因此,气流速度越高,消声器内部结构越复杂,气流噪声越大。正是由于气流再生噪声与原有噪声相互叠加而降低了消声效果。

就阻性消声器沿程声压级衰减规律来看,随消声器长度增加,声压级逐步衰减,达到一定长度后,由于气流噪声占主导地位,管内声压级就不再下降了,此时再增加消声器长度已毫无意义。为了降低气流再生噪声,必须对流速加以限制。空调系统消声器气流速度宜控制在5m/s 以下,压缩机或鼓风机消声器宜在20 ~ 30m/s, 对于内燃机消声器宜在 30 ~ 50m/s。

4. 吸声材料层的护面结构

在有气流情况下,若护面材料选用不当,吸声材料会被气流带走,护面层也容易被激起自身振动,产生"再生"噪声。护面层结构的选择主要取决于通道中气流速度。当气流速度小于10m/s 时可选用金属板网;气流速度超过 20m/s 时,需采用孔径为 5 ~ 8cm、穿孔率大于20% 的穿孔金属板,同时在多孔材料表面包一层玻璃布或网纱。

9.4.2　抗性消声器

抗性消声器本身并不吸收声能,它是利用管道截面的突变(扩张或收缩),或旁接共振腔,使管道中声波在传播中形成阻抗不匹配,部分声能反馈至声源方向而达到消声目的。这种消声原理与电路中抗性的电感和电容能储存电能而不消耗电能的特点相仿,故命名之。抗性消声器对频率的选择性较强,比较适用于消减中、低频噪声,但压力损失也较大。常用的有扩张室和共振腔式两类。

1. 扩张式消声器

单腔扩张室消声器是抗性消声器最基本的一种构造形式。在截面积为 S_1 的管道中接入一段截面积为 S_2、长度为 l 的管道构成。令 $m = \dfrac{S_2}{S_1}$,称为扩张比。利用平面波传播理论和在截面突变处的声学边界条件,可求得单节扩张室消声器的消声量 TL(dB)计算公式为

$$TL = 10 \lg \left[1 + \frac{1}{4} \left(m - \frac{1}{m} \right)^2 \sin^2 kl \right] \tag{9-31}$$

该式表明消声量大小取决于扩张比 m、消声频率 f 及扩张室长度 l。由于 $\sin kl$ 为周期函数,故消声量也随频率作周期性变化。图 9-12 表示消声量频率特性曲线的一个周期。

1) 最大消声量对应的频率

当 kl 为 $\dfrac{\pi}{2}$ 的奇数倍时,即 $l = \dfrac{\lambda}{4}$ 的奇数倍时,可获得最大消声量 TL_{max}(dB),其值为

$$TL_{max} = 10 \lg \left[1 + \frac{1}{4} \left(m - \frac{1}{m} \right)^2 \right], \qquad \left(当 f_N = \frac{(2N+1)c}{4l}, N = 0,1,\cdots \right) \tag{9-32}$$

若要求 TL 大, m 必须足够大。如要求 $TL_{max} \geqslant 10dB$,则 $m > 6$。但实际问题中 m 受客观空间及

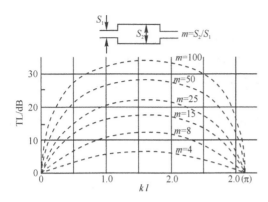

图 9-12　单节扩张式消声器的消声量曲线

声场条件限制,不宜太大,因此单级扩张室消声器的消声量受到限制。

2)通过频率

当 kl 为 $\dfrac{\pi}{2}$ 的偶数倍时,即 $l = \dfrac{\lambda}{2}$ 的整数倍,即扩张室长度等于声波半波长的整数倍时,消声量趋近于 0dB,无消声效果。相应的频率称为"通过频率" f_n(Hz),即

$$f_n = \frac{nc}{2l}, \quad (n = 1,2,\cdots) \quad (9\text{-}33)$$

3)上限截止频率

当扩张比 m 增大到一定值后,声波集中在中部穿过,出现与阻性消声器相似的高频失效现象。上限截止频率 $f_上$(Hz)可按下式估算,即

$$f_上 = 1.22\frac{c_0}{D} \qquad\qquad (9\text{-}34)$$

式中,c_0 为声速(m/s);D 为扩张室当量直径(m)。

4)下限截止频率

在很低频域,当声波波长比扩张室尺度大很多时,此时扩张室和连接管为集总声学元件构成的声振系统,在该系统共振频率附近,消声器不仅不能消声,反而对声音起放大作用。下限截止频率 $f_下$(Hz)可按下式估算,即

$$f_下 = \frac{\sqrt{2}c_0}{2\pi}\sqrt{\frac{S_1}{Vl_1}} \qquad\qquad (9\text{-}35)$$

式中,S_1 为连接管截面积(m^2);l 为连接管长度(m);V 为扩张室容积(m^3)。

5)气流的影响

当气流达到一定速度时会降低有效扩张比,从而降低消声量。当马赫数 $Ma < 1$ 时,扩张室的有效扩张比为 $m_e = \dfrac{m}{1 + m \cdot M}$($m$ 为理论扩张比)。一般讲,当气流速度低于 30m/s 时,对消声效果影响较小。一般不应超过 50m/s。

6)改善扩张室消声器消声性能的方法

(1)扩张室插入内接管。理论分析表明,当插入内接管的长度为扩张室长度的 1/4 时可消除式(9-33)中 n 为偶数的通过频率,当内接管长度为扩张室长度的 1/2 时能消除 n 为奇数的通过频率,如图 9-13 所示。

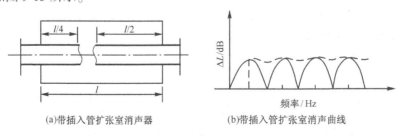

(a)带插入管扩张室消声器   (b)带插入管扩张室消声曲线

图 9-13　用内接管消除通过频率影响

（2）多节不同长度扩张室串联。令各节扩张室的通过频率相互错开,不但能改善消声器频率特性,而且能提高总消声量。多级扩张室消声器的消声量在工程上可以按照逐级能量叠加的方法进行计算。设有 n 个扩张室的扩张比为 M_i,则总消声量 TL(dB)为

$$TL = 10 \lg\left(n + \sum_{i=1}^{n} M_i \sin^2 k_i l_i\right) \tag{9-36}$$

理论分析与实验研究均表明,当消声器级数超过 4 时再增加消声器的级数,消声量增加很少。

（3）用穿孔率大于 25% 的穿孔管把内接管连接起来。这种连接管比之截面突变的内插管段,其压力损失要小得多,改善了消声器的空气动力性能。穿孔率越大,消声性能越接近于断开状态。

2. 共振式消声器

共振式消声器是根据亥姆霍兹共振器原理而设计的。工程上常做成如图9-14所示多节同心管形式,中心管为穿孔管,外壳为共振腔。当孔心矩为孔径 5 倍以上时,可以认为各孔之间声辐射互不干涉,于是可以看成为许多亥姆霍兹共振腔并联。单节共振腔的共振频率 f_0(Hz)为

$$f_0 = \frac{c}{2\pi} \sqrt{\frac{G}{V}} \tag{9-37}$$

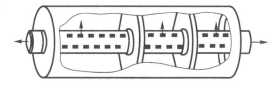

图9-14　多节共振式消声器

式中,V 为共振腔容积(m^3);G 为小孔的传导率(m)。$G = \frac{nS_0}{(t + 0.8d)}$,其中 n 为孔数,S_0 为每个小孔面积(m^2);t 为穿孔板厚度(m);d 为小孔直径(m)。

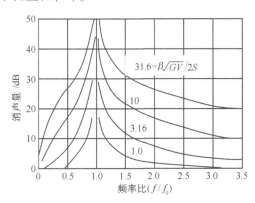

图9-15　共振式消声器的消声量曲线

共振式消声器的消声量曲线如图 9-15 所示(图中 β 为气流系数,无气流时 $\beta = 1$),在共振频率 f_0 附近有很大的消声量值,偏离共振频率后,消声量迅速下降,因此适用于降低机械噪声中有突出的中、低频成分的噪声。

为改善共振式消声器性能,通常采用多节共振腔串联的办法,克服单腔共振消声器共振频带窄的缺点,或与扩张室消声器、阻性消声器合理地组合,以达到有效地消减噪声的目的。另外,在共振腔内填充一部分多孔吸声材料,也可提高消声效果。

9.4.3　微穿孔板消声器

用金属微穿孔板通过适当的组合做成的微穿孔板消声器,具有阻性和共振消声器的特点,在很宽阔的频率范围内具有良好的消声效果。微穿孔板消声器根据流量、消声量和阻力等要求,可以设计成管式、片式、声流式、室式等多种类型,双层微穿孔板消声器有可能在 500Hz ~ 8kHz 的宽频带范围达到 20 ~ 30dB 的消声量。

微穿孔板消声器大多用薄金属板材制作,特点是阻力损失小,再生噪声低,耐高温、耐潮湿、耐腐蚀,适用于高速气流的场合(最大流速可达 80m/s),遇有粉尘、油污也易于清洗。因此广泛地应用于大型燃气轮机和内燃机的进排气管道、柴油机的排气管道、通风空调系统、高温高压蒸汽放空口等处。

9.5　阻尼减振降噪

阻尼是降低振动共振响应的最有效的方法。阻尼的作用是将振动能量转换成热能耗散掉,以此来抑制结构振动,达到降低噪声的目的。这种处理方法称为阻尼减振降噪。

阻尼减振降噪主要是通过减弱金属板弯曲振动的强度来实现的。汽车、船舶、飞机以及机器的外壳等结构一般由金属薄板构成。金属薄板材料阻尼很小,运转时由于振动而辐射噪声。在金属薄板上涂敷一层阻尼材料,当金属薄板发生弯曲振动时,振动能量就迅速传给涂贴在薄板上的阻尼材料,并引起薄板和阻尼材料之间以及阻尼材料内部的摩擦。由于阻尼材料内损耗、内摩擦大,使得相当一部分的金属振动能量被损耗而变成热能,减弱了薄板的弯曲振动,并能缩短薄板被激振后的振动时间,从而降低了金属板辐射噪声的能量,这就是阻尼减振降噪的原理。

9.5.1　阻尼与阻尼结构

1. 黏弹性材料的阻尼性能

阻尼性能好的材料是橡胶、塑料、环氧树脂、沥青等所谓黏弹性材料。这类材料在周期性力(如振动、声波)作用下发生形变时,由于材料的黏性内摩擦作用(黏滞性吸收)和材料的弹性弛豫过程作用(介质吸收),把振动能(或声能)转变为热能而损耗。

弹性弛豫作用引起的介质吸收可解释如下:黏弹性材料的长分子键结构使得它的弹性形变具有极明显的弹性滞后现象,即高弹性形变表现为一弛豫过程,在剪应力作用下的形变变化落后于应力变化;在不大的交变应力作用达到稳态时,剪应变 γ 与剪应力 τ 的变化过程在 $\tau - \gamma$ 图上呈椭圆形,这个椭圆轨迹称之为弹性滞后回线,如图 9-16 所示。根据动力学原理,在一个周期中所做的功正比于回线所包围的面积。这种功就变成了分子链段无规则热运动的热能。这种运动一周就要损失一些能量的过程称作阻尼。单位体积材料在一个振动周期内耗损的能量 E 为

$$E = \pi G' \beta \gamma_0^2 \tag{9-38}$$

式中,γ_0 为应变幅值;β 为材料的损耗因子;G' 为材料剪切模量的实部。

黏弹性材料的复弹性模量(包括复杨氏模量 E' 及 η 和复剪切模量 G, β)在小应变范围内是温度和频率的函数。

图 9-17 表示某一频率下黏弹性阻尼材料性能随温度变化的曲线。在三个不同温度区材料性能有明显差别。第一个区称为"玻璃态",在此区内模量高而损耗因子较低;第三个区域称为"橡胶态",此时模量和损耗因子都不高;第二区为"过渡态",其间材料模量急剧下降,而损耗因子出现最大阻尼峰值 β_{max},所对应的温度称为玻璃态转变温度 T_g。损耗因子达到 0.7 以上的温度宽度表示材料适用的温度范围,用 $\Delta T_{0.7}$ 表示,这是工程应用中的一个重要特性参数。

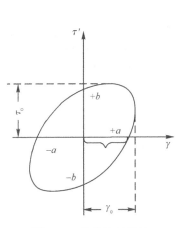

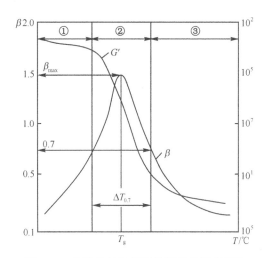

图 9-16　黏弹性材料的　　　　　　图 9-17　黏弹性材料复弹性模量的温度特性
　　　　　　弹性滞后回线

黏弹性材料的复模量还是频率的函数。在温度一定的条件下,材料的模量随频率提高而增大,损耗因子则为单峰结构,在某一频率处达到最大值。

根据研究,温度与频率对黏弹性材料的性能影响存在等效关系,高温相当于低频,低温相当于高频。因此厂家给出黏弹性阻尼材料的性能时往往给出能综合反映温度与频率影响的材料性能总曲线图,也称示性图、诺模图,使用时可参阅有关的文献资料根据要求合理选择所需要的黏弹性阻尼材料。

2. 阻尼结构与阻尼合金

黏弹性材料的模量很低,不宜作为工程结构材料,只能与金属组成复合结构,由金属承受强度,由黏弹性材料提供阻尼。阻尼结构按黏弹性阻尼层的涂覆与金属板件的组合方式可分为自由阻尼结构及约束阻尼结构两大类。另外还有直接生产的复合阻尼钢板及阻尼合金等。

1) 自由阻尼层结构

直接将阻尼材料粘附在薄板上称为“自由阻尼层”结构。发生弯曲振动时阻尼层承受拉压变形而消耗能量(图 9-18),可以用材料的复杨氏模量的实部 E' 和损耗因子 η 作为性能指标。对于自由阻尼层结构,阻尼层与基板厚度比越大,则结构损耗因子也越大。但是厚度比的增加也有一定限度,超过限度再增大无益。当阻尼层与基板的弹性模量之比小于 10^{-2} 时,一般阻尼层厚度比为 5 左右。用于自由层的黏弹性材料还要求具有较高的模量值,要比较硬。目前对自由阻尼结构已可进行工程设计。该结构设计简单,工艺简便。但它的复合损耗因子值较低(一般为 $0.1 \sim 0.2$),需要较厚的阻尼层,成本较高,涂覆或粘贴时工艺操作及外观均不甚理想。

2) 约束阻尼层结构

在基板上粘附阻尼层,阻尼层上再粘附一层金属薄板(约束层)构成“约束阻尼层”结构(图 9-19),这种结构在发生弯曲振动时阻尼层上下表面各自产生压缩和拉伸的不同变形,因此中间的阻尼层将承受剪切形变,可用材料的复剪切模量实部 G' 和损耗因子 β 为指标。由于剪切形变比拉压形变消耗较多的能量,所以阻尼效果更好,结构的复合损耗因子可高达 0.5。

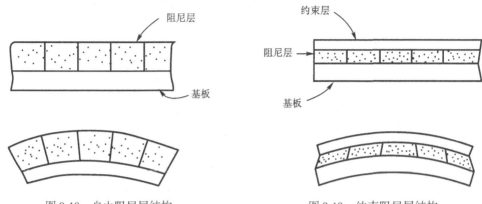

图 9-18　自由阻尼层结构　　　　　　　图 9-19　约束阻尼层结构

　　一般认为,取约束层与本体金属同质同厚的对称型约束阻尼结构,阻尼效果较好,但当约束层厚度为本体金属厚度的 1/4 ~ 1/2 时也能获得较好阻尼效果。对中低频振型的处理,要采用软的阻尼材料,厚度要薄。对高中频振型的处理,则要采用硬的阻尼材料,并且阻尼层的厚度也须加大。对于不同的基体材料,所需阻尼层厚度也不一样。例如,铝结构的阻尼材料厚度为钢结构的三倍,而玻璃钢结构的阻尼层厚度又为铝结构的三倍。所以从经济角度考虑,尽量采用钢结构的复合阻尼层是有利的。

　　3) 复合阻尼钢板及阻尼合金

　　复合阻尼钢板是把两层薄钢板或铝板之间夹一层非常薄的黏弹性高分子材料预制成形,实际上是一种约束型阻尼结构。根据使用条件不同,复合阻尼钢板分为高温用(90℃附近效果最佳)和室温用两种,损耗因子峰值可达 0.25 ~ 0.75。这一结构使薄钢板的阻尼特性大为改善,可有效地抑制钢板的局部振动,并使钢板的隔声性能,尤其是低频隔声量提高了。阻尼钢板可和普通钢板一样进行剪切、弯曲、冲压、转孔,也可进行点焊、滚焊、铆接及镀铬镀锌等作业。

　　阻尼合金又称哑金属、吸振合金,它具有相当高的强度和塑性,与结构钢相仿,又具有高阻尼性能,能吸收较高的振动动能和冲击动能。阻尼合金分铜锰和铁基两类。铜锰合金不但强度特性好,内部损耗高,并能对其进行热处理和冷处理,耐海水腐蚀,故广泛用于工艺结构材料以及用于制造低噪声舰艇螺旋桨。铁基阻尼合金的阻尼和强度比铜锰合金更高,且工艺性好,使用温度范围也广,已广泛用于制造机器上的某些冲击部件、齿轮等。

9.5.2　阻尼减振降噪的应用

　　阻尼材料的作用是降低机件表面的弯曲振动,最有效的用法是在机件振动的波腹上涂覆或粘贴。现代处理方法是首先对被处理的结构和部件进行模态分析,测定结构的阻尼特性、自振频率、振型和传递函数,然后有针对性地选择阻尼材料和进行阻尼结构设计,以取得最好的阻尼效果。该法的特点是:在不改变原结构、不增加辅助设备、不消耗能源、很少占用有效空间的条件下,取得良好的减振降噪效果,因此广泛应用于机械设备的减振降噪技术改造,低噪声产品的设计等。

　　例如,某饲料厂对锥体储料筒表面作了自由阻尼层处理后,噪声由 106dB(A) 降为94dB(A);某厂生产的 H66025 型超声波清洗机,在缸体表面进行了自由阻尼层处理,噪声降低了 5~8dB(A)。用复合阻尼钢板制造的柴油机汽缸头罩比原用铝罩时噪声降低5.2dB(A);复合阻尼钢板用作油底壳效果更明显,在 500~8kHz 频段内噪声平均降低 6~8dB。

在轿车上通过阻尼处理来降低车内噪声更为普遍。如在车顶及车门上粘一层高阻尼合成橡胶($\eta \approx 0.2$)自由阻尼层,可用于抑制车身声辐射;车轮罩和车身底板喷涂 1~2mm 厚阻尼胶,可同时对缝隙起密封作用;地板及传动系统通道处振动加速度大,宜采用 4mm 厚的阻尼层;在仪表板上可采用 3mm 厚的自由阻尼层,其下方采用热塑性合成橡胶及减振材料组成复合阻尼结构,具有较高隔声量。经过上述处理,可使该车行驶时车内噪声级降低 3dB(A)。

目前,阻尼减振降噪技术已渗透到产品结构的研究设计中,在产品的方案探讨、设计阶段就主动考虑整体阻尼设计,避免了"先污染、后治理"的被动局面。同时随着工程实际的需要,不断开发出兼有隔声、吸声、绝热、绝缘、耐热、防锈、防污作用的多功能阻尼材料。阻尼减振降噪技术将在低噪声产品研制、环境治理和劳动保护工程项目中起重大作用。

9.6　噪声主动控制

噪声主动控制又称有源噪声控制技术,是根据声波相消干涉的原理实施的。先探测我们所不需要的一次声场,通过信号分析和一系列运算处理后,推动激励器(如喇叭)产生与一次声场幅值相等、相位相反的二次声场去抵消一次声场,达到消声的目的。

早在 1936 年德国人 Paul Lueg 在他申请的一次专利中描述了在管道中主动产生一声波去抵消不需要的噪声,原理如图 9-20,这就是最早的噪声主动控制的概念。

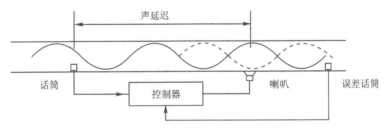

图 9-20　用于管道的"前馈"式噪声主动控制

从原理上说声场抵消技术是可行的,但因声场环境复杂,噪声源声场随时间起伏较大且频谱多变,加上控制技术的约束,在很长一段时间内噪声主动控制研究的进展不大。直到 20 世纪 70 年代,随着计算机技术和信号处理技术的发展,才促进了噪声主动控制技术的快速发展,在管道消声和局部空间消声方面取得很大进展。到了 80 年代中期又提出了噪声主动控制新技术——改变声源特性技术,即加入一个与原声源极性相反、强度相等的新声源,使新声源与原声源组成一个复合声源,这个复合声源相当于偶极子,其辐射功率将小得多,尤其在低频段。用改变声源特性来代替声场抵消,其优点是针对性强,低频效果好,在降噪的同时可以保证语言信号的传输,所需设备体积小,重量轻,有可能实现在大空间内的噪声控制。因此这一技术发展很快,我国也已开始研究。

目前,噪声主动控制技术正向两个方面发展。一是理论研究,如有限空间声场的控制,薄板弯曲振动主动控制,流体力学过程中的非稳定性主动控制和分布声场的主动控制等;二是实际应用,如将比较成熟的管道主动消声器应用于空调系统送排风管道和发动机的进出气口消声,研制能消除噪声但同时可以传输语言信号的护耳器、实施对简单的分离谱噪声源(如变压器噪声等)和一些重复性噪声的主动控制。

噪声主动控制方法的理论分析已日趋成熟,但在实际应用中存在许多困难,如需要大量的二次声源,特别在控制高频噪声时更明显,另一方面还会产生附加的其他噪声,造成控制溢出现象。

近年来,随着智能材料的出现,为机械结构噪声的主动控制带来了生机。用智能材料构成的智能结构系统可以自动感知环境及结构内部状态的变化,自主判断此变化对结构整体的影响程度,并主动调整结构自身状态参量去适应环境状态。在实际产生噪声的结构中嵌入智能材料做成的执行器及传感器,控制输入直接加于结构本身,则可以根据结构的振动情况予以抑制,从而达到主动降噪的目的。由于智能结构系统与传统的被动及主动降噪相比具有内部紧凑、重量轻和自适应等特点,发展前景远大,它将在噪声控制中得到广泛应用。

习　题

9-1　设计一吸声材料层,要求频率在 250Hz 以上时吸声系数达到 0.45 以上。如果采用容量为 20kg/m³ 的超细玻璃棉,求材料层所需厚度。(查表9-1)

9-2　一般壁面抹灰的房间,平均吸声系数为 0.04。如果作了吸声处理后,使平均吸声系数提高到 0.3,计算相应的最大减噪效果。如果进一步把平均吸声系数提高到 0.5,最大降噪情况又如何?

9-3　设某车间在吸声处理前的房间常数为 50m²,处理后提高到 200m²,试分别求出在距离无指向性噪声源中心为 1m 和 5m 处的降噪量,并说明吸声降噪的作用。

9-4　房间墙壁厚度为 20cm,密度为 $\rho = 2000kg/m^3$,求 100Hz 和 1000Hz 声波的隔声量。若墙的厚度增加一倍,100Hz 声波的隔声量为多少?

9-5　一骨导送话器的外壳用 1mm 铁皮做成,试求这外壳对 1000Hz 空气声波的隔声量(铁的密度 $\rho = 7800kg/m^3$)。

9-6　设 1000Hz 时,隔墙的隔声量 TL_1 为 40dB,窗的隔声量 TL_2 为 25dB,窗的面积占总面积的 5%,计算这种带窗隔墙的总隔声量 TL。

9-7　一隔声门面积为 4m²,隔声量为 40dB,门上开了一个面积为 400cm² 的小孔,请计算带孔隔声门的实际隔声量。

9-8　一隔声罩用 0.4mm 的钢板制成,内壁粘贴平均吸声系数为 0.15 的吸声层,计算隔声罩的插入损失。若饰以吸声系数为 0.4 的吸声材料,则隔声罩的插入损失又为多少? 设频率为 1000Hz,钢板密度 $\rho = 7500kg/m^3$。

9-9　某控制室由面积为 100m²、隔声量为 50dB 的隔墙与相邻的车间分隔,隔墙上有一隔声量为 30dB、面积为 2.5m² 的门。若车间内噪声级为 85dB,求当门开启和关闭时控制室内的噪声级。

9-10　大厅的噪声级为 72.5dB,原来厅内的总吸声量为 50m²。现在在尺寸为 20m × 10m 的平顶上加装吸声材料,使它的吸声系数由原来的 0.1 上升到 0.8,求经过改装后厅内的噪声级为多少?

9-11　结合自己身边存在的噪声问题,利用本章学到的知识,分析和探讨解决的方法。

参 考 文 献

陈端石,赵玫,周海亭,1996. 动力机械振动噪声学. 上海:上海交通大学出版社.

杜功焕,朱哲民,龚秀芬,1981. 声学基础(上、下). 上海:上海科学技术出版社.

贾智骏,蒋伟康,王秀峰,2004. 客车主要噪声源识别的试验研究. 汽车工程,26(4):485-487.

蒋伟康,陈光冶,2000. 偏奇异值分析在非自由声场声源解析中的应用. 振动工程学报,13(4):644-649.

蒋伟康,高田博,西择男,1998. 声近场综合试验解析技术及其在车外噪声分析中的应用. 机械工程学报,34(5):76-84.

骆振黄,1989. 工程振动导引. 上海:上海交通大学出版社.

马大猷,2002. 噪声与振动控制工程手册. 北京:机械工业出版社.

清华大学工程力学系固体力学系,1980. 机械振动学. 北京:清华大学出版社.

仲典,蒋伟康,2016. 工况传递路径分析用于辨识车内噪声源. 噪声与振动控制,36(3):110-114,146.

JIANG W K, 1998. Acoustic systems with multiple incoherent sources and its applications in studying noises radiated from vehicle engine. Journal of Shanghai Jiaotong University, 3(1):68-75.

LI Y, JIANG W K, 2014. Research on the procedure for analyzing the sound quality contribution of sound sources and its application. Applied Acoustics, 79:75-80.

MEROVITCH L, 1975. Elements of Vibration Analysis. New York:McGraw-Hill.

NORTON M P, 1989. Fundamentals of Noise and Vibration Analysis for Engineers. Cambridge:Cambridge University Press.

THOMSON W T, 1998. Theory of Vibration with Applications(5e). Upper Saddle River:Prentice-Hall.